Tobias Radke

Energieoptimale Längsführung von Kraftfahrzeugen durch Einsatz vorausschauender Fahrstrategien

Karlsruher Schriftenreihe Fahrzeugsystemtechnik
Band 19

Herausgeber
FAST   Institut für Fahrzeugsystemtechnik
        Prof. Dr. rer. nat. Frank Gauterin
        Prof. Dr.-Ing. Marcus Geimer
        Prof. Dr.-Ing. Peter Gratzfeld
        Prof. Dr.-Ing. Frank Henning

Das Institut für Fahrzeugsystemtechnik besteht aus den eigenständigen Lehrstühlen für Bahnsystemtechnik, Fahrzeugtechnik, Leichtbautechnologie und Mobile Arbeitsmaschinen

Eine Übersicht über alle bisher in dieser Schriftenreihe erschienenen Bände finden Sie am Ende des Buchs.

Energieoptimale Längsführung von Kraftfahrzeugen durch Einsatz vorausschauender Fahrstrategien

von
Tobias Radke

Dissertation, Karlsruher Institut für Technologie (KIT)
Fakultät für Maschinenbau, 2013

Impressum

Karlsruher Institut für Technologie (KIT)
KIT Scientific Publishing
Straße am Forum 2
D-76131 Karlsruhe
www.ksp.kit.edu

KIT – Universität des Landes Baden-Württemberg und
nationales Forschungszentrum in der Helmholtz-Gemeinschaft

KIT Scientific Publishing 2013
Print on Demand

ISSN 1869-6058
ISBN 978-3-7315-0069-8

Vorwort des Herausgebers

Die Fahrzeugtechnik ist gegenwärtig großen Veränderungen unterworfen. Klimawandel, die Verknappung einiger für Fahrzeugbau und -betrieb benötigter Rohstoffe, globaler Wettbewerb und das rapide Wachstum großer Städte erfordern neue Mobilitätslösungen, die vielfach eine Neudefinition des Fahrzeugs erforderlich machen. Die Forderungen nach Steigerung der Energieeffizienz, Emissionsreduktion, erhöhter Fahr- und Arbeitssicherheit, Benutzerfreundlichkeit und angemessenen Kosten finden ihre Antworten nicht aus der singulären Verbesserung einzelner technischer Elemente, sondern benötigen Systemverständnis und eine domänenübergreifende Optimierung der Lösungen.

Hierzu will die Karlsruher Schriftenreihe für Fahrzeugsystemtechnik einen Beitrag leisten. Für die Fahrzeuggattungen Pkw, Nfz, Mobile Arbeitsmaschinen und Bahnfahrzeuge werden Forschungsarbeiten vorgestellt, die Fahrzeugsystemtechnik auf vier Ebenen beleuchten: das Fahrzeug als komplexes mechatronisches System, die Fahrer-Fahrzeug-Interaktion, das Fahrzeug in Verkehr und Infrastruktur sowie das Fahrzeug in Gesellschaft und Umwelt.

Der vorliegende Band widmet sich der Fahrweise, die einen erheblichen Einfluss auf den Energieverbrauch eines Fahrzeugs hat. Die Wahl der Geschwindigkeit und der Gangstufe über der Strecke beeinflusst den Gesamtwirkungsgrad und damit den Streckenverbrauch. Ein Haupteinflussfaktor ist die Abhängigkeit des Wirkungsgrads der Antriebsmaschine von deren Drehzahl und von dem abgeforderten Moment, das zur gewünschten Änderung der Fahrgeschwindigkeit benötigt wird. Bei den hier betrachteten verbrennungskraftgetriebenen Fahrzeugen sind hohe Drehmomente bei kleinen bis mittleren Drehzahlen günstig. Ein weiterer Haupteinflussfaktor ist die weitgehende Vermeidung von Bremsungen, was vor allem durch vorausschauendes Fahren erreicht werden kann. Die Fahrgeschwindigkeit beeinflusst über den Luftwiderstand stark den Streckenverbrauch, kann jedoch aufgrund von Anforderungen an die Fahrtzeit und die Dynamik der Fahrweise nicht zu niedrig gewählt werden. Eine Reihe weiterer Einflüsse sind zu berücksichtigen.

Diese Arbeit zeigt auf, wie für Energieverbrauch, Fahrdynamik und Längskomfort mittels Dynamischer Programmierung vorausschauend das globale Paretooptimum der Gang- und Geschwindigkeitswahl über der Strecke bestimmt und über einen Fahrregler längsdynamisch autonom umgesetzt werden kann. Dabei werden Geschwindigkeitsbegrenzungen sowie objektive und subjektive fahrdynamische Ober- und Untergrenzen berücksichtigt. In Simulation und prototypischer Erprobung wird je nach Versuchskonfiguration eine Verbrauchsminderung von 10 bis 20 % bei gleicher Durchschnittsgeschwindigkeit erreicht. Dem Fahrer verbleibt die Quersteuerung und -regelung des Fahrzeugs, seine Rolle ändert sich dadurch. Probandenversuche beleuchten die Wirkung dieses teilautonomen Fahrens auf die Dynamikwahrnehmung des Fahrers. Es wird gezeigt, wie das Konzept auf andere Strecken und Fahrzeuge übertragen und das Energieeinsparpotenzial abgeschätzt werden kann.

Die Arbeit beschreibt die Zusammenhänge zwischen Streckenführung und -attributen, Fahrzeugeigenschaften und Fahrerverhalten und unterstreicht damit die Notwendigkeit einer ganzheitlichen Betrachtung.

Karlsruhe, im Juli 2013   *Frank Gauterin*

Energieoptimale Längsführung von Kraftfahrzeugen durch Einsatz vorausschauender Fahrstrategien

Zur Erlangung des akademischen Grades
Doktor der Ingenieurwissenschaften
der Fakultät für Maschinenbau
Karlsruher Institut für Technologie (KIT)

vorgelegte
Dissertation
von

Dipl.-Ing. Tobias Radke

Tag der mündlichen Prüfung: 19.04.2013
Hauptreferent: Prof. Dr. rer. nat. Frank Gauterin
Korreferent: Prof. Dr.-Ing. Klaus D. Müller-Glaser

Kurzfassung

Ressourcenknappheit und globale Erwärmung haben zu einer weitreichenden umweltpolitischen Sensibilisierung der Gesellschaft geführt. Aufgrund der stetigen Verschärfung der gesetzlichen Rahmenbedingungen sind die Automobilhersteller aufgefordert, effektive Maßnahmen zur Reduzierung von Kraftstoffverbrauch und äquivalenten CO_2-Emissionen ihrer Fahrzeuge umzusetzen. Über gesetzliche Normzyklen hinaus steht besonders der Kraftstoffverbrauch im realen Fahrbetrieb im Fokus, der die Wahrnehmung und Akzeptanz des Kunden maßgeblich beeinflusst. Vor diesem Hintergrund beschäftigt sich die vorliegende Arbeit mit der energieoptimalen Längsführung von Kraftfahrzeugen, die vorausschauend bekannte Streckendaten nutzt, um eine maximal energieeffiziente Fahrstrategie unter Einbeziehung des Fahrerwunsches zu realisieren.

Zur Lösung dieses Optimierungsproblems wird ein ressourceneffizienter Algorithmus auf Basis der Dynamischen Programmierung entwickelt, der in der Lage ist, die vielschichtigen Anforderungen an die Fahrstrategie hinsichtlich Energieeffizienz, Fahrdynamik, Fahrkomfort und Fahrsicherheit zu berücksichtigen. Der Algorithmus wird in einem eingebetteten Fahrerassistenzsystem zur automatisierten Längsführung in zwei Versuchsfahrzeugen prototypisch zum Einsatz gebracht und auf einer realen Versuchsstrecke erprobt. Die präzise Reproduzierbarkeit der resultierenden Fahrstrategie bestätigt die Eignung des implementierten Lösungsalgorithmus und motiviert zur weitergehenden Sensitivitätsanalyse ausgewählter Einflussfaktoren auf den Kraftstoffverbrauch. Die subjektive Wahrnehmung der entwickelten Assistenzfunktion wird in Probandenstudien operationalisiert und in der Applikation der Längsführung in verschiedenen fahrdynamischen Ausprägungen berücksichtigt.

In den gewählten Versuchskonfigurationen erzielt die prototypisch implementierte Assistenzfunktion eine Kraftstoffeinsparung von etwa 10 % im Vergleich zur manuellen Längsführung des Fahrzeugs bei gleicher Durchschnittsgeschwindigkeit. Diese Kraftstoffersparnis veranschaulicht – besonders im Vergleich zu den verhältnismäßig geringen Entwicklungskosten – das Einsatzpotenzial der Assistenzfunktion als kosteneffiziente Maßnahme zur Senkung von Kraftstoffverbrauch und CO_2-Emissionen. Die vorliegende Arbeit liefert einen wesentlichen Beitrag zur Beurteilung und Gewährleistung ihrer praktischen Anwendbarkeit und zur subjektiven Akzeptanz im realen Fahrbetrieb.

Abstract

Scarcity of resources and global warming have caused a widespread environmental awareness among society. Due to the steady tightening of legal frameworks, automobile manufacturers are challenged to provide effective measures for the reduction of their vehicles' fuel consumption and equivalent CO_2 emissions. Beyond legal driving cycles, fuel consumption in real driving operation is in the focus as it affects customers' subjective perception decisively. Against this background, the present thesis deals with energy-optimal longitudinal vehicle control, which incorporates predictively known route data to realise a maximally fuel-efficient driving strategy while comprising the driver's demand.

To solve this optimisation problem, a resource-efficient algorithm is developed, based on Dynamic Programming, which is able to satisfy the various demands on the driving strategy concerning energy efficiency, driving dynamics, driving comfort and driving safety. The algorithm is implemented within a prototypical embedded driver assistance system and put into operation in two test vehicles on a real-road test track. Precise reproducibility of the resulting driving strategy confirms the appropriateness of the developed algorithm and serves as a motivation for a further sensitivity analysis of a selection of factors influencing fuel consumption. Subjective perception of the developed assistance function is operationalised and then utilised for the adjustment of different dynamics characteristics of the longituginal control function.

Within the chosen test setups, the implemented prototypical driver assistance function achieves fuel savings of approximately 10 % compared to manual longitudinal control of the vehicle at same average velocity. Especially with regards to the relatively low development costs, these savings illustrate the assistance function's potential as a cost-efficient measure to reduce vehicle fuel consumption and CO_2 emissions. The present thesis offers a substantial contribution for the evaluation and assurance of the function's practical applicablity and subjective acceptance in real driving operation.

Danksagung

Die vorliegende Dissertation entstand während meiner Tätigkeit als Doktorand im Bereich Energiemanagement bei der DR. ING. H.C. F. PORSCHE AG im Rahmen des Kooperationsprojekts ACC INNODRIVE mit dem Karlsruher Institut für Technologie (KIT).

Herzlicher Dank gilt meinem Doktorvater Herrn Prof. Dr. rer. nat. Frank Gauterin, nicht nur für die Unterstützung meines Promotionsvorhabens und die ausgezeichneten fachlichen Anregungen, sondern auch für sein starkes Engagement und die hervorragende Zusammenarbeit mit dem Institut für Fahrzeugsystemtechnik (FAST) innerhalb des Kooperationsprojekts.

Ebenso bedanke ich mich bei meinem Korreferenten Herrn Prof. Dr.-Ing. Klaus D. Müller-Glaser für die Übernahme des Korreferats wie auch für die große Einsatzbereitschaft und den gewichtigen Beitrag des Forschungszentrums Informatik (FZI) im Rahmen der Kooperation.

Bei Frau Prof. Dr.-Ing. Barbara Deml bedanke ich mich für die Übernahme des Prüfungsvorsitzes, für das entgegengebrachte Interesse an meiner Arbeit sowie für die Durchführung des Promotionsprozesses.

Meinen Vorgesetzten innerhalb der Abteilung Energiemanagement der DR. ING. H.C. F. PORSCHE AG, Herrn Dr.-Ing. Martin Roth, Herrn Dr.-Ing. Matthias Lederer und Herrn Dr.-Ing. Frank Weberbauer, danke ich für die Unterstützung des Promotionsvorhabens wie auch für die große Handlungsfreiheit und übertragene Verantwortung bei der Koordination des Kooperationsprojekts. Mein besonderer Dank gilt meinem Betreuer Herrn Dr.-Ing. Martin Roth als Mitinitiator und Leiter des Projekts für sein großes Engagement und seinen entscheidenden fachlichen Beitrag zum Projekterfolg. Bei allen Kollegen der Abteilung Energiemanagement bedanke ich mich für das kollegiale und aufgeschlossene Arbeitsklima, das ganz entscheidend zum Erfolg der Arbeit beigetragen hat.

Bei den Projektmitarbeitern der beteiligten Kooperationspartner – des FAST – Institut für Fahrzeugsystemtechnik, des IPEK – Institut für Produktentwicklung und des FZI – Forschungszentrum Informatik – bedanke ich mich für ihre große Initiative und Einsatzbereitschaft. Besonderer Dank gilt in diesem Zusammenhang Herrn Dr.-Ing. Michael Frey für seine Unterstützung als Koordinationsverantwortlicher des KIT. Meinen Doktorandenkollegen an den Instituten, Herrn

Dipl.-Ing. Christian Steinbrecher, Herrn Dipl.-Ing. Markus Goslar und Herrn Dipl.-Ing. Jens Schröter, danke ich für die hoch motivierte Zusammenarbeit, für den interessanten fachlichen Austausch und – ganz direkt – für eine tolle Zeit.

Wesentlichen Anteil am Gelingen der Arbeit haben außerdem die Diplomanden und Masteranden, die ich betreuen durfte: Moritz Vaillant, Tobias Weyand, Artur Ziegler, Thomas Schmall, Hans-Georg Wahl, Philip Markschläger – vielen Dank für eure wichtigen wissenschaftlichen Beiträge!

Schließlich danke ich ganz herzlich meiner Familie für die uneingeschränkte Unterstützung des Promotionsvorhabens. Meiner Verlobten Angelika danke ich außerdem für ihre Geduld und ihr großes Verständnis für zahlreiche entgangene Urlaubstage und Wochenenden.

Stuttgart, im März 2013 *Tobias Radke*

Inhaltsverzeichnis

█ 1

Kapitel 1

Einleitung

Wissenschaftliche Studien kommen zu dem Ergebnis, dass die seit dem 20. Jahrhundert beobachtete globale Erwärmung mit hoher Wahrscheinlichkeit maßgeblich durch die Treibhausgasemissionen des Menschen verursacht ist [41, 253]. Um die weitreichenden Folgen der globalen Erwärmung zu begrenzen, bedarf es einer massiven und nachhaltigen Einschränkung dieser Emissionen – allen voran Kohlendioxid (CO_2), das mit der Ausbeutung fossiler Energieträger einhergeht und den größten Anteil von derzeit 72 % einnimmt [136].

Um dieser umweltpolitischen Herausforderung zu begegnen, wurde 1997 im japanischen Kyoto das erste multilaterale Abkommen mit verbindlichen Handlungszielen und Umsetzungsinstrumenten für den globalen Klimaschutz verabschiedet. Die teilnehmenden Industriestaaten verpflichteten sich darin, ihre Emissionen bis zum Jahr 2012 um insgesamt 5 % gegenüber dem Niveau von 1990 zu senken [41]. Obwohl nach dem Kyoto-Protokoll noch keine rechtlich bindende Vereinbarung für den Zeitraum nach 2012 existiert, hat sich die EU dazu verpflichtet, in einem ersten Schritt bis 2020 ihre Emissionen um 20 % gegenüber dem Niveau von 1990 zu senken [41].

Berechnungen des Weltklimarats zufolge verursacht der Transportsektor allein derzeit 14 % der weltweiten anthropogenen Treibhausgasemissionen, direkt hinter Kraftwerken und Industrie [136]. Weitere 11 % entstehen bei der Gewinnung und Bereitstellung fossiler Kraftstoffe, die den Anteil transportbezogener Emissionen insgesamt weiter steigern. Vor diesem Hintergrund hat die EU wie auch die USA und Japan CO_2-Grenzwerte für Neufahrzeuge eingeführt. Diese kommen einem äquivalenten Kraftstoffverbrauch verbrennungsmotorisch betriebener Kraftfahrzeuge gleich und müssen im Flottendurchschnitt seit 2012 von den Fahrzeugherstellern eingehalten oder durch Strafzahlungen kompensiert werden [84]. Bis spätestens 2020 muss ein Grenzwert von 95 g/km erfüllt wer-

1

den, der einem äquivalenten Benzinverbrauch von etwa 4,1 l/100 km und einem äquivalenten Dieselverbrauch von etwa 3,6 l/100 km entspricht[1].

Als ein zentraler Ansatz zur Sicherstellung der genannten Emissionsgrenzwerte wird in der Öffentlichkeit meist die Elektromobilität genannt. Auch wenn ihr ein enormes Potenzial zukommt, ist ihr flächendeckender Einsatz jedoch kurzfristig nicht zu erwarten. Aktuelle Studien gehen davon aus, dass der Verbrennungsmotor allein je nach legislativen Rahmenbedingungen bis 2025 das dominierende Antriebsaggregat bleiben wird [136, 169]. Der reine Elektroantrieb wird dagegen einen Marktanteil von maximal 10 % einnehmen, der Hybridantrieb einen Marktanteil von etwa 40 %. Gründe dafür sind die mangelnde Energiedichte der verfügbaren Batterien, die Ressourcenknappheit der verarbeiteten Materialien sowie die kumulierten Mehrkosten, die gleichzeitig mit der noch unausgereiften Ladeinfrastruktur die derzeitige Attraktivität der Elektromobilität für den Kunden deutlich schmälern. Davon unabhängig ist mittelfristig eine massive Förderung erneuerbarer Energien, deren weltweiter Anteil derzeit unter 5 % liegt, inklusive der resultierenden Stromnetzmodernisierung notwendig, um Elektromobilität überhaupt ökologisch nachhaltig einsetzen zu können. Vor diesem Hintergrund ist eine weitere Optimierung konventioneller verbrennungsmotorisch betriebener Kraftfahrzeuge notwendig und zweckmäßig, um kurz- und mittelfristig die erforderliche Reduzierung der Treibhausgasemissionen zu erfüllen [254].

1.1 Motivation

Auch vor der langfristigen Vision eines emissionsfreien Straßenverkehrs durch Einsatz nachhaltiger Elektromobilität werden von den Fahrzeugherstellern kurzfristig wirksame Innovationen zur Senkung des Kraftstoffverbrauchs erwartet. Neben der Gesetzgebung müssen dazu die vielschichtigen gesellschaftspolitischen Rahmenbedingungen berücksichtigt werden, die in den folgenden Abschnitten dargelegt werden, um das Einsatzpotenzial der energieoptimalen vorausschauenden Fahrzeuglängsführung aufzuzeigen.

1.1.1 Verbrauchsreduzierung im realen Fahrbetrieb

Kraftstoffverbrauch und Emissionen werden zu Zertifizierungszwecken vorrangig in genormten, regional verschiedenen Testzyklen bestimmt, in denen die Betriebsbedingungen und Geschwindigkeitsverläufe über der Zeit fest vorgegeben sind. Seit der im Jahr 2000 in Kraft getretenen Abgasnorm EURO 3

---

[1]Der Umrechnung liegt ein Faktor von 23,2 für Benzin und von 26,5 für Diesel zugrunde [261].

gilt für Pkws in Europa der MODIFIZIERTE NEUE EUROPÄISCHE FAHRZYKLUS (MNEFZ)[2], der einen Geschwindigkeitsverlauf von 11 km Länge mit einer maximalen Geschwindigkeit von 120 km/h vorgibt [217]. Aufgrund fester Betriebsbedingungen und Geschwindigkeitsverläufe stellen die genormten Testzyklen zwar eine Vergleichsbasis verschiedener Fahrzeuge her, sind jedoch nicht in der Lage, den Kraftstoffverbrauch im realen Fahrbetrieb zuverlässig zu prognostizieren [19, 62, 158, 229, 254, 277]. Umgekehrt haben verschiedene Maßnahmen zur Reduzierung des Kraftstoffverbrauchs wie beispielsweise Solardächer, Motorwärmespeicher oder thermoelektrische Generatoren nur begrenzt Einfluss auf den Normverbrauch[3] [266]. Auch die Erkennung und vorausschauende Berücksichtigung des Fahrzyklus ist nicht erlaubt. Die resultierende Abweichung vom realen Fahrbetrieb beträgt im Mittel grob 1,0 l/100 km [254] und gilt als entscheidender Kritikpunkt am Einsatz genormter Messzyklen. Die für die nächsten Jahre geplante Einführung der WORLD HARMONIZED LIGHT DUTY TEST PROCEDURE (WLTP), einer weltweit einheitlichen Testprozedur, wird diese zwar verringern, methodenbedingt aber nicht verhindern.

Schon heute zählt die Herstellerangabe des Normverbrauchs für den Kunden nicht mehr als alleiniges Maß für die Effizienz des Kraftfahrzeugs. Neben den sichtbaren Folgen des Klimawandels haben zunehmende Ressourcenknappheit und steigende Energiepreise in den letzten Jahren zu seiner weitreichenden Sensibilisierung für ökologische Problemstellungen beigetragen [136]. Ungeachtet rationaler ökonomischer Gesichtspunkte stellt der Kraftstoffverbrauch darum mittlerweile für den Kunden auch ein emotionales Kaufkriterium dar: In einer aktuellen FORSA-Umfrage bewerten 95 % der Befragten den Kraftstoffverbrauch als wichtig oder sehr wichtig – noch vor dem Anschaffungspreis (93 %) [93]. Spaß verbinden die meisten der Befragten nicht mit einem hochmotorisierten (11 %) oder großen repräsentativen (9 %) Fahrzeug, sondern mit innovativen Klimaschutztechnologien (42 %). Besonders gefragt sind also Maßnahmen, die den Kraftstoffverbrauch des Fahrzeugs nachvollziehbar reduzieren und für den Kunden im alltäglichen Fahrbetrieb unter realen Umgebungsbedingungen vor allem subjektiv erlebbar sind.

---

[2]Im Gegensatz zum NEUEN EUROPÄISCHEN FAHRZYKLUS (NEFZ) wird im MNEFZ die 40 Sekunden lange Kaltstartphase mit einbezogen [217].

[3]In der gültigen EG-Verordnung 443/2009 zur Festsetzung der Emissionsnormen sind sogenannte „Öko-Innovationen", vorgesehen, die durch ein spezielles Antrags- und Nachweisverfahren bis zu einem Maximalwert von 7 g/km geltend gemacht werden können [84].

1.1.2 Komponentenbasierte Maßnahmen

Wie wissenschaftliche Studien zeigen, sind die Optimierungspotenziale des Verbrennungsmotors als primäres Antriebsaggregat des Kraftfahrzeugs auch unter ökologischen Gesichtspunkten noch nicht erschöpft. Besonders mechanische Verfahren zur Steigerung der thermodynamischen Effizienz und neue Brennverfahren lassen weitere Einsparungen von Kraftstoffverbrauch und CO_2-Emissionen von bis zu 50 % erwarten [90, 91].

Gleichzeitig muss jedoch beachtet werden, dass die gezielte Effizienzsteigerung des Verbrennungsmotors schon seit Jahrzehnten intensiv vorangetrieben wird und darum bereits weit fortgeschritten ist. Verbleibende Optimierungsmaßnahmen sind aus diesem Grund bereits vergleichsweise teuer. Studien zufolge belaufen sich die Mehrkosten in Entwicklung und Produktion zur Erfüllung des CO_2-Grenzwerts von 95 g/km im Jahr 2020 auf insgesamt 114 Milliarden Euro [174]. Im Durchschnitt sind danach pro verkauftem Fahrzeug in der EU zusätzliche Investitionen von 1900 Euro notwendig, um Strafzahlungen von 4000 Euro zu vermeiden [174, 176].

Die Maßnahmen zur Reduzierung des Kraftstoffverbrauchs sind selbstverständlich nicht auf den Verbrennungsmotor allein beschränkt. So wird beispielsweise der Einsatz von Leichtbaumaterialien zukünftig deutlich zunehmen, um das aus der Hybridisierung des Antriebs resultierende Mehrgewicht zu kompensieren [176]. Tabelle 1.1 zeigt eine Gegenüberstellung aktueller Maßnahmen zur Reduzierung des Kraftstoffverbrauchs im Fall konventioneller ottomotorischer Antriebsarchitekturen nach [252]. Die gezeigten Maßnahmen beziehen sich auf die Modifikation einzelner Komponenten des Fahrzeugs und sind mit ihren Zusatzkosten für die Fahrzeughersteller gegenüber den zugrunde gelegten Basisfahrzeugen verschiedener Fahrzeugklassen mit durchschnittlichen Fahrzeugparametern bewertet.

Der beschriebene Zielkonflikt zwischen Verbrauchsreduzierung und Kostensenkung lässt sich daraus gut ableiten: Viele der aufgeführten Maßnahmen lassen sich zwar zu Maßnahmenpaketen kombinieren und ermöglichen die Erfüllung der angestrebten Emissionsgrenzwerte. Sie sind jedoch mit erheblichen Zusatzinvestitionen verbunden, die vor allem die Fahrzeughersteller tragen müssen, um dem Kunden eine langfristig attraktive Produktpalette anbieten zu können. Zusätzlich müssen bei der Zusammenstellung von Maßnahmenpaketen markenspezifische Zielkriterien beachtet werden. Ein massives Downsizing des Verbrennungsmotors beispielsweise bietet enorme Einsparpotenziale, geht jedoch besonders im Premiumsegment mit großen Risiken hinsichtlich der Attraktivität für den Kunden einher.

Maßnahme	Potenzial [%]	Kosten [€]
Reduzierung Wärmeübergang im Zylinder	3	50
Direkteinspritzung, homogen	4,5-5,5	180
Direkteinspritzung, geschichtet	8,5-9,5	400-600
Optimierung Verbrennungsprozess	13-15	475-500
Downsizing, 15-$\geq$45 % des Hubvolumens	4-18	200-700
Nockenwellenverstellung	4	80
Variable Ventilsteuerung	9-11	280
Reibungsminimierung	2	35
Getriebeübersetzung	4	60
Automatisiertes Schaltgetriebe	5	300
Doppelkupplungsgetriebe	6	650-750
Stufenloses Getriebe	5	1200
Start-Stopp-Automatik	5	175-225
Micro Hybrid, Bremsenergierückgewinnung	7	325-425
Mild Hybrid, Momentanhebung/Downsizing	15	1400-1500
Vollhybrid, elektrisches Fahren	25	2250-3750
Gewichtsreduzierung	2-12	128-1200
Verbesserung der Aerodynamik	1,5-2	50-60
Rollwiderstandsreduzierte Reifen	3	30-40
Thermoelektrischer Generator	2	1000
Effizienzsteigerung der Nebenaggregate	12	420-460
Thermomanagement	2,5	150

Tab. 1.1: CO_2-Einsparpotenzial ausgewählter Maßnahmen nach [252]

1.1.3 Einfluss des individuellen Fahrstils

Bedingt durch die Dimensionierung des Verbrennungsmotors und dessen große Wirkungsgradunterschiede in verschiedenen Betriebspunkten sowie durch die große Fahrzeugmasse als kinetischer Energiespeicher wird der Kraftstoffverbrauch im realen Fahrbetrieb wesentlich durch den individuellen Fahrstil beeinflusst. Sein Anteil am Gesamtverbrauch ist aufgrund der uneinheitlichen Vergleichsbasis schwierig zu beziffern, wird jedoch meist mit etwa 15-25 % [59, 175, 268, 234], vereinzelt mit bis zu 40 % [267], angegeben. Eine sparsame Fahrweise wird dabei meist mit folgenden Verhaltensweisen während des Fahrbetriebs gleichgesetzt [59, 267, 268]:

- Früh hochschalten

- Beim Beschleunigen zu etwa zwei Drittel Gas geben

- Schwung nutzen und in der Konstantfahrt auskuppeln

- Schubabschaltung zur gezielten Verzögerung einsetzen

- Vorausschauend fahren

- Ausreichend Abstand zum vorausfahrenden Fahrzeug halten

- Motor im Stand abschalten

- Nebenverbraucher maßvoll einsetzen

Wie eine aktuelle FORSA-Umfrage zeigt, ist den Autofahrern der große Einfluss der individuellen Fahrweise mittlerweile bewusst [255]: Mit 67 % geben die meisten der Befragten an, auf die steigenden Benzinpreise mit einer sparsamen Fahrweise zu reagieren. Nur 40 % erwägen dagegen, weniger Auto zu fahren und nur 32 % steigen auf ein verbrauchsärmeres Modell um. Erwartungsgemäß steigt das Angebot an Spritspartrainings – durchgeführt von den großen Automobilclubs, aber auch von den Fahrzeugherstellern selbst –, in denen eine sparsame Fahrweise individuell erlernt werden kann.

Bei der Unterstützung einer sparsamen Fahrweise handelt es sich folglich um die effizienteste Maßnahme zur Reduzierung der straßenverkehrsbezogenen CO_2-Emissionen [175]. Da die wichtigsten technischen Voraussetzungen bereits vorhanden sind, erscheint ihre Umsetzung extrem kostengünstig und besonders attraktiv für eine kurzfristige Umsetzung bis zum Jahr 2020.

1.1.4 Einsatz der energieoptimalen Fahrzeuglängsführung

Die Optimierung des Verbrennungsmotors sowie weiterer Fahrzeugkomponenten bietet aktuell noch Einsparpotenziale, durch deren Erschließung der CO_2-Grenzwert von 95 g/km erreicht werden kann [176, 252]. Die Optimierung der einzelnen Fahrzeugkomponenten ist jedoch bereits weit fortgeschritten. Ihre Fortführung ist mit steigenden Investitionen verbunden.

Die individuelle Fahrweise dagegen beeinflusst in wesentlichem Maß den Kraftstoffverbrauch im realen Fahrbetrieb und tritt zunehmend in den Mittelpunkt des Kundeninteresses. Ihre Unterstützung gilt im Kontrast zur Komponentenoptimierung als effizienteste Maßnahme zur Reduzierung von Kraftstoffverbrauch und Emissionen. Folglich rückt sie zunehmend in den Fokus innovativer Fahrerassistenzsysteme – angefangen bei Schaltpunktanzeigen, über Fahrerinformationssysteme mit Hinweisen zur Verbrauchsreduzierung [10, 30], bis hin zu anwählbaren Fahrprogrammen zur Konditionierung der Fahrzeugkomponenten auf den individuellen Fahrerwunsch [132].

Das gesamte Einsparpotenzial eines energieeffizienten Fahrstils wird schließlich durch die energieoptimale vorausschauende Fahrzeugführung erschlossen, die Inhalt der vorliegenden Arbeit ist: Darin werden vorausschauend bekannte Streckendaten wie zulässige Höchstgeschwindigkeiten, Fahrbahnsteigungen und Kurvenkrümmungen genutzt, um eine dynamische Optimierung der Fahrstrategie mit geringstmöglichem Kraftstoffverbrauch auf Basis des individuellen Fahrerwunsches durchzuführen. Die automatisierte Längsführung des Fahrzeugs bietet in weiterer Folge nicht nur die Möglichkeit zur Erschließung der diskutierten Einsparpotenziale im realen Fahrbetrieb, sondern auch zur kosteneffizienten Darstellung eines innovativen und attraktiven Fahrerassistenzsystems zur Gewährleistung von Fahrdynamik und Fahrkomfort des Fahrers.

1.2 Rahmenbedingungen der vorliegenden Arbeit

Im Rahmen eines Kooperationsprojekts des Karlsruher Instituts für Technologie (KIT) und der Dr. Ing. h.c. F. Porsche AG wird seit 2008 eine neuartige Fahrstrategie zur Senkung des Kraftstoffverbrauchs entwickelt, die auf Basis vorausschauend bekannter Streckeninformationen wie der zulässigen Höchstgeschwindigkeit, der Fahrbahnsteigung und der Kurvenkrümmung eine energieoptimale Längsführung des Fahrzeugs unter den gesetzten Rahmenbedingungen ermöglicht.

Im Rahmen des Kooperationsprojekts wurde das Fahrerassistenzsystem ACC InnoDrive auf Basis der entwickelten Fahrstrategie prototypisch implementiert und in Versuchsfahrzeugen des Typs PORSCHE 911 CARRERA S (TYP 997 II) und PORSCHE PANAMERA S erprobt, die in der vorliegenden Arbeit mehrfach zitiert werden. Die Konfigurationen der eingesetzten Versuchsfahrzeuge sind Anhang A zu entnehmen. Beide verfügen über eine verbrennungsmotorische Antriebsstrangarchitektur mit Heckantrieb sowie über ein PORSCHE DOPPELKUPPLUNGS-GETRIEBE (PDK) und bieten die Möglichkeit einer weitgehend einheitlichen Modellierung von Antriebsstrang und Fahrdynamik.

Als reale Versuchsstrecke zur Erprobung des Fahrerassistenzsystems wird ein etwa 23 km langer Rundkurs über fünf Ortschaften nahe des PORSCHE Entwicklungszentrums in Weissach festgelegt, auf die in der vorliegenden Arbeit ebenfalls wiederholt referenziert wird. Auf die relevanten Merkmale der beschriebenen Versuchsfahrzeuge und der Versuchsstrecke wird in den einzelnen Kapiteln detailliert eingegangen.

1.3 Gliederung der Arbeit

Die vorliegende Arbeit ist in folgende sieben Kapitel gegliedert:

Kapitel 1

In Anbetracht der gesellschaftspolitischen Herausforderungen der globalen Klimaerwärmung wird in Kapitel 1 der zentrale Handlungsbedarf für die Automobilhersteller aufgezeigt, den Kraftstoffverbrauch und damit verbundene CO_2-Emissionen ihrer Fahrzeuge nachhaltig zu senken. Dabei erweist sich der effektive Kraftstoffverbrauch im realen Fahrbetrieb als entscheidend, dessen emotionale Bedeutung für den Kunden in den letzten Jahren stetig zugenommen hat und mittlerweile ein zentrales Kaufkriterium darstellt. Aus dem Vergleich kurzfristig verfügbarer verbrennungsmotorischer Optimierungsmaßnahmen geht die energieoptimale vorausschauende Längsführung hervor, deren überdurchschnittlich hohe erzielbare Kraftstoffersparnis im Vergleich zu den erforderlichen Entwicklungskosten zur Motivation der vorliegenden Arbeit dient.

Kapitel 2

Als Basis der vorliegenden Arbeit definiert Kapitel 2 ein grundlegendes Modell von Antriebsstrang und Längsdynamik der untersuchten verbrennungsmotorischen Fahrzeugkonfiguration. Es dient der Formulierung der vorliegenden Aufgabenstellung sowie der Veranschaulichung der grundlegenden Herausforderungen der energieoptimalen Längsführung. Es folgen eine Zusammenfassung der relevanten Sensorik zur Erfassung des Fahrzeugumfelds sowie ein Auszug aktueller und zukünftiger Systeme der Längsführungsassistenz. Schließlich wird ein Überblick über themenverwandte wissenschaftliche Arbeiten gegeben. Anhand relevanter Unterscheidungsmerkmale wird die vorliegende Arbeit eingegliedert, ihre Zielsetzung formuliert und ihr wissenschaftlicher Beitrag herausgestellt.

Kapitel 3

Als zielführender Ansatz zur Lösung des vorliegenden Optimierungsproblems wird die Dynamische Programmierung verfolgt. Ihre Umsetzung in Form eines ressourceneffizienten Lösungsalgorithmus ist Inhalt des Kapitels 3 der vorliegenden Arbeit. Zunächst wird das zugrunde liegende Optimierungsproblem formalisiert und mögliche Lösungsansätze gegenübergestellt. Es werden die Grundzüge sowie Einsatzmöglichkeiten und Herausforderungen der Dynamischen Programmierung im Hinblick auf die vorliegende Problemstellung diskutiert. Schließlich wird ein ressourceneffizienter Algorithmus entwickelt, der nach gezielter Vereinfachung des eingesetzten Antriebsstrangmodells in der Lage ist, die vielfältigen Anforderungen des Echtzeitbetriebs im realen Versuchsfahrzeug zu erfüllen. Neben der Ressourceneffizienz des Lösungsalgorithmus gilt die Adaptierbarkeit der resultierenden Fahrstrategie als zentrale Voraussetzung, um die subjektive Akzeptanz des Fahrers in allen Fahrsituationen gewährleisten zu können. Ihr wird durch Einführung eines mehrkriteriellen Gütefunktionals Rechnung getragen, das eine Gewichtung der verschiedenen Gütekriterien durch den Fahrer als Entscheidungsträger unterstützt.

Kapitel 4

Die Einbettung des entwickelten Optimierungsalgorithmus in ein prototypisches Echtzeitsystem zur automatisierten Fahrzeuglängsführung ist Inhalt des Kapitels 4 der vorliegenden Arbeit. Zunächst wird auf die Ausrüstung der Versuchsfahrzeuge zur prototypischen Funktionsintegration und auf die einzelnen Funktionsmodule des vorausschauenden Fahrerassistenzsystems eingegangen. Die ausgewählte Versuchsstrecke wird vorgestellt und schließlich die Erprobung des Fahrerassistenzsystems im realen Fahrbetrieb erläutert. Im Mittelpunkt stehen sowohl die Reproduzierbarkeit der simulierten Optimallösung unter realen Umgebungsbedingungen als auch das durchschnittliche Einsparpotenzial der automatisierten Längsführungsassistenz gegenüber der manuellen Längsführung des Fahrzeugs.

Kapitel 5

Kapitel 5 befasst sich mit der subjektiven Akzeptanz der entwickelten Fahrerassistenzfunktion im realen Fahrbetrieb, die besonders durch die individuelle Erwartungshaltung des Fahrers hinsichtlich der markentypischen Ausprägung der Fahrdynamik bestimmt ist. Als Grundlage dienen anerkannte Modelle des kognitiven Prozesses der Fahrzeugführung, die auf die Längsführungsassistenz übertragen werden, um das Subjektivurteil des Fahrers interpretieren zu können. Dieses ergibt sich prinzipiell aus der freien Geschwindigkeitswahl ohne Verkehrsbeeinflussung sowie der Abstandswahl bei Folgefahrt. Entsprechend dieser Aufteilung wird in Kapitel 5 zunächst eine Methode zur Operationalisierung der Fahrdynamik bei freier Geschwindigkeitswahl entwickelt. Diese wird in einer Probandenstudie validiert und zur Parametrierung der Assistenzfunktion eingesetzt. Anschließend wird ein Algorithmus zur Verkehrsprädiktion vorgestellt, der die Einbeziehung vorausfahrender Fahrzeuge in die eigene Fahrstrategie und somit eine nachvollziehbare und vorausschauende Abstandswahl bei Folgefahrt zulässt.

Kapitel 6

Durch Bestätigung der Simulationsresultate im realen Fahrbetrieb auf der exemplarischen Versuchsstrecke wird in Kapitel 4 die Voraussetzung für die Aussagekraft weiterführender Simulationsanalysen geschaffen, denen sich Kapitel 6 widmet. Beispielhaft werden darin ausgewählte Parameter der Fahrstrategie variiert und deren Sensitivität im Zielkonflikt zwischen Kraftstoffverbrauch und Fahrdynamik identifiziert. Schließlich wird in Form eines vollständigen Metamodells, das die Streckencharakteristik in Form aggregierter Kennwerte berücksichtigt, eine Möglichkeit zur Abbildung des Konflikts der verschiedenen Zielkriterien in geschlossener Form aufgezeigt.

Kapitel 7

Kapitel 7 schließt mit einer Zusammenfassung der Arbeit und gibt einen Ausblick auf künftige Weiterentwicklungen der implementierten Fahrerassistenzfunktion. Darüber hinaus wird der weiterhin bestehende Handlungsbedarf in Forschung und Entwicklung aufgezeigt, der erforderlich ist, um die energieoptimale vorausschauende Fahrzeuglängsführung sowie weitere Assistenzfunktionen zur nachhaltigen Senkung von Kraftstoffverbrauch und CO_2-Emissionen im Straßenverkehr flächendeckend realisieren zu können.

2

Kapitel 2

Energieoptimale vorausschauende Längsführung

Als Grundlage der vorliegenden Arbeit führt das folgende Kapitel zunächst die gewählten Variablen zur Beschreibung des Energieflusses im Antriebsstrang und der Längsdynamik des Kraftfahrzeugs ein. Anhand des beschriebenen Antriebsstrangmodells wird die Aufgabenstellung des energieoptimalen Fahrzeugbetriebs formuliert und seine wesentliche Herausforderung veranschaulicht. Vorausgesetzt wird eine konventionelle verbrennungsmotorische Antriebsstrangarchitektur mit Zweiradantrieb, mit der neben den quasistationären Betriebszuständen des Zugbetriebs und des Schubbetriebs auch der Freilauf darstellbar ist, in dem das Fahrzeug nach Trennung des Verbrennungsmotors von der Antriebsachse ausrollt, was auch als „segeln" bezeichnet wird und eine effiziente Nutzung der in der Fahrzeugmasse gespeicherten kinetischen Energie ermöglicht.

Eine wesentliche technische Voraussetzung der energieoptimalen vorausschauenden Fahrzeuglängsführung stellt die Sensorik zur Erfassung des Fahrzeugumfelds dar, der auch prädiktive Streckendaten zugeordnet werden. Die verschiedenen Möglichkeiten ihrer Erfassung, Verarbeitung und Nutzung werden erläutert.

Unter Berücksichtigung der diskutierten Herausforderungen und Voraussetzungen wird schließlich ein chronologischer Auszug themenverwandter Entwicklungsarbeiten gezeigt und die vorliegende Arbeit im Rahmen der themenverwandten wissenschaftlichen Literatur positioniert.

2.1 Energieoptimaler Betrieb des Kraftfahrzeugs

Per Definition wird durch den energieoptimalen Betrieb des verbrennungsmotorischen Kraftfahrzeugs der Bedarf an Kraftstoff als einziger Energielieferant zur Überwindung einer vorgegebenen Fahrtstrecke minimiert. Der Kraftstoffbedarf selbst resultiert primär aus dem Nutzleistungsbedarf an den Antriebsrädern sowie aus den Verlusten bei der dazu erforderlichen Energiewandlung und

-übertragung durch den Antriebsstrang. Der Nutzleistungsbedarf P_{Ant} ergibt sich aufgrund der zu überwindenden Fahrwiderstände F_W im realen Fahrbetrieb:

$$P_{Ant} = F_W \cdot \frac{ds}{dt} = F_W \cdot v \qquad [2.1]$$

und wird durch Wandlung der mit dem Kraftstoff zugeführten Heizleistung $\dot{m}_{Kr} \cdot H_u$ und Übertragung zu den Antriebsrädern mit einem zusammengefassten Antriebs-Wirkungsgrad η_{Ant} gedeckt:

$$P_{Ant} = \eta_{Ant} \cdot \dot{m}_{Kr} \cdot H_u \qquad [2.2]$$

Die folgenden Abschnitte widmen sich den diskutierten Einflussfaktoren – den Fahrwiderständen F_W und dem Antriebs-Wirkungsgrad η_{Ant} – sowie deren Wechselwirkung und stellen ein grundlegendes Modell der verbrennungsmotorischen Antriebsstrangarchitektur her, das als Basis der vorliegenden Arbeit dient.

2.1.1 Die Fahrwiderstände im realen Fahrbetrieb

Antriebskraft F_{Ant} und Bremskraft F_{Br} zur Beeinflussung der Fahrzeuglängsdynamik ergeben sich im Kräftegleichgewicht am Rad mit den in Abbildung 2.1 veranschaulichten Fahrwiderständen F_W – dem Rollwiderstand F_R, dem Luftwiderstand F_L, dem Steigungswiderstand F_S, dem Kurvenwiderstand F_K und dem Beschleunigungswiderstand F_B – aus der Fahrwiderstandsgleichung:

$$F_{Ant} - F_{Br} = F_W = F_R + F_L + F_S + F_K + F_B \qquad [2.3]$$

Darin bezeichnet F_{Ant} die durch den Antriebsstrang übertragene Antriebskraft an den Antriebsrädern. F_{Br} beschränkt sich auf die Wirkung der Betriebsbremse, während Restbremsmomente als Antriebsstrangverluste verstanden werden. Der Schlupfwiderstand wird vernachlässigt, da in Anbetracht der vorliegenden Aufgabenstellung hochdynamische Fahrzustände vermieden werden. Gleichung [2.3] entspricht in dieser Form einer quasistatischen Umkehrung der Kausalitätskette, die für die Lösung des vorliegenden Optimierungsproblems zweckmäßig ist [11, 122]. Im Folgenden werden die einzelnen Fahrwiderstände erläutert. Da ihre präzise Modellierung eine Voraussetzung für die spätere Übertragbarkeit der Simulations- und Optimierungsresultate in die Praxis ist, wird besonders auf die getroffenen Vereinfachungen hingewiesen.

Der Rollwiderstand

Bei Geradeausfahrt auf trockener Straße entspricht der Radwiderstand unter Vernachlässigung des Radschlupfs im Wesentlichen dem aus der Reifenverformung resultierenden Rollwiderstand F_R. Dieser wiederum resultiert aus den

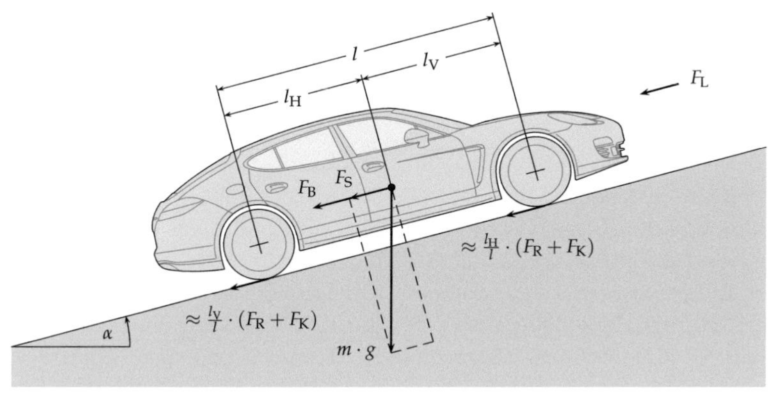

Abb. 2.1: Fahrwiderstände im realen Fahrbetrieb (schematisch)

Rollwiderstandsbeiwerten f_RV, f_RH sowie aus den Normalanteilen der Radlasten F_NV, F_NH der Vorder- und Hinterachse des Fahrzeugs:

$$F_\text{R} = F_\text{NV} \cdot f_\text{RV} + F_\text{NH} \cdot f_\text{RH} \qquad [2.4]$$

Unter Annahme einer statischen Achslastverteilung und relativ kleinen Steigungswinkeln α kann er vereinfacht in Abhängigkeit von der horizontalen Schwerpunktslage des Fahrzeugs bestimmt werden [118, 181]:

$$F_\text{R} = m \cdot g \cdot \left(\frac{l_\text{H}}{l} \cdot f_\text{RV} + \frac{l_\text{V}}{l} \cdot f_\text{RH} \right) \qquad [2.5]$$

Die Rollwiderstandsbeiwerte f_RV und f_RH sind abhängig von der Fahrgeschwindigkeit, der Fahrbahnbeschaffenheit und der Temperatur. In kleinen Geschwindigkeitsintervallen können sie als näherungsweise konstant betrachtet werden. Fahrbahnbeschaffenheit und Temperatur können nur unter kontrollierten Normalbedingungen vernachlässigt werden.

Der Luftwiderstand

Der Luftwiderstand F_L resultiert aus der äußeren Umströmung des Fahrzeugs – insbesondere aus einem Druckanteil und aus einem Reibungsanteil – sowie aus der inneren Durchströmung zur Motorkühlung und Klimatisierung des Innenraums [181]. Er verhält sich proportional zum Quadrat der relativen Anströmgeschwindigkeit v_{rel} in weiterer Abhängigkeit von der Stirnfläche des Fahrzeugs A, der Luftdichte ρ_{L} und dem Luftwiderstandsbeiwert c_x:

$$F_{\mathrm{L}} = c_x \cdot A \cdot \frac{\rho_{\mathrm{L}}}{2} \cdot v_{\mathrm{rel}}^2 \qquad [2.6]$$

Im Fall von Windstille gilt $v = v_{\mathrm{rel}}$ und es kommt der Luftwiderstandsbeiwert bei frontaler Anströmung c_{w} zur Anwendung.

Rollwiderstand F_{R} und Luftwiderstand F_{L} werden in der Praxis meist durch Ausrollversuche auf geeigneten Versuchsstrecken ermittelt, um realistische Fahrwiderstandskennwerte zu generieren [118]. Die zeitliche Ableitung des resultierenden Geschwindigkeitsverlaufs $v(t)$ der Ausrollmessung ergibt die Fahrzeugverzögerung $a(t)$ über der Zeit und folglich den proportionalen Fahrwiderstand $F_{\mathrm{RL,FL}}(v)$ im Freilauf, der nach Gleichung [2.5] und [2.6] als Polynom zweiten Grades in Abhängigkeit von der Fahrgeschwindigkeit v dargestellt werden kann:

$$F_{\mathrm{RL,FL}} = \lambda_{\mathrm{a}} + \lambda_{\mathrm{b}} \cdot v + \lambda_{\mathrm{c}} \cdot v^2 \qquad [2.7]$$

In analoger Vorgehensweise ergeben sich gangabhängige Fahrwiderstandspolynome $F_{\mathrm{RL,SB}}(v,\gamma)$ im Schubbetrieb ohne Lastanforderung an den Verbrennungsmotor für die gangabhängigen Geschwindigkeitsbereiche:

$$F_{\mathrm{RL,SB}} = \lambda_{\mathrm{a}}(\gamma) + \lambda_{\mathrm{b}}(\gamma) \cdot v + \lambda_{\mathrm{c}}(\gamma) \cdot v^2, \qquad [2.8]$$
$$v_{\min}(\gamma) \leq v \leq v_{\max}(\gamma), \quad \gamma \in [\gamma_{\min}, \gamma_{\max}]$$

In dieser Form berücksichtigen die Fahrwiderstandspolynome $F_{\mathrm{RL,FL}}(v)$ und $F_{\mathrm{RL,SB}}(v,\gamma)$ selbstverständlich alle auftretenden Fahrwiderstände, also neben dem Roll- und Luftwiderstand auch alle relevanten Antriebsstrangverluste wie Restbremsmomente und Lagerreibung.

Der Steigungswiderstand

Der Steigungswiderstand ergibt sich aufgrund der Gesamtgewichtskraft von Fahrzeug und Beladung $m \cdot g$ in Abhängigkeit vom Steigungswinkel α:

$$F_{\mathrm{S}} = m \cdot \mathrm{g} \cdot \sin(\alpha) \qquad [2.9]$$

oder unter Verwendung der Fahrbahnsteigung $p = \tan(\alpha) \cdot 100 \; [\%]$ zu:

$$F_{\mathrm{S}} = m \cdot \mathrm{g} \cdot \sin\left(\arctan\left(\frac{p}{100}\right)\right) \qquad [2.10]$$

Der Kurvenwiderstand

Aufgrund der notwendigen Schräglaufwinkel β_V und β_H haben die Seitenkräfte F_{yV} und F_{yH} bei Kurvenfahrt eine Kraftkomponente entgegen der Fahrtrichtung, die den Radwiderstand erhöht und als Kurvenwiderstand F_K bezeichnet wird [118]. Unter Anwendung des Einspurmodells nach RIEKERT und SCHUNCK [223] errechnet sich der Kurvenwiderstand F_K im Fall der stationären Kurvenfahrt nach folgender Gleichung [181]:

$$F_K = m \cdot a_y \cdot \left(\frac{l_H}{l} \cdot \sin(\beta_V) + \frac{l_V}{l} \cdot \sin(\beta_H) \right) \qquad [2.11]$$

Dabei werden relativ kleine Vorderradeinschläge und Schwimmwinkel angenommen und die relativ geringen Einflüsse aus den Rückstellmomenten der Räder, der seitlichen Luftkraft und der Fahrbahnquerneigung vernachlässigt. Definiert man die linearen Seitenkräfte F_{yV}, F_{yH} auf Basis der Schräglaufsteifigkeiten $c_{\beta V}$, $c_{\beta H}$ [N/rad] der Vorder- und Hinterachse [118, 148, 181]:

$$F_{yV} = c_{\beta V} \cdot \beta_V = m \cdot a_y \cdot \frac{l_H}{l} \qquad [2.12a]$$

$$F_{yH} = c_{\beta H} \cdot \beta_H = m \cdot a_y \cdot \frac{l_V}{l} \qquad [2.12b]$$

und die Querbeschleunigung $a_y = \kappa \cdot v^2$ auf Basis der Kurvenkrümmung κ [1/m], dann lässt sich Gleichung 2.11 ausschreiben als:

$$F_K = m \cdot \kappa \cdot v^2 \cdot \left(\frac{l_H}{l} \cdot \sin\left(\frac{m \cdot l_H}{c_{\beta V} \cdot l} \cdot \kappa \cdot v^2 \right) + \frac{l_V}{l} \cdot \sin\left(\frac{m \cdot l_V}{c_{\beta H} \cdot l} \cdot \kappa \cdot v^2 \right) \right) \qquad [2.13]$$

Vereinfachend kann zusätzlich $\sin(\beta) \approx \beta$ gesetzt werden.

Der Beschleunigungswiderstand

Die Fahrzeugbeschleunigung a erfordert die Überwindung des Beschleunigungswiderstands F_B, resultierend aus der translatorischen Beschleunigung der Gesamtfahrzeugmasse m und der rotatorischen Beschleunigung der rotierenden Komponenten des Antriebsstrangs, inkusive der Reifen, Räder und Bremsen. Die rotatorische Massenträgheit der Antriebsstrangkomponenten wird unter Vernachlässigung des Kupplungsschlupfs durch den gangabhängigen Drehmassenzuschlagsfaktor $\lambda_m(\gamma)$ als Anteil der Fahrzeugmasse m berücksichtigt [118] oder als additiver Drehmassenzuschlag m_{rot} aufgeschlagen, wenn eine Unabhängigkeit von der Fahrzeugmasse m erforderlich ist:

$$m'(\gamma) = m_{rot}(\gamma) + m = (1 + \lambda_m(\gamma)) \cdot m \qquad [2.14]$$

Der Beschleunigungswidertand F_B ergibt sich schließlich in Abhängigkeit von der beschleunigungsrelevanten Gesamtmasse $m'(\gamma)$:

$$F_B = m'(\gamma) \cdot a = m'(\gamma) \cdot \dot{v} \qquad [2.15]$$

Der Radschlupf wird darin vernachlässigt. Die Gleichung gilt deswegen nicht für hochdynamische Fahrzustände wie etwa schnelle Anfahrvorgänge mit hohen Getriebeübersetzungen.

2.1.2 Die Leistungsübertragung durch den Antriebsstrang

Die Effizienz des Verbrennungsmotors wird durch den Motor-Wirkungsgrad

$$\eta_{\text{Mot}} = \frac{P_{\text{Mot}}}{\dot{m}_{\text{Kr}} \cdot H_{\text{u}}} \qquad [2.16]$$

beschrieben, der sich aus dem Verhältnis von abgegebener Motorleistung P_{Mot} und zugeführter Heizleistung des Kraftstoffs $\dot{m}_{\text{Kr}} \cdot H_{\text{u}}$ ergibt [179]. Gebräuchlich ist die Definition des spezifischen Kraftstoffverbrauchs b_{e} [g/kWh]:

$$b_{\text{e}} = \frac{\dot{m}_{\text{Kr}}}{P_{\text{Mot}}} = \frac{1}{\eta_{\text{Mot}} \cdot H_{\text{u}}} \qquad [2.17]$$

Dieser ist proportional zum Kehrwert des Motor-Wirkungsgrades η_{Mot}. Er gibt den auf die effektive Motorleistung P_{Mot} bezogenen Kraftstoffverbrauch an und wird im spezifischen Verbrauchskennfeld $b_{\text{e}} = f(n_{\text{Mot}}, M_{\text{Mot}})$ dargestellt [179].

Vor der Leistungsübertragung an die Kupplung(en) verzweigt die abgegebene Motorleistung P_{Mot} in die mechanisch betriebenen Nebenaggregate wie etwa den Generator, den Klimakompressor und die Lenkhilfepumpe. So ergibt sich der auf die Kupplungsleistung P_{Ku} bezogene Motor-Wirkungsgrad η'_{Mot} aus der Differenz der abgegebenen Motorleistung P_{Mot} und der Leistungsaufnahme der Nebenaggregate P_{Agg}:

$$\eta'_{\text{Mot}} = \frac{P_{\text{Ku}}}{P_{\text{Mot}}} \cdot \eta_{\text{Mot}}, \quad P_{\text{Ku}} = P_{\text{Mot}} - P_{\text{Agg}} \qquad [2.18]$$

Die Erweiterung des Motor-Wirkungsgrades η'_{Mot} um den zusammengefassten Übertragungs-Wirkungsgrad η_{Tr} der leistungsübertragenden Triebstrangkomponenten, insbesondere der Kupplung(en), des Getriebes und des Differenzials, ergibt den Antriebs-Wirkungsgrad – auch als „Tank-to-Wheel"-Wirkungsgrad bezeichnet [115]:

$$\eta_{\text{Ant}} = \eta'_{\text{Mot}} \cdot \eta_{\text{Tr}} = \frac{P_{\text{Ant}}}{\dot{m}_{\text{Kr}} \cdot H_{\text{u}}} = \frac{F_{\text{Ant}} \cdot v}{\dot{m}_{\text{Kr}} \cdot H_{\text{u}}} \qquad [2.19]$$

Dieser setzt die eingesetzte Heizleistung des Kraftstoffs in Beziehung zur erzeugten kinetischen Antriebsleistung an den Antriebsrädern, die schließlich die Fahrwiderstände im realen Fahrbetrieb überwindet. Er beschreibt die Effizienz sowohl der Energiewandlung als auch ihrer Übertragung zu den Antriebsrädern vollständig, gilt jedoch wie der Motor-Wirkungsgrad nur für Betriebszustände mit Leistungsabgabe an den Antriebsrädern.

2.1.3 Energetische Optimierung des Fahrzeugbetriebs

Der streckenbezogene Kraftstoffverbrauch B_s [^{l}/100 km] als vorrangiges Zielkriterium der energieoptimalen Fahrzeugführung ergibt sich unter Verwendung der eingeführten Variablen gemäß der Gleichung:

$$B_s = \frac{\frac{1}{\rho_{Kr}} \cdot \left(\overbrace{\int b_e \cdot \left(\frac{F_W \cdot v}{\eta_{Tr}} + P_{Agg} \right) \cdot dt}^{\text{Zugbetrieb}} + \overbrace{\int \dot{m}_{Kr,LL} \cdot dt}^{\text{Freilauf}} + \overbrace{\int \dot{m}_{Kr,SB} \cdot dt}^{\text{Schubbetrieb}} \right)}{\int v \cdot dt} \qquad [2.20]$$

als Quotient des kumulierten Kraftstoffbedarfs – resultierend aus Zugbetrieb, Freilauf und Schubbetrieb – und der zurückgelegten Fahrtstrecke. Die lokale Optimierung der Einzelparameter wie insbesondere b_e und η_{Tr} führt offensichtlich nur in Sonderfällen zum Minimum des gesamten Ausdrucks. Der streckenbezogene Kraftstoffverbrauch stellt also ein globales Optimierungskriterium dar, das nur unter Berücksichtigung aller Wechselwirkungen erreichbar ist und eine maßgebliche Anforderung an verfügbare Optimierungsansätze stellt.

Zwar verfügen heutige Verbrennungsmotoren über eine Schubabschaltungsfunktion, außerhalb der zugrunde liegenden Drehzahlgrenzen wird jedoch auch im Schubbetrieb ein Kraftstoffmassenstrom $\dot{m}_{Kr,SB}$ eingespritzt. Der befeuerte Schubbetrieb sei der Vollständigkeit halber erwähnt, er ist allerdings vernachlässigbar selten und unter Effizienzgesichtspunkten nur begrenzt sinnvoll, da das resultierende Spektrum der Antriebsleistung auch durch einen Freilauf mit aktiver Bremskraftanforderung erzeugt werden kann.

Im Freilauf wird der Verbrennungsmotor von der Antriebsachse getrennt und – zumindest in aktuell bekannten Funktionsausprägungen – weiterhin im Leerlauf mit einem resultierenden Leerlaufverbrauch $\dot{m}_{Kr,LL}$ betrieben. In Hybridfahrzeugen dagegen wird er bereits ganz abgeschaltet, was nach einzelnen Modifikationen auch für den konventionellen Antriebsstrang denkbar ist. Wie bereits in zahlreichen Arbeiten gezeigt wurde, ermöglicht der Freilauf auch im konventionellen Antriebsstrang deutliche Kraftstoffeinsparungen im realen Fahrbetrieb

[69, 178, 205] und wird vor diesem Hintergrund auch seit etwa zwei Jahren als Fahrerassistenzfunktion in Pkws angeboten, zum Beispiel in aktuellen Modellen der Marken BMW, VOLKSWAGEN und PORSCHE. Zwar wird im Vergleich zur Schubabschaltung im Freilauf weiterhin Kraftstoff verbraucht. Dieser wird jedoch ausschließlich dazu eingesetzt, den Verbrennungsmotor auf einer Mindestdrehzahl zu halten – auf der auch seine Reibungsverluste minimal sind – und die Versorgung der Nebenaggregate sicherzustellen, ohne jedoch nennenswerte Leistung an die Kupplung(en) zu übertragen. Gleichzeitig rollt das Fahrzeug aus, ohne wie im Schubbetrieb weitere Schleppverluste des Verbrennungsmotors überwinden zu müssen, und nutzt so die in der Fahrzeugmasse gespeicherte kinetische Energie maximal effizient zur Überwindung der Fahrwiderstände. Der Freilauf stellt damit eine wesentliche Ergänzung des Zug- und des Schubbetriebs sowie ein wichtiges Element des energieeffizienten Fahrzeugbetriebs dar.

2.2 Sensorik der vorausschauenden Fahrerassistenz

Neuste Innovationen im Bereich der Fahrerassistenz basieren maßgeblich auf dem Einsatz von Sensorkomponenten zur Erfassung des Fahrzeugumfelds. Besonders Video-, RADAR[1]- und LIDAR[2]-Sensoren haben ihre Eignung bereits unter Beweis stellen können. Dabei bringt – insbesondere aufgrund ihrer physikalischen Messprinzipien – jeder dieser Sensoren charakteristische Vor- und Nachteile mit sich, etwa hinsichtlich des funktionalen Anwendungsbereichs, der konstruktiven Anforderungen oder des notwendigen Entwicklungs- und Integrationsaufwands. Aus Kostengründen beschränkt sich die Ersteinführung innovativer Assistenzsysteme meist auf Oberklassefahrzeuge. Diese sind bereits heute zum Teil mit mehreren Sensorkomponenten ausgerüstet, die ausschließlich der Fahrerassistenz dienen und somit die Fusion verschiedener Sensordaten ermöglichen, die in Zukunft eine Vielzahl weiterer – vorrangig softwarebasierter – Assistenzfunktionen hervorbringen wird [55].

Tabelle 2.1 zeigt die charakteristischen Eigenschaften der Video-, LIDAR- und RADAR-Sensortechnologien im Überblick. Daraus geht hervor, wie gut sich die unterschiedlichen Technologien ergänzen. Besonders die Kombination von Video- und RADAR-Sensorik bietet großes Potenzial zur umfassenden, detaillierten und zuverlässigen Erfassung des Fahrzeugumfelds [280].

Aufgrund ihrer Eignung zum Einsatz in Systemen der Längsführungsassistenz werden im Folgenden die derzeit gängigen Technologien und Ausprägungen der Video- und RADAR-Sensorik erläutert. Darauf folgt eine Einführung in die heute

---

[1]engl.: Radio Detecting and Ranging
[2]engl.: Light Detecting and Ranging

	Video	LIDAR	RADAR
Physikalische Eigenschaften			
Wellenlänge [m]	$10^{-7} - 10^{-6}$	10^{-6}	$10^{-3} - 10^{-2}$
Wetterabhängigkeit	ja	ja	gering
Auflösung, Anzahl Messwerte			
Horizontal	$10^2 - 10^3$	$10^2 - 10^3$	$10^1 - 10^2$
Vertikal	$10^2 - 10^3$	$10^1 - 10^2$	10^1
Zeitlich	$10^1 - 10^5$	10^1	10^1
Primäre Messungen			
Position	-	+	+
Geschwindigkeit	-	-	+
Helligkeitsmuster	+	+	-
Funktionsbeispiele			
Detektion von Objekten	+	+	+
Erkennung von Objekten	+	+	+/-
Fahrbahnerkennung	+	+/-	-
Verkehrszeichenerkennung	+	-	-

Tab. 2.1: Eigenschaften verschiedener Sensortechnologien nach [259]

bereits gängige Technologie der Satellitennavigation und deren Verknüpfung mit prädiktiven Streckendaten, von deren zukünftiger Verfügbarkeit in der vorliegenden Arbeit ausgegangen wird. Da deren erforderliche Details sowie Präzision und Abdeckung derzeit in der Praxis noch nicht ausreichend sind, werden die Verfahren aufgezeigt, durch deren Anwendung bereits in wenigen Jahren eine flächendeckende Verfügbarkeit erzielt werden kann.

2.2.1 Video-Sensorik

Erstmalig eingesetzt wurde Video-Sensorik zur passiven Bildgebung in Form der Rückfahrkamera, die mittlerweile durch Objekterkennungsfunktionen ergänzt wird. Besonderes Potenzial liegt jedoch im Einsatz als Frontkamera in einer Vielzahl von Fahrerassistenzsystemen, wie etwa der Spurverlassenswarnung, der Fußgängererkennung oder der Verkehrszeichenanzeige.

Gängige Kamerasysteme setzen aus der Digitalfotografie bekannte Halbleitersensoren mit CCD[3]-Technologie oder APS[4]-Technologie ein – in diesem Kontext auch als CMOS[5]-Sensor bekannt –, deren allgemeine Funktionsweise auf dem photoelektrischen Effekt beruht [161]. Typische maximale Reichweiten betragen bis zu 150 m; jedoch sind Kamerasysteme sehr anfällig gegenüber wetterbedingten Sichtbeeinträchtigungen. Der für Fahrerassistenzfunktionen gewährleistbare Erfassungsbereich beschränkt sich meist nur auf bis zu 80 m [98, 161, 243]. Aufgrund der Fülle visueller Informationen ist der Nutzen der Video-Sensorik maßgeblich durch die eingesetzten Bildverarbeitungsalgorithmen bestimmt, die folglich auch erhebliche Hardwareressourcen erfordern [243].

Zu unterscheiden sind Mono- und Stereokamerasysteme, die beide meist zentral über dem Rückspiegel hinter der Windschutzscheibe des Fahrzeugs angebracht sind. Stereokamerasysteme sind in der Lage, Tiefeninformationen der Bildszene wie der menschliche Sehapparat bereits durch stereoskopische Sensierung aus Einzelbildern zu extrahieren. Monokamerasysteme können dagegen Tiefeninformationen nur eingeschränkt durch verschiebungsbasierte Sensierung mehrerer Aufnahmen – auch als „Motion-Stereo" bezeichnet – ermitteln [53, 202, 259], was ihre Eignung zur Schätzung des longitudinalen Abstands deutlich mindert. Die Erkennung von Objekten in der Bildszene basiert entweder auf Einzelbildmerkmalen, wie etwa Schatten, Form, Symmetrie oder Kantenhäufigkeit, die jedoch objektspezifisch sind, oder auf Korrespondenzmerkmalen, die die Bewegung beliebiger, geometrisch unterscheidbarer Objekte in verschiedenen Aufnahmen beschreiben [53].

---

[3]engl.: Charged Coupled Devices (CCD)
[4]engl.: Active Pixel Sensor (APS)
[5]engl.: Complementary Metal Oxide Semiconductor (CMOS)

Video-Sensorik bietet ein enormes Einsatzpotenzial im Bereich innovativer Fahrerassistenzsysteme aufgrund ihrer Fähigkeit zur Interpretation visueller Informationen, die prinzipbedingt der menschlichen Wahrnehmung des Fahrzeugumfelds entspricht. Da die Verkehrsinfrastruktur seit jeher auf die visuelle Wahrnehmung durch den Fahrer ausgelegt ist, lassen sich viele entscheidende Merkmale zur Interpretation der Fahrsituation, wie etwa Fahrspurmarkierungen und Verkehrszeichen, derzeit auch nur visuell erfassen. Ihre Berücksichtigung ermöglicht folglich eine für den Fahrer sehr nachvollziehbare Ausprägung der Fahrerassistenz [53, 259].

2.2.2 RADAR-Sensorik

RADAR-Sensorik basiert auf der Aussendung hochfrequenter elektromagnetischen Wellen und deren Empfang als RADAR-Echo nach Reflektion an elektrisch leitfähigen Materialien. Sie wird seit etwa zehn Jahren vorrangig in Abstandsregeltempomaten im Kraftfahrzeugbereich genutzt. Da eine direkte Laufzeitmessung aufwendig ist, wird meist ein frequenzmoduliertes Signal ausgesandt und daraus durch indirekte Laufzeitmessung und durch Ausnutzung des DOPPLER-Effekts der Abstand und die Relativgeschwindigkeit des vorausfahrenden Fahrzeugs kontinuierlich errechnet [283].

Gängige Sensoreinheiten nutzen die Frequenzbänder 24,0-24,25 GHz oder 76-77 GHz. 24 GHz-Einheiten eignen sich vorrangig für den Nahbereich ab etwa 0,2 m, also auch als Einparksensor, und den mittleren Bereich bis etwa 100 m [280]. Gängige 77 GHz-Einheiten arbeiten in einem Messbereich von etwa 0,5 m, decken einen Fernbereich[6] von bis zu 250 m ab und ermöglichen damit ebenfalls eine Abstandsregelung im Stop-and-go-Verkehr bis zum Stillstand des Fahrzeugs.

Der horizontale Öffnungswinkel angebotener Systemvarianten variiert stark – vor allem mit dem abgedeckten Sichtbereich – und beträgt maximal zwischen etwa 10 und etwa 100° [280]. Zur Vergrößerung des Gesamtöffnungswinkels und Erhöhung der Systemzuverlässigkeit werden oftmals zwei oder drei Sensoreinheiten in einem Fahrzeug kombiniert [54, 98].

Heute eingesetzte Sensorvarianten sind sehr wetterunabhängig und meist mit einer aktiven Linsenheizung gegen Vereisung ausgerüstet. Eine weitere erwähnenswerte Eigenschft ist ihre Mehrzielfähigkeit, die es nicht nur ermöglicht, mehrere lateral versetzte Fahrzeuge zu verfolgen, sondern auch das unter dem vorausfahrenden Fahrzeug zurückgeworfene RADAR-Echo des vorvorausfahrenden Fahrzeugs geeignet zu interpretieren. Die Ausnutzung dieser Fähigkeit ist im Rahmen einer vorausschauenden Längsführung des Fahrzeugs in Zukunft durchaus denkbar.

---

[6]engl.: Long-Range-RADAR (LRR)

2.2.3 Satellitennavigation

Derzeit gibt es drei globale Satellitennavigationssysteme[7] – GPS[8], GLONASS[9] und GALILEO –, von denen GPS und GLONASS aktuell in Betrieb sind, GALILEO sich jedoch noch im Aufbau befindet [110]:

1. Das System GPS wurde im Rahmen des NAVSTAR Programms des US-amerikanischen Verteidigungsministeriums entwickelt und ist seit 1995 voll funktionsfähig. Es besteht aus insgesamt 24 nicht geostationären Satelliten in sechs Umlaufbahnen. Der allgemein zugängliche STANDARD POSITIONING SERVICE (SPS) steht für zivile Navigationsanwendungen zur Verfügung und erreicht erst seit der Abschaltung einer künstlichen Verrauschung im Jahr 2000 seine endgültige Leistungsfähigkeit. Die verschlüsselten Signale des PRECISE POSITIONING SERVICE (PPS) stehen weiterhin ausschließlich für militärische Zwecke zur Verfügung.

2. Das System GLONASS wird durch Russland betrieben und basierte ursprünglich ebenfalls auf insgesamt 24 nicht geostationären Satelliten in drei Umlaufbahnen. Die GLONASS-Signale sind ohne jegliche künstliche Verrauschung für zivile Zecke nutzbar. Aufgrund der stark schwankenden Anzahl funktionsfähiger Satelliten ist eine kontinuierliche weltweite Abdeckung jedoch nicht gegeben [276].

3. Das System GALILEO wird seit 2001 von der EU entwickelt und soll planmäßig 30 nicht geostationäre Satelliten auf drei Umlaufbahnen umfassen [276]. In Anbetracht ihrer Genauigkeit, Kosten und Zugänglichkeit werden verschiedene Dienste unterschieden, von denen der OPEN SERVICE (OS) ohne Zusatzkosten für zivile Anwendungen zur Verfügung stehen wird. Durch die Kombination mit GPS wird er eine sehr hohe Genauigkeit und Verfügbarkeit gewährleisten.

Aufgrund seiner kontinuierlichen weltweiten Abdeckung und seines zivilen Zugangs ist GPS das derzeit vorherrschende System zur weltweiten Satellitennavigation. Es basiert im Wesentlichen auf der Laufzeitmessung der Funksignale zwischen den Satelliten bekannter Aufenthaltsposition und einer mobilen Empfängereinheit. Zur Bestimmung der drei Ortskoordinaten des Empfängers sowie einer gegebenenfalls zu kompensierenden Zeitabweichung zwischen Sender und

---

[7]engl.: Global Navigation Satellite Systems (GNSSs)
[8]engl.: GLOBAL POSITIONING SYSTEM (GPS)
[9]engl.: GLOBAL ORBITING NAVIGATION SATELLITE SYSTEM (GLONASS)

Empfänger sind die Signale vier verschiedener Satelliten gleichzeitig notwendig [127, 276]. Diese Anforderung wird durch die Anordnung der 24 Satelliten theoretisch für die meisten Orte weltweit jederzeit erfüllt.

Der SPS ermöglicht eine durchschnittliche maximale Positionsabweichung von $< 13\,\mathrm{m}$ horizontal und von $< 22\,\mathrm{m}$ vertikal mit einer Wahrscheinlichkeit von 95 % [127]. Durch Einbeziehung von Korrektursignalen ortsfester Referenzstationen[10] können die Abweichungen deutlich reduziert werden. Je nach Aufbau sind typische maximale Abweichungen von $< 10\,\mathrm{cm}$ darstellbar, jedoch nur innerhalb einer maximalen Entfernung zur Referenzstation von etwa $10\,\mathrm{km}$ [127]. Das gleiche Prinzip wird in Space-based Augmentation Systems (SBASs) insbesondere zur Flugnavigation verwendet, in denen die Korrekturdaten auf Basis eines Netzwerks ortsfester Basisstationen flächendeckend ermittelt und mithilfe von geostationären Satelliten versandt werden.

Auch für Automobilanwendungen reicht die Positionsgenauigkeit einer reinen Satellitennavigation meist nicht aus. Aufgrund der Annahme, dass sich Kraftfahrzeuge – bis auf wenige Ausnahmen – in einem bekannten Streckennetz bewegen, ist jedoch eine deutliche Steigerung durch den Abgleich mit digitalen Straßenkarten möglich, der als „Map-Matching" bezeichnet wird. Map-Matching ermöglicht je nach Streckengeometrie eine präzise Positionierung des Fahrzeugs durch Abgleich seiner horizontalen Bewegungstrajektorie mit den abgespeicherten Straßenkarten, aus denen in der Folge weitere ortsbezogene Zusatzattribute extrahiert werden können.

Ein wesentlicher Anteil der GPS-Positionsabweichungen tritt – insbesondere in mobilen Fahrzeuganwendungen – stochastisch auf und erschwert die zuverlässige Ermittlung topografischer Streckeninformationen, wie etwa der Steigung, der Krümmung und der Querneigung der Fahrbahn. Aus diesem Grund werden Inertialnavigationssysteme (INS) eingesetzt, in denen die Navigationseinheit mit einer Inertialsensoreinheit[11] gekoppelt ist. Diese besteht aus jeweils drei orthogonal zueinander angeordneten Drehraten- und Beschleuniungssensoren, aus deren Signalen sich die Bewegungstrajektorie im Raum vollständig rekonstruieren lässt. Inertialnavigationssysteme ermöglichen eine präzise Positionierung, deren mittlere Abweichungen deutlich unter der einer reinen Navigationseinheit, jedoch nach wie vor im Bereich mehrerer Meter liegt. Inertialnavigationssysteme minimieren mithilfe der Koppelnavigation stochastische Fehler und erzeugen hochfrequente präzise Positionsinformationen, die sich bei geeigneter Sensorpositionierung und Datenaufbereitung gut zur Ableitung topografischer Streckeninformationen eignen. Hochpräzise Inertialnavigationssysteme sind aufgrund ihrer Größe und

---

[10]engl.: Differential GLOBAL POSITIONING SYSTEM (DGPS)
[11]engl.: Inertial Measurement Unit (IMU)

Kosten derzeit als Spezialsensorik noch Versuchszwecken vorbehalten. Mit dem SENSOR ARRAY AUDI (SARA) bringt AUDI jedoch seit 2010 erstmals eine integrierte mikromechanische Inertialsensoreinheit in Serienfahrzeugen zum Einsatz [40, 270].

2.2.4 Prädiktive Streckendaten

Das erste serienmäßige Navigationssystem mit den heute vorausgesetzten Funktionen der Positionsbestimmung, der Kartendarstellung und der Routenberechnung kam 1994 im BMW 7ER (TYP E38) zum Einsatz. Damals wie heute waren und sind die zur Navigation notwendigen digitalen Straßenkarten auf einem fahrzeuginternen Speichermedium – früher CDs, heute DVDs, Festplatten oder Speicherkarten – abgespeichert. Grundlage der digitalen Straßenkarten sind nach wie vor hochpräzise amtliche Karten sowie Satelliten- und Luftaufnahmen, die nach der Befahrung mit speziell ausgerüsteten Messfahrzeugen um zusätzliche Attribute wie Einbahnstraßen oder Durchfahrtsbeschränkungen ergänzt werden [217]. Zusätzlich zu diesen statischen Kartendaten können dynamische Routeninformationen über Verkehrsbeeinträchtigungen über den TRAFFIC MESSAGE CHANNEL (TMC) empfangen und in die Routenberechnung mit einbezogen werden. Um die statischen Kartendaten aktuell zu halten, ist aufgrund proprietärer Datenformate der verschiedenen Anbieter derzeit noch ein gesamter Austausch durch den Kunden in Abständen von etwa drei bis zwölf Monaten notwendig. Um nur teilweise Aktualisierungen – etwa über eine Funkverbindung – zu ermöglichen, wurde 2009 von verschiedenen Kartenanbietern sowie Fahrzeugherstellern und Automobilzulieferern eine Initiative zur Vereinbarung und Umsetzung des NAVIGATION DATA STANDARD (NDS) gegründet, der die Möglichkeit tagesaktueller inkrementeller Karten-Updates bereits für die nächsten Jahre als realistisch erscheinen lässt [183].

Unter prädiktiven Streckendaten werden allgemein Streckendaten verstanden, deren Attribute die wesentlichen fahrdynamischen, verkehrsrechtlichen und baulichen sowie witterungs- und verkehrsbezogenen Eigenschaften der Fahrstrecke enthalten. Ihr Potenzial zum Einsatz in vorausschauenden Fahrerassistenzsystemen ergibt sich jedoch erst in Verbindung mit einer geeigneten Kommunikationsarchitektur, durch die sie für theoretisch beliebige vorausliegende Streckenabschnitte extrahiert und verschiedenen Steuergeräten über das Fahrzeugbussystem zur Verfügung gestellt werden können. Herausforderungen beim Einsatz prädiktiver Streckendaten resultieren insbesondere aus den hohen Anforderungen der Assistenzsysteme an die Kartendaten an sich sowie aus der zur effizienten Speicherung und Verteilung der Kartendaten notwendigen Datenkompression.

Aufgrund ihres erheblichen Potenzials zur Steigerung von Fahrsicherheit, Fahrkomfort und Energieeffizienz wurden in den letzten Jahren bereits diverse Forschungsprojekte mit unterschiedlichen Zielsetzungen durchgeführt, von denen folgende Projekte innerhalb Europas unter der übergreifenden Initiative ERTICO zu nennen sind [82]:

- ACTMAP: Standardisierung inkrementeller Kartenaktualisierungen und -ergänzungen für innovative Fahrerassistenzsysteme

- AGORA: Erprobung einer standardisierten Ortsreferenzierung sowie Unterstützung ihrer kurzfristigen Umsetzung in zukünftigen Endgeräten

- FEEDMAP: Bewertung und inkrementelle Aktualisierung digitaler Kartenattribute durch kooperative individuelle Streckensensierung

- IN-ARTE: Entwicklung einer integrierten Mensch-Maschine-Schnittstelle[12] für innovative und vorausschauende Fahrerassistenzfunktionen

- NEXTMAP: Standardisierung und Erprobung erforderlicher Kartenattribute sowie Ableitung ihrer Genauigkeit und kommerziellen Umsetzbarkeit

- PREVENT: Entwicklung und Erprobung aktiver Sicherheitssysteme unter einheitlicher Nutzung aktualisierbarer prädiktiver Streckendaten

Als Resultat dieser und bereits vorangegangener Projekte sollten zwei Standards genannt werden, die die vorangehend diskutierten Herausforderungen im Einsatz prädiktiver Streckendaten – Speicherung und Kommunikation – adressieren:

1. Der aktuell gültige ISO[13]-Standard 14825:2011 [131] spezifiziert das GEOGRAPHIC DATA FILES (GDF)-Format, das als Grundlage zur Beschreibung und Übertragung vektorbasierter digitaler Straßenkarten dient. Über die verfügbaren Elemente sowie deren Attribute und Verknüpfungen hinaus enthält es Richtlinien für die Erfassung und Darstellung der Kartendaten.

2. Das aktuelle ADASIS[14]-v2-Protokoll [220] standardisiert die Zusammenstellung und Übertragung des Streckendatensatzes für den relevanten vorausliegenden Streckenabschnitt, der allgemein als „elektronischer Horizont"[15] bezeichnet wird [20, 36, 76, 219]. Dadurch werden die beteiligten Softwarekomponenten voneinander entkoppelt und eine einheitliche Schnittstelle zum Zugriff auf die prädiktiven Streckendaten hergestellt.

---

[12]engl.: Human-Machine-Interface (HMI)
[13]engl.: INTERNATIONAL ORGANIZATION FOR STANDARDIZATION (ISO)
[14]engl.: ADVANCED DRIVER ASSISTANCE SYSTEMS INTERFACE SPECIFICATION (ADASIS)
[15]engl.: Electronic horizon

Wesentliche Herausforderungen in der Herstellung und Nutzung prädiktiver Streckendaten liegen prinzipiell in der erforderlichen Präzision sowie in der geografischen Abdeckung der für die unterschiedlichen Anwendungen relevanten Attribute. Über die geometrischen Streckencharakteristika Steigung, Krümmung und Querneigung hinaus beinhalten diese insbesondere [42]:

- Zulässige Höchstgeschwindigkeiten

- Verkehrsschilder und Vorrangregeln

- Anzahl und Kategorie der Fahrspuren

- Lichtsignalanlagen

- Kreuzungen

- Gefahrenstellen

Zur Erzeugung eines elektronischen Horizonts im Fahrzeug – bestehend aus den aufgezählten Attributen – sind prinzipiell drei Methoden denkbar:

- Digitale Straßenkarte: Eine fahrzeugintern gespeicherte digitale Straßenkarte dient als Basis des elektronischen Horizonts. Die Straßenkarte wird unter Einsatz spezieller Messfahrzeuge zentral von Kartenanbietern erzeugt und aktualisiert. Aktualisierungen der fahrzeuginternen Straßenkarte werden durch Abgleich mit der aktuellsten zentralen Version des Kartenanbieters vorgenommen.

- Selbstlernende Historiendatenbank: Unter der statistisch begründeten Annahme einer nahezu fortwährenden Wiederholung derselben Fahrtrouten im alltäglichen Fahrbetrieb wird im Fahrzeug eine Historiendatenbank erzeugt, die als fahrzeugindividuelle Basis eines elektronischen Horizonts dient [21, 42, 154]. Relevante Attribute werden mithilfe fahrdynamischer und umfelderfassender Sensorik ermittelt, aggregiert und abgespeichert.

- Kooperative Streckendatenerfassung: Die fahrzeuginternen Sensoren einzelner Fahrzeuge werden genutzt, um relevante Attribute der gefahrenen Strecken zu identifizieren [164, 237]. Nach deren Aggregation werden die Messdaten – als „Floating Car Data" (FCD) oder „Vehicle Probe Data" (VPD) bezeichnet – zur Verarbeitung an einen Server des Kartenanbieters geschickt und dort fortlaufend in die zentrale digitale Straßenkarte eingearbeitet, die wiederum den Benutzern zur Verfügung gestellt wird.

Während die bereits diskutierte digitale Straßenkarte den aktuellen Stand der Technik darstellt, leidet ihre Qualität unter der stetigen Veränderung des Straßennetzes, die nach Angabe der Navigationsgerätehersteller bis zu 15 % pro Jahr beträgt. In Form der selbstlernenden Historiendatenbank steht dem Fahrer bereits nach wenigen Fahrten eine Datenbasis zur Verfügung, die häufig gefahrene Routen sehr detailliert abbildet und bei jeder Fahrt aktualisiert werden kann. Allerdings enthält sie keine ausreichenden Informationen über unbekannte oder selten befahrene Routen, auf denen die Funktion vieler Anwendungen folglich nicht gewährleistet werden kann. Eine kooperative Erfassung der erforderlichen Streckendaten eröffnet die Chance, gleichzeitig sowohl eine hohe Abdeckung als auch eine hohe Aktualität zu gewährleisten. Einsatzszenarien und Potenziale von FCD wurden bereits in ersten Forschungsprojekten praxisnah demonstriert [164]. Bis die relevanten Attribute prädiktiver Streckendaten jedoch in Serienfahrzeugen in dieser Art und Weise flächendeckend erfasst und abgeglichen werden können, sind neben den technischen auch noch datenschutzrechtliche Fragen zu klären. Letztlich müssen die erforderlichen Softwarefunktionen und Kommunikationskanäle kostengünstig in die Fahrzeuge integriert werden und einen unmittelbaren Mehrwert darstellen, um einen ausreichenden Kaufanreiz beim Kunden zu erzeugen.

Wie aus dem ADASIS-v2-Protokoll [220] hervorgeht, erfordert ein Zugriff auf prädiktive Streckendaten im Vergleich zur relativ einfachen Architektur eines Navigationssystems zwei zusätzliche Softwarekomponenten: den ADAS Horizon Provider (AHP) und den ADAS Horizon Reconstructor (AHR). Der AHP extrahiert aus der digitalen Straßenkarte in Abhängkeit von der aktuellen Fahrzeugposition den relevanten Streckendatensatz und stellt diesen über das Fahrzeugbussystem den verschiedenen Steuergeräten zur Verfügung. Die Auswahl des relevanten Streckendatensatzes kann mit unterschiedlichen Algorithmen erfolgen, in denen eine Abschätzung der wahrscheinlichsten Fahrtroute[16] am gebräuchlichsten ist und auch dann durchgeführt wird, wenn der Fahrer kein Reiseziel im Navigationssystem eingegeben hat. Der AHR rekonstruiert schließlich aus den über das Bussystem empfangenen digitalen Kartendaten eine geeignete Charakterisierung der vorausliegenden Strecke unter Berücksichtigung der jeweiligen Anwendungsanforderungen. Seit etwa zwei Jahren werden durchgängige Entwicklungsplattformen angeboten, die die diskutierten Softwarekomponenten sowie deren Schnittstellen simulieren. Sie erzeugen einen elektronischen Horizont nach dem beschriebenen ADASIS-v2-Protokoll und ermöglichen eine prototypische Darstellung und Erprobung neuartiger Fahrerassistenzsysteme unter Nutzung prädiktiver Streckendaten [76, 199, 238].

---

[16]engl.: Most Probable Path (MPP)

Seit 2009 werden prädiktive Streckendaten auch in Serienfahrzeugen eingesetzt. So nutzt beispielsweise FREIGHTLINER TRUCKS im vorausschauenden Tempomaten RUNSMART PREDICTIVE CRUISE digitales Kartenmaterial der größten US-amerikanischen Highways, das durch den Kartenanbieter NAVTEQ vermessen wurde [52]. SCANIA bietet seit Anfang 2012 ein ähnliches System namens ACTIVE PREDICTION in Europa an [194]. AUDI nutzt in seinen neusten Modellen prädiktive Streckendaten, um bestehende Fahrerassistenzfunktionen zu verbessern [98, 159, 271], und BMW setzt diese ein, um das Energiemanagement von Hybridfahrzeugen vorausschauend zu steuern [30].

2.3 Fahrerassistenz der energieoptimalen Fahrzeuglängsführung

Ursprünglich war die Vision vom vollautomatisierten Fahrzeug begründet durch das militärische Ziel einer unbemannten Fahrzeugflotte [37]. Erst in den 1980er-Jahren wurde die Vision durch Regierungen weltweit aufgegriffen und auf den zivilen Straßenverkehr übertragen als ein möglicher Ansatz zur Lösung sozialer, ökologischer und ökonomischer Problemstellungen des steigenden individuellen Mobilitätsbedarfs. In der automatisierten Fahrzeugführung wird seitdem eine Chance gesehen, den Straßenverkehr sicherer, sauberer und komfortabler zu machen [278]. Vor diesem Hintergrund werden seit einigen Jahren bereits Fahrerassistenzsysteme entwickelt, die die Längsführung des Fahrzeugs in verschiedenen Formen – angefangen bei der passiven Information des Fahrers bis hin zur aktiven Übernahme von Führungsaufgaben – unterstützen und über die in den folgenden Abschnitten ein grober Überblick gegeben werden soll.

2.3.1 Automatisierung der Fahrzeugführung

Aus bekannten Schemata zur Abstufung des Automatisierungsgrades technischer Prozesse wie etwa [67], [80], [81] oder [135] lassen sich folgende auf die Fahrzeuglängsführung anwendbare Automatisierungsstufen ableiten [81]:

1. Keine Automatisierung

2. Informative Entscheidungsunterstützung

3. Zustimmungspflichtige Automatisierung

4. Überwachte Automatik

5. Vollautomatisierung

Viele heutige Prognosen setzen voraus, dass das individuelle Mobilitätsverhalten und der technische Fortschritt sich ergänzen und die sukzessive stufenweise Umsetzung vollautomatisierten Fahrens zur Folge haben [135]. Obwohl viele aktuelle Innovationen im Bereich der Fahrerassistenz in dieses Schema passen, steht jedoch die Automatisierung der Fahrzeugführung nicht zwangsläufig als Selbstzweck im Fokus der Automobilhersteller oder der Autofahrer. Allgemeine Zielsetzung der Fahrerassistenz ist es vielmehr, die Fahrzeugführung zu überwachen und zu unterstützen, Bedienungsfehler des Fahrers zu kompensieren oder zu vermeiden und dessen subjektives Komfortempfinden zu steigern. Die subjektive Erwartungshaltung des Fahrers gegenüber der Fahrerassistenz bezieht sich also allgemein auf die Kriterien [42, 45, 76, 258, 282]:

- Erhöhung der Fahrsicherheit

- Steigerung des Fahrkomforts

- Reduzierung des Kraftstoffverbrauchs

- Verringerung der Fahrtzeit

Zu beachten bleibt, dass die Evolution der Fahrerassistenz neben ihren Chancen jederzeit ein Konfliktpotenzial mit sich bringt, das sukzessive mit der Automatisierung der Fahrzeugführung steigt und das es durch geeignete technische, aber auch gesellschaftspolitische Maßnahmen zu kompensieren gilt [22]. Schließlich ist eine ausgewogene Rollenverteilung von Fahrer und Fahrzeug unerlässlich, um die Risiken der Fahrerassistenz zu minimieren und ihre Potenziale vollständig auszuschöpfen. Um dies zu erreichen ist es zweckmäßig, Stärken und Schwächen des menschlichen Fahrers und des automatisierten Fahrerassistenzsystems wie in Tabelle 2.2 gegenüberzustellen [35]. Das größte Potenzial bietet der Einsatz von Fahrerassistenzsystemen demnach bei Fahraufgaben, die den Fahrer dauerhaft belasten und eine parallele Verarbeitung komplexer Informationen erfordern. Die Gegenüberstellung motiviert damit zur Automatisierung der Fahrzeuglängsführung in Fahrsituationen mit erhöhter Beanspruchung des Fahrers. Diese sind etwa im Stop-and-go-Verkehr zu finden und in dieser Form bereits Motivation für einen Abstandsregeltempomaten, der nicht nur eine vorgegebene Sollgeschwindigkeit, sondern auch den Sicherheitsabstand zum vorausfahrenden Fahrzeug bis zum Stillstand einhält. Darüber hinaus entsteht die angesprochene Beanspruchung auch bei der Einstellung eines energieeffizienten Fahrzeugbetriebs. In diesem Fall ist der Fahrer gefordert, eine Vielzahl von Fahrzeugkenntnissen und Umgebungsinformationen zu verknüpfen und gleichzeitig die energieoptimalen Stelleingriffe zur Längsführung des Fahrzeugs bestmöglich umzusetzen. Somit

Merkmal	Fahrer	FAS	Fahrer & FAS
Dauerbelastungsfähigkeit	o	++	++
Reaktionsfähigkeit	+	+	++
Improvisationsfähigkeit	+	-	+
Fehlertoleranz	++	o	++
Schnelle Situationsanalyse	++	o	++
Parallele Informationsverarbeitung	o	++	++
Verantwortungsbewusstsein	++	-	++

Tab. 2.2: Stärken und Schwächen von Fahrer und Fahrerassistenzsystem nach [35]

ist zu erwarten, dass eine automatisierte Längsführungsassistenz zum energieoptimalen vorausschauenden Betrieb des Fahrzeugs nicht nur erhebliches Potenzial zur Reduzierung des Kraftstoffverbrauchs, sondern auch zur Reduzierung der Fahrerbeanspruchung und damit zur Komfortsteigerung bietet.

2.3.2 Systeme der allgemeinen Längsführungsassistenz

Fahrerassistenzsysteme der Fahrzeuglängsführung bieten das Potenzial, den Fahrer in allen angesprochenen Bereichen sowohl in der Erhöhung der Fahrsicherheit, der Steigerung des Fahrkomforts, der Reduzierung des Kraftstoffverbrauchs als auch in der Verringerung der Fahrtzeit zu unterstützen. Entsprechend vielseitig sind die aktuellen und zukünftig verfügbaren Funktionsausprägungen, über die im Folgenden ein kurzer chronologischer Überblick gegeben werden soll.

Geschwindigkeitsregelanlage (GRA)

Die Geschwindigkeitsregelanlage[17] – umgangssprachlich meist als „Tempomat" bezeichnet – hat zur Aufgabe, eine vom Fahrer eingestellte Fahrgeschwindigkeit soweit physikalisch möglich konstant einzuhalten. Dazu stellt der Fahrer über eine Bedieneinheit an Lenkstockhebel oder Lenkrad eine gewünschte Fahrgeschwindigkeit ein, die durch die Motorelektronik umgesetzt wird und dem Fahrer die Betätigung des Gaspedals abnimmt. Frühe Systemvarianten regeln dazu ausschließlich die Motorleistung; mittlerweile wird von einigen Systemen auch die Bremskraft aktiv geregelt. In Fahrzeugen mit Automatikgetriebe wird durch die Geschwindigkeitsregelanlage gleichzeitig die Gangwahl übernommen, in Fahrzeugen mit manuellem Schaltgetriebe wird die Regelung bei Betätigung

---

[17]engl.: Cruise Control (CC)

der Kupplung unterbrochen. Eine Betätigung der Bremse durch den Fahrer
schaltet das System in jedem Fall ab.

Aufgrund der sensiblen Regelung der Motorleistung sowie der automatisierten
Gangwahl in Fahrzeugen mit Automatikgetriebe erzielt die Geschwindigkeitsregelanlage gegenüber der manuellen Fahrzeuglängsführung durch den Fahrer
meist bereits eine geringfügige Reduzierung des Kraftstoffverbrauchs.

Abstandsregeltempomat (ART)

Der Abstandsregeltempomat[18] ergänzt die Funktionalität der konstanten Fahrgeschwindigkeitsregelung durch eine aktive Regelung des Abstands zum vorausfahrenden Fahrzeug. Dazu werden meist ein oder mehrere RADAR-Sensoren in
der Fahrzeugfront integriert und mit deren Hilfe kontinuierlich Abstand und
Differenzgeschwindigkeit zum vorausfahrenden Fahrzeug berechnet. Die Bedienung des Systems erfolgt analog zur Geschwindigkeitsregelanlage durch
Bedienelemente an Lenkstockhebel und Lenkrad, über die der Fahrer neben der
gewünschten Fahrgeschwindigkeit auch die gewünschte Abstandsstufe wählt.

Im freien Verkehr ohne vorausfahrendes Fahrzeug arbeitet der Abstandsregeltempomat wie eine Geschwindigkeitsregelanlage und hält die eingestellte
Wunschgeschwindigkeit konstant. Unterschreitet bei der Annäherung an ein vorausfahrendes Fahrzeug der Abstand den eingestellten Grenzwert, dann hält das
System den eingestellten Abstand durch Vorgabe der Bremskraft, des Gangs und
der Motorleistung ein. Verlässt das vorausfahrende Fahrzeug den Sichtbereich
des RADAR-Sensors, dann beschleunigt das System wieder auf die eingestellte
Wunschgeschwindigkeit.

Nachdem erste Systemausprägungen vor einigen Jahren noch auf den Geschwindigkeitsbereich von 30 km/h bis 180 km/h beschränkt waren, decken heutige
Systeme in einem Geschwindigkeitsbereich von 0 bis 250 km/h auch Stop-and-
go-Situationen bis in den Stillstand des Fahrzeugs ab und werden deswegen als
„Full-Speed-Range"-Systeme bezeichnet. Zur Vermeidung von Fehlreaktionen
werden stehende Objekte jedoch ausgeblendet. Als internationale Referenz gilt
für Full-Speed-Range-Systeme die ISO-Norm 22179 [130], die unter anderem
auch eine Begrenzung der maximalen Längsbeschleunigung und Längsverzögerung des Fahrzeugs vorsieht.

Besonders in Fahrzeugen der Oberklasse wird der RADAR-Sensor in den neusten Systemvarianten durch eine Videokamera unterstützt, die ohnehin fester
Bestandteil vieler weiterer Assistenzfunktionen ist [98]. Mithilfe ihres optischen
Messprinzips ergänzt sie die Stärken des RADAR-Sensors im Bereich der longitudinalen Abstands- und Geschwindigkeitsmessung hervorragend mit ihren

---

[18]engl.: Adaptive Cruise Control (ACC)

Stärken in der lateralen Objektverfolgung und trägt dadurch wesentlich zur Verbesserung der Fahrspurzuweisung und Kursprädiktion des vorausfahrenden Fahrzeugs bei [42, 55].

Neuste Systemvarianten nutzen bereits prädiktive Streckendaten, um die Kursprädiktion des eigenen und des vorausfahrenden Fahrzeugs noch weiter zu verbessern. Insbesondere die Informationen über vorausliegende Fahrbahnsteigungen und Kurvenkrümmungen tragen zu einer virtuellen Vergrößerung des ursprünglichen Sichtbereichs des RADAR-Sensors und zu einer deutlichen Erweiterung des Anwendungsbereichs der Assistenzfunktion vor allem auf kurvenreichen Strecken bei [98, 283].

Automatische Notbremse (ANB)

Die Automatische Notbremse[19] ist eine von mehreren Funktionen der bremsenbasierten Fahrerassistenz, deren Kombination zum Ziel hat, Auffahrunfälle zu vermeiden sowie gegebenenfalls deren Folgen zu minimieren [37, 54, 60, 285]. Das vorausfahrende Fahrzeug wird dazu wie im Fall des Abstandsregeltempomaten kontinuierlich mit einer hohen Abtastfrequenz verfolgt. Bei Erkennung eines drohenden Auffahrunfalls wird der Fahrer zuerst optisch, akustisch oder haptisch gewarnt. Reagiert der Fahrer nicht, dann wird die Bremse für einen schnellen Bremseingriff vorkonditioniert und Maßnahmen zum Schutz der Insassen wie etwa das Schließen des Schiebedachs, das Aufstellen der Kopfstützen oder die Straffung der Sitzgurte durchgeführt, um die Folgen des drohenden Unfalls zu mindern. Bei einer durch den Fahrer ausgelösten Bremsung wird die Bremskraft, wenn nötig, zusätzlich erhöht, um einen Aufprall zu vermeiden. Bremst der Fahrer nicht, wird letztendlich durch das System selbst eine automatische Notbremsung ausgelöst, um Differenzgeschwindigkeit abzubauen und damit die Folgen des Aufpralls weiter zu verringern.

Verkehrszeichenanzeige (VZA)

Die Verkehrszeichenanzeige[20] unterstützt den Fahrer durch die Erkennung von Verkehrszeichen – insbesondere zulässige Höchstgeschwindigkeiten – sowie deren dauerhafte Anzeige im Kombiinstrument oder Projektion auf die Windschutzscheibe des Fahrzeugs[21] [37, 156, 60]. Als Sensorik werden dazu Videokameras eingesetzt oder Navigationsdaten genutzt, deren Details über zulässige

---

[19]engl.: Automatic Emergency Brake (AEB)
[20]engl.: Traffic Sign Recognition (TSR)
[21]engl.: Head-Up-Display (HUD)

Höchstgeschwindigkeiten schon heute eine hohe Abdeckung erreichen. In aktuellsten Systemausprägungen werden Videodaten mit prädiktiven Streckendaten fusioniert [159, 271], deren verbleibendes Potenzial sich aufgrund der witterungsbedingten Einflüsse auf die optische Mustererkennung und aufgrund der zahlreichen länderspezifischen Piktogramme und Zusatzschilder erahnen lässt.

Intelligente Geschwindigkeitsanpassung

Die Verkehrszeichenanzeige kann als Vorstufe der intelligenten Geschwindigkeitsanpassung[22] angesehen werden. Über die reine Information hinaus verfolgt diese sinngemäß die Einhaltung der zulässigen Höchstgeschwindigkeit durch passive Warnung des Fahrers oder aktiven Eingriff in die Längsdynamik des Fahrzeugs [173, 43]. Als Sensorik werden dazu bevorzugt Navigationssysteme in Verbindung mit digitalen Kartendaten eingesetzt, die durch Videokameras ergänzt werden können. Die Warnung erfolgt in passiven Funktionsausprägungen entweder optisch, akustisch oder auch haptisch, indem mithilfe eines aktiven Fahrpedals die Gegenkraft des Gaspedals erhöht und der Fahrer somit zur Reduzierung der Fahrgeschwindigkeit angeleitet wird. In Forschungsprojekten wurden darüber hinaus auch aktive Funktionsausprägungen erprobt, die eine Drosselung der Motorleistung und Regelung der Bremskraft beinhalten [43]. Trotz des hohen Potenzials zur Unfallvermeidung und der technischen Machbarkeit ist zwar die Einführung passiver Systeme denkbar, die Einführung aktiver Systeme ist jedoch aufgrund ihres tendenziell als Bevormundung empfundenen Eingriffs sehr umstritten [83].

Kurvenassistent

Der Kurvenassistent[23] nutzt die zukünftig in prädiktiven Streckendaten enthaltenen Informationen über die Kurvenkrümmung zur Ableitung geeigneter Fahrgeschwindigkeiten für die vorausliegenden Streckenabschnitte [50, 61, 245]. Eine Überschreitung der auf Basis von Sicherheits- und Komfortkriterien ermittelten Grenzgeschwindigkeiten führen in einer passiven Ausprägung der Assistenzfunktion zu einem optischen, akustischen oder haptischen Warnhinweis [50]. In einer aktiven Ausprägung wird wie im Fall der intelligenten Geschwindigkeitsanpassung ein aktiver Bremseingriff durchgeführt, um das sichere Durchfahren der Kurve zu gewährleisten. Der Kurvenassistent basiert maßgeblich auf der Genauigkeit und Verfügbarkeit der Krümmungsinformationen in den prädiktiven Streckendaten, deren Abdeckung heute noch nicht in zufriedenstellendem

---

[22]engl.: Intelligent Speed Adaptation (ISA)
[23]engl.: Curve Speed Assistant (CSA)

Maß gewährleistet werden kann. Die mögliche Ergänzung der Assistenzfunktion um Gefahrenhinweise, etwa vor Glatteis oder Unfällen, durch Nutzung einer Fahrzeug-zu-Fahrzeug-Kommunikation lässt keinen Zweifel an ihrem zukünftigen Potenzial zur Steigerung der aktiven Sicherheit.

Stoppschildassistent

Der Stoppschildassistent[24] soll in Zukunft den Fahrer bei der Wahrnehmung und Einhaltung von Stoppschildern und Vorrangregeln unterstützen [50]. Dazu werden Sensordaten der Videokamera mit prädiktiven Streckendaten fusioniert, um eine verlässliche Erkennung und Spurzuweisung der geltenden Verkehrsregeln zu gewährleisten. Prinzipiell sind sowohl passive Systemausprägungen, die den Fahrer lediglich vor einer drohenden sicherheitskritischen Verletzung der Verkehrsregeln warnen, als auch aktive Systemausprägungen, die eine autonome Bremsung einleiten, folglich aber eine sehr hohe Zuverlässigkeit gewährleisten müssen, denkbar.

Ampelassistent

Der Ampelassistent[25] kann sowohl in passiver als auch in aktiver Ausprägung als Pendant des Stoppschildassistenten angesehen werden und hat zum Ziel, den Fahrer zukünftig vor dem strafbaren und sicherheitskritischen Überfahren roter Ampeln zu bewahren [50]. Wie im Fall des Stoppschildassistenten werden dazu Videoinformationen mit prädiktiven Streckendaten fusioniert, um eine korrekte Fahrspurzuweisung der Ampeln zu ermöglichen. Aufgrund der unterschiedlichen baulichen Gegebenheiten der Lichtsignalanlagen und der geringen Abdeckung der relevanten Zusatzinformationen in prädiktiven Streckendaten ist eine serientaugliche Umsetzung der Funktion jedoch fraglich [37].

2.3.3 Energieoptimale vorausschauende Längsführungsassistenz

Aus der Vielzahl veröffentlichter Patentanmeldungen und Offenlegungsschriften lässt sich ableiten, dass sich die Fahrerassistenz der energieoptimalen vorausschauenden Längsführung seit etwa 15 Jahren zu einem attraktiven Forschungsgebiet entwickelt hat. Vertreten sind darin Automobilhersteller [6, 15, 18, 47, 102, 106, 124, 155, 172, 189, 201, 208, 232, 248] und Automobilzulieferer [20, 70, 86, 96, 191, 256] wie auch einzelne Privatpersonen [190].

---

[24]engl.: Stop Sign Assistant (SSA)
[25]engl.: Traffic Signal Assistant (TSA)

Seit 2009 ist eine erste Ausprägung einer energieoptimalen vorausschauenden Längsführungsassistenz in Lkws der Marke FREIGHTLINER TRUCKS unter dem Namen RUNSMART PREDICTIVE CRUISE erhältlich, deren Kartenmaterial die größten US-amerikanischen Highways beinhaltet [52]. Eine ähnliche Funktion bietet SCANIA seit 2012 unter dem Namen ACTIVE PREDICTION in Europa an [194]. Beide Systeme basieren auf der Funktion des Abstandsregeltempomaten, lassen jedoch eine Toleranz von etwa $\pm 5\,\mathrm{km/h}$ gegenüber der vom Fahrer eingestellten Zielgeschwindigkeit zu. Diese wird vor Steigungen zur vorübergehenden Geschwindigkeitserhöhung und vor Gefällen zur vorübergehenden Geschwindigkeitsreduzierung eingesetzt, um die in der Fahrzeugmasse gespeicherte kinetische Energie effizient nutzen zu können. Die Hersteller werben mit einer Kraftstoffeinsparung von circa 3 % je nach Randbedingungen im Vergleich zum herkömmlichen Tempomatbetrieb.

In den neusten ACTIVEHYBRID-Modellvarianten nutzt BMW erstmals prädiktive Streckendaten, um die Hybridbetriebsstrategie vorausschauend auf die bevorstehende Fahrtroute anzupassen [30]. Dazu werden Steigungsabschnitte identifiziert, in denen der Verbrennungsmotor durch den Elektromotor unterstützt wird und Gefälleabschnitte für eine gezielte Bremsenergierekuperation genutzt. Eine automatisierte Freilauffunktion ermöglicht Ausrollphasen bis zu einer Fahrgeschwindigkeit von $160\,\mathrm{km/h}$, in denen der Verbrennungsmotor vollständig abgeschaltet wird.

Die vorgestellten Assistenzsysteme gelten als Vorreiter in Bezug auf den Einsatz prädiktiver Streckendaten in vorausschauenden Energiemanagementfunktionen. Obwohl ihre Anforderungen an die Genauigkeit und Abdeckung der Streckendaten noch vergleichsweise unkritisch sind, lassen sie bereits erste Aussagen über die Praxistauglichkeit der energieoptimalen vorausschauenden Längsführung zu. Die Kontinuität der weltweit veröffentlichten Patentanmeldungen und Offenlegungsschriften bestätigt gleichzeitig die Attraktivität für die Fahrzeughersteller und lässt eine steigende Anzahl weiterer Produkteinführungen in den nächsten Jahren erwarten.

2.4 Übersicht themenverwandter wissenschaftlicher Arbeiten

A. B. SCHWARZKOPF und R. B. LEIPNIK behandeln in ihrer Veröffentlichung [249] erstmals die energieoptimale Fahrzeuglängsführung als eine Problemstellung der Optimalregelung und lösen diese durch Anwendung des PONTRJAGINschen Maximumprinzips auf ein sehr vereinfachtes Modell des Antriebsstrangs. Bereits in dieser frühen Veröffentlichung formulieren die Autoren den Bedarf an prädiktiven Streckendaten, wie insbesondere die der Fahrbahnsteigung, und schlagen eine Automatisierung der Fahrzeuglängsführung vor, um eine maximale Kraftstoffeffizienz im realen Fahrbetrieb zu erreichen.

J. N. HOOKER, A. B. ROSE und G. F. ROBERTS wenden in ihrer Arbeit [128] erstmals das Optimierungsprinzip der Dynamischen Programmierung nach BELLMAN auf die Problemstellung der energieoptimalen Längsführung an. Als wesentliche Herausforderung der Problemstellung nennen die Autoren den Zielkonflikt zwischen einer realitätsgetreuen Modellierung des Antriebsstrangs auf Basis empirischer Messdaten und einer mathematisch korrekten Lösung des Optimalsteuerungsproblems zur energieoptimalen Steuerung des Kraftfahrzeugs. Ihre Wahl fällt auf die Dynamische Programmierung als kombinatorisches Suchverfahren, weil diese sowohl eine Berechnung der globalen Lösung des Optimierungsproblems als auch die Verwendung eines realitätsgetreuen nichtlinearen Antriebsstrangmodells ermöglicht.

Viele von den vorgenannten Autoren identifizierten Herausforderungen der energieoptimalen Fahrzeuglängsführung haben bis heute ihre Gültigkeit behalten und gewinnen gerade im Zuge der zunehmenden Elektrifizierung des Antriebsstrangs und damit verbundenen Komplexitätssteigerung des Fahrzeugsystems an Bedeutung. Eine Übersicht über die themenverwandte wissenschaftliche Literatur lässt sich anhand von vier Unterscheidungsmerkmalen gewinnen wie in den folgenden vier Abschnitten dargestellt.

Gewählter Optimierungsansatz

Die Wahl des Optimierungsansatzes bestimmt neben ihrer Güte auch die allgemeine Charakteristik resultierender Lösungen und ist somit ein wesentliches Kriterium zur Gliederung der themenverwandten Literatur. Im Fall der energieoptimalen vorausschauenden Fahrzeuglängsführung ist eine grundsätzliche Unterscheidung statischer und dynamischer Optimierungsansätze zweckmäßig:

Statische Ansätze zur Optimierung der Betriebs- und Fahrstrategie bewerten – meist ohne Berücksichtigung prädiktiver Streckendaten – vorrangig die Prozesse der Energiewandlung im Verbrennungsmotor und der Leistungsübertragung durch die Triebstrangkomponenten anhand energetischer Wirkungsgrade. Obwohl diese die Effizienz des Antriebsstrangs mit guter stationärer Genauigkeit beschreiben, beschränkt sich ihre Aussagekraft auf einen isolierten Zeitpunkt oder auf einen konstanten Betriebspunkt. In Bezug auf den streckenbezogenen Kraftstoffverbrauch ermitteln sie also nur eine lokal optimale Lösung des globalen Optimierungsproblems [187, 196]. Beispielhafte Anwendungen statischer Optimierungsansätze sind herkömmliche Schaltpunktanzeigen [116] und Schaltstrategien [44, 188]. Darüber hinaus wird häufig die Lastkurve minimalen spezifischen Kraftstoffverbrauchs[26] zum lokal optimalen Betrieb des Verbrennungsmotors [42, 69, 192] oder eines stufenlosen Getriebes[27] [31] herangezogen.

Resultat statischer Optimierungsansätze sind Echtzeitregler, die die Steuergrößen aufgrund eines kausalen Regelgesetzes ohne Kenntnis der global optimalen Trajektorie ermitteln und sich aus diesem Grund vorrangig zum Einsatz in ressourcenkritischen Echtzeitanwendungen eignen [7, 137, 185, 250]. Akausale Regelgesetze dagegen basieren auf der global optimalen Trajektorie, deren Erzeugung jedoch sehr aufwendig und nur unter hohem Ressourceneinsatz echtzeitfähig darstellbar ist [235]. Die globale Optimallösung dient folglich – insbesondere bei der Betriebsstrategie-Optimierung von Hybridfahrzeugen wie etwa in [7, 26, 152, 157] – häufig nur als theoretische Referenzlösung, die in einem nachfolgenden Schritt durch Anwendung heuristischer, empirischer oder mathematischer Methoden in Regeln umgewandelt und wiederum in Form eines kausalen Echtzeitreglers im realen Fahrbetrieb zum Einsatz gebracht wird [235].

Die Kombination statischer und dynamischer Optimierungsansätze resultiert in manöverbasierten Fahrstrategien, deren Ziel eine Annäherung an die globale Optimallösung durch Anpassung des zugrunde gelegten statischen Optimierungskriteriums an die aktuelle Fahrsituation ist. Dazu werden einzelne Manöver – zumeist Beschleunigung, Konstantfahrt und Verzögerung – in Abhängigkeit von den wechselnden Randbedingungen unabhängig voneinander optimiert und im realen Fahrbetrieb zu einer durchgängigen Fahrstrategie verknüpft [68, 69, 109, 123].

Zur Ermittlung global optimaler Fahrstrategien werden in der Literatur unterschiedlichste Ansätze genannt wie etwa Simulated Annealing (SA), Lineare Programmierung (LP), Stochastische Programmierung (SP), Dynamische Programmierung (DP), Genetische Algorithmen (GA) sowie Methoden der Spieltheorie und Optimalregelung [235]. Eine Vielzahl von Veröffentlichungen wie etwa [7, 11, 122, 128, 152, 157, 167, 186, 203, 224, 257] basiert auf der Dynamischen Programmierung, deren Anwendung eine einfache Berücksichtigung von Nebenbedingungen und Nichtlinearitäten ermöglicht und trotzdem eine globale Optimallösung garantiert [235]. Trotz ihres diskutierten Ressourcenbedarfs wurde bereits in früheren Arbeiten ihre Einsatzfähigkeit im realen Fahrbetrieb in Verbindung mit einer Modellprädiktiven Regelung[28] unter Beweis gestellt [122, 11].

---

[26]engl.: Optimal Operation Line (OOL)
[27]engl.: Continuously Variable Transmission (CVT)
[28]engl.: Model Predictive Control (MPC)

Reproduzierbarkeit im realen Fahrbetrieb

Die praktische Reproduzierbarkeit einer optimierten Fahrstrategie im realen Fahrbetrieb ist Voraussetzung zur Validierung der erzeugten Optimallösung und zum Nachweis der errechneten Kraftstoffeinsparpotenziale unter realen Umgebungsbedingungen. Die exemplarische Korrelation von Simulation und Messung dient folglich als Maßstab für die Aussagekraft aller weiteren Simulationsanalysen und für deren Übertragbarkeit auf weiterführende Fragestellungen.

Die Mehrheit der veröffentlichten Arbeiten beschränkt sich auf die Erzeugung energieoptimaler Betriebsstrategien für Hybridfahrzeuge und deren simulatorische Bewertung – vorrangig auf Basis gesetzlicher Fahrzyklen [152, 157, 186, 187], synthetischer Fahrprofile [138, 203] oder deren Kombination [26, 137]. In Anbetracht des hohen Implementierungs- und Erprobungsaufwands sowie der notwendigen Versuchsfahrzeuge und Entwicklungswerkzeuge finden sich vergleichsweise wenige Arbeiten, darunter [11, 122, 260, 287], die über den Einsatz einer energieoptimalen Längsführung im realen Fahrbetrieb berichten. Mit der Akzeptanz der automatisierten Längsführung von Pkws im realen Fahrbetrieb beschäftigen sich dagegen die Arbeiten [120, 77, 170], jedoch im Fokus der Verkehrssicherheit und weitgehend unabhängig von einer Reduzierung des Kraftstoffverbrauchs.

Untersuchte Antriebsstrangarchitektur

In konventionell verbrennungsmotorisch betriebenen Fahrzeugen mit Stufengetriebe stehen in Form der Fahrgeschwindigkeit und des Gangs prinzipiell zwei Freiheitsgrade zur Beeinflussung der Fahrzeuglängsdynamik zur Verfügung, deren bestmögliche Vorgabe das Ziel der energieoptimalen Fahrstrategie ist. Mit der Ergänzung des Verbrennungsmotors durch einen Elektromotor gewinnen Hybridfahrzeuge einen zusätzlichen Freiheitsgrad, den es in einer energieoptimalen Fahrstrategie durch eine bestmögliche Verteilung verbrennungsmotorischer und elektromotorischer Antriebsleistung zusätzlich zu erschließen gilt [250].

Im vorliegenden Fall einer konventionellen Antriebsstrangarchitektur ist die potenzielle Kraftstofferparnis einer optimierten Fahrstrategie das Resultat einer – auf die gesamte Fahrstrecke bezogen – bestmöglichen Wahl der Betriebspunkte des Verbrennungsmotors sowie einer bestmöglichen Ausnutzung potenzieller und kinetischer Energie durch Überwindung der Fahrwiderstände. Durch die gewählte Fahrgeschwindigkeit – einschließlich ihrer zeitlichen Veränderung – und den gewählten Gang sind die Betriebszustände des Fahrzeugs jederzeit eindeutig bestimmt. Über den erzielbaren Komfortgewinn hinaus dient die automatisierte Längsführung des Fahrzeugs also zusätzlich der bestmöglichen Umsetzung dieser Betriebszustände im realen Fahrbetrieb und hat darum wesentlichen Anteil am gesamten Kraftstoffeinsparpotenzial. Gegenüber einer ausschließlichen Gangwahlstrategie, wie etwa aus den Arbeiten [44], [182] und [246] bekannt, erfordert sie jedoch einen zusätzlichen Implementierungsaufwand.

Im Fall einer hybriden Antriebsstrangarchitektur stehen auch ohne aktive Beeinflussung der Fahrgeschwindigkeit die zwei Freiheitsgrade des Gangs und der Leistungsverteilung zur Verfügung, deren bestmögliche Ausnutzung in Form optimaler Energiemanagementstrategien[29] bereits eine erhebliche Reduzierung des Kraftstoffverbrauchs ermöglicht. In Anbetracht der im Hybridfahrzeug ohnehin bereits integrierten Schnittstellen zur Antriebsstrangkoordination finden sich folglich zahlreiche Arbeiten zu diesem Thema. Aktuelle Literaturübersichten geben [21], [193], [235] und [250]. In Anbetracht des bereits durch den Elektromotor eröffneten Freiheitsgrades wird das zusätzliche Kraftstoffeinsparpotenzial vorausschauender Energiemanagementstrategien für Hybridfahrzeuge durch Einsatz prädiktiver Streckendaten als vergleichsweise gering eingeschätzt [138, 145]. Die resultierenden Möglichkeiten zur Vorhersage und gezielten Konditionierung des Batterieladezustands[30] sind jedoch hervorzuheben [138].

Einschränkung der Fahrzeugklasse

Aufgrund der starken Kostenorientierung von Nutzfahrzeugkunden genießen Maßnahmen zur Reduzierung des Kraftstoffverbrauchs besonders bei Lkws eine hohe Attraktivität. Dementsprechend viele wissenschaftliche Arbeiten über die energieoptimale Fahrzeuglängsführung konzentrieren sich folglich auf diese Fahrzeugklasse, wiederum mit einer Unterscheidung zwischen verbrennungsmotorischen Antriebsstrangarchitekturen, wie in [4, 112, 129, 145, 260], und hybriden Antriebsstrangarchitekturen, wie in [138, 157, 185], oder beiden, wie in [122].

Aufgrund ihres überwiegenden Einsatzes auf Autobahnen sind Ausprägungen einer energieoptimalen automatisierten Fahrzeuglängsführung in Lkws vereinzelt bereits mit relativ geringen Modifikationen zuverlässig im realen Fahrbetrieb darstellbar. Die vielseitigen Einsatzszenarien auf Straßen unterschiedlichster Ausbaustufen und die damit verbundenen – sowohl subjektiven als auch objektiven – fahrdynamischen Anforderungen erschweren dagegen die Realisierung von Funktionsvarianten zum Einsatz in konventionellen Pkws. Abgesehen von der aufwendigen Funktionsintegration in die bestehende Antriebsstrangarchitektur führen diese Anforderungen zu einer signifikanten Komplexitätssteigerung des Optimierungsproblems und erfordern eine konsistente Abstimmung auf die subjektive Wahrnehmung des Fahrers.

---

[29]engl.: Energy Management Strategies (EMS)
[30]engl.: State of Charge (SoC)

2.5 Positionierung und Zielsetzung der vorliegenden Arbeit

Die dargestellte Literaturübersicht gibt einen Einblick in die Forschungsaktivitäten im Bereich der energieoptimalen vorausschauenden Längsführung von Kraftfahrzeugen. Trotz der großen Anzahl an Veröffentlichungen offenbart sie einen weiteren Forschungsbedarf, der sich durch Kombination der gewählten Unterscheidungsmerkmale ableiten lässt. Demnach sind wenige Arbeiten bekannt, die sich mit der realen Umsetzung einer energieoptimalen vorausschauenden Längsführung verbrennungsmotorisch betriebener Pkws auseinandersetzen. Bekannte Ansätze beschränken sich vorwiegend auf die simulatorische Abschätzung der erzielbaren Einsparpotenziale oder vermeiden eine aufwendige Erzeugung global optimaler Fahrstrategien. Neben dem Nachweis ihrer Einsatzfähigkeit im realen Fahrbetrieb bleibt dadurch jedoch eine Analyse und Parametrierung der automatisierten Längsführung im Hinblick auf den subjektiven Fahrerwunsch verwehrt. Die identifizierte Forschungslücke soll im Rahmen der vorliegenden Arbeit geschlossen werden.

Ziel der vorliegenden Arbeit ist die Erzeugung einer primär hinsichtlich des Kraftstoffeinsatzes optimalen Fahrstrategie unter Nutzung prädiktiver Streckendaten für konventionelle verbrennungsmotorische Pkws. Im Mittelpunkt steht die Frage, welche Maßnahmen sowie Einschränkungen erforderlich sind, um eine global optimale Fahrstrategie in einem Fahrerassistenzsystem für Pkws unter Einhaltung der vielfältigen subjektiven Akzeptanzkriterien des Fahrers darstellen zu können.

Vor diesem Hintergrund wird ein ressourceneffizienter Optimierungsalgorithmus der Dynamischen Programmierung entwickelt, der in der Lage ist, durch bestmögliche Ausnutzung der zu Verfügung stehenden Freiheitsgrade – der Fahrgeschwindigkeit und des Gangs – eine solche global optimale Fahrstrategie auf einer im Voraus bekannten Fahrtroute zu erzeugen. Der entwickelte Optimierungsalgorithmus wird innerhalb eines eingebetteten Echtzeitsystems zur automatisierten Fahrzeuglängsführung prototypisch in zwei Versuchsfahrzeuge integriert und im realen Fahrbetrieb eingesetzt, um die Reproduzierbarkeit der Fahrstrategie praktisch nachzuweisen und damit die Grundlage weiterführender simulatorischer Analysen zu schaffen. Auf einer realen Versuchsstrecke wird das Kraftstoffeinsparpotenzial unter realen Umgebungsbedingungen abgeschätzt und das Fahrerassistenzsystem hinsichtlich der subjektiven Wahrnehmung durch den Fahrer analysiert und parametriert. Das Merkmal globaler Optimalität wird genutzt, um die erzielbaren Potenziale zur Reduzierung des Kraftstoffverbrauchs über einen exemplarischen Nachweis hinausgehend zu untersuchen.

3

Kapitel 3

Optimalsteuerung mithilfe Dynamischer Programmierung

Inhalt des folgenden Kapitels ist die Entwicklung eines ressourceneffizienten Algorithmus zur Lösung des vorliegenden Optimierungsproblems der energieoptimalen vorausschauenden Längführung. Dazu sind insbesondere ein Modell des zu optimierenden dynamischen Systems, ein Gütemaß zur Bewertung des Systemverhaltens sowie die einzuhaltenden Optimierungsnebenbedingungen erforderlich [163], die im folgenden Kapitel schrittweise formuliert werden.

Ausgehend von einer formalen Beschreibung des Optimierungsproblems werden dessen Zielkriterien zunächst präzisiert und ihre Erfüllung durch Einsatz der Dynamischen Programmierung erläutert. Vor dem Hintergrund des resultierenden Ressourcenbedarfs werden die wesentlichen Herausforderungen der Problemstellung diskutiert. Besondere Berücksichtigung finden die getroffenen Vereinfachungen des Systemmodells, die entscheidenden Einfluss auf Genauigkeit und Reproduzierbarkeit der resultierenden Optimallösungen haben. Aus technischen Grenzbetriebsbedingungen und subjektiven Akzeptanzkriterien werden die diversen Optimierungsnebenbedingungen abgeleitet und hinsichtlich ihres Einflusses auf die Komplexität des Lösungsalgorithmus beurteilt. Schließlich wird der Adaptierbarkeit des Lösungsalgorithmus durch Einführung eines mehrkriteriellen Gütefunktionals Rechnung getragen, das eine Gewichtung der Zielkriterien durch den Fahrer als „Entscheidungsträger" unterstützt.

3.1 Allgemeine Formulierung des Optimierungsproblems

Im Rahmen der Systemtheorie sei das Kraftfahrzeug charakterisiert als zeitkontinuierliches dynamisches Mehrgrößensystem mit hybridem, also gemischt diskret-kontinuierlichem Zustandsraum. Unter Voraussetzung eines betriebswarmen Normalzustands sei es außerdem als nichtlinear und zeitinvariant[1]

---

[1] engl.: Nonlinear Time-Invariant (NLTI)

vorausgesetzt und durch das folgende zeitkontinuierliche Zustandsraummodell beschrieben [28, 149, 160, 162]:

$$\dot{x}(t) = f\big(x(t),u(t),w(t)\big), \quad x(t_0) = x_0 \qquad \text{[3.1a]}$$
$$y(t) = h\big(x(t),u(t),w(t)\big) \qquad \text{[3.1b]}$$

Ausgangsgleichung [3.1b] beschreibt das dynamische Verhalten der Systemausgänge $y(t)$, charakterisiert durch die zeitkontinuierliche Ausgangsfunktion h. Das dynamische Verhalten des Systemzustands ergibt sich aufgrund der zeitkontinuierlichen Systemfunktion f aus der Zustandsdifferentialgleichung [3.1a] in Abhängigkeit vom aktuellen Systemzustand $x(t)$, von der angewandten Steuerung $u(t)$ und von den von außen einwirkenden Störgrößen $w(t)$ [148].

Durch Anwendung einer geeigneten Steuerung $u(t)$ kann das System, wie in Abbildung 3.1 veranschaulicht, in Abhängigkeit von äußeren Störgrößen $w(t)$ also, soweit technisch machbar, in gewünschte Zustände $x(t)$ überführt werden. Im untersuchten Anwendungsfall kann beispielsweise das Fahrzeug durch Anwendung geeigneter Gaspedalstellungen in Abhängigkeit von der Streckencharakteristik unterschiedliche Geschwindigkeitsprofile durchfahren.

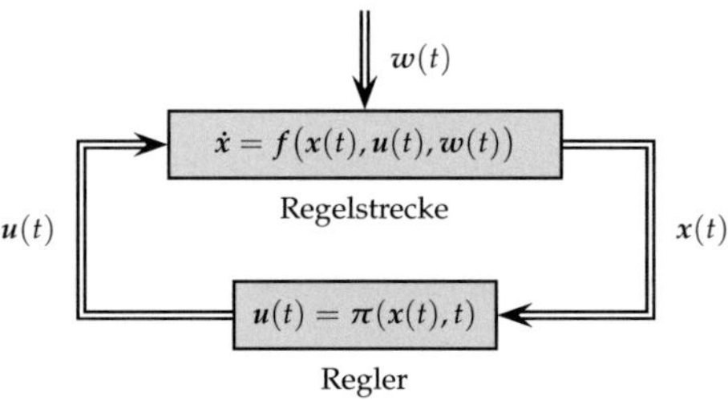

Abb. 3.1: Regelung des dynamischen Mehrgrößensystems

Die Zustandsänderung des Systems wird immer verlustbehaftet sein. Es ist also zweckmäßig, eine Kostenfunktion $g\big(x(t),u(t),w(t),t\big)$ zu definieren, die eine Bewertung von Zustandsübergängen ermöglicht und damit die wesentliche Voraussetzung zur Optimierung der Systemsteuerung schafft [92]. Durch Kumulation der Einzelkosten $g(t)$ ergeben sich nach einem vorgegebenen Zeithorizont der Optimierung T je nach Anfangszustand des Systems x_0 und gewähltem Regelgesetz π die Gesamtkosten im Gütefunktional[2] J:

$$J_\pi(x_0) = \int_0^T g_\pi(t) \cdot \mathrm{d}t, \quad x(t_0) = x_0 \qquad [3.2]$$

Im Beispiel der Verbrauchsreduzierung durch eine Optimierung der Fahrstrategie ist das Gütefunktional J offensichtlich im Wesentlichen durch den Kraftstoffverbrauch geprägt. Zielkriterien wie Fahrdynamik, Fahrkomfort und Fahrsicherheit stellen jedoch darüber hinaus weitere Anforderungen an die Fahrstrategie und erzeugen ein mehrkriterielles Optimierungsproblem[3]. Die Darstellung verbrauchseffizienter, aber gleichzeitig fahrdynamisch akzeptabler Ausprägungen stellt die zentrale Herausforderung an die Fahrstrategie-Optimierung dar und nimmt einen entscheidenden Stellenwert in der vorliegenden Arbeit ein.

Allgemeine Zielsetzung des Optimierungsproblems

Das Regelgesetz π weist jedem Zustand des Systems $x(t)$ eine eindeutige anzuwendende Steuerung $u(t)$ zu, die die gewünschte Zustandsänderung herbeiführt:

$$u(t) = \pi\big(x(t), t\big) \qquad [3.3]$$

Ziel des vorliegenden Optimierungsproblems ist es, eine optimale Strategie zur Regelung des dynamischen Systems, ein optimales Regelgesetz π^*, zu entwickeln, das die im Gütefunktional J definierten Gesamtkosten unter Einhaltung der zugrundeliegenden Nebenbedingungen minimiert:

$$J^*(x_0) = J_{\pi^*}(x_0) = \min_\pi \big\{ J_\pi(x_0) \big\} \qquad [3.4]$$

Ziel der durchzuführenden Fahrstrategie-Optimierung ist es also, unter Berücksichtigung vorausschauend bekannter Streckeninformationen wie der zulässigen Höchstgeschwindigkeit, der Fahrbahnsteigung und der Kurvenkrümmung ein Regelgesetz π^* zu entwickeln, dessen Anwendung die resultierenden Gesamtkosten im Gütefunktional J minimiert und somit die unterschiedlichen Anforderungen an die optimierte Fahrstrategie bestmöglich erfüllt.

---

[2] An dieser Stelle sei auf die begriffliche Übereinstimmung von Kosten und Güte hingewiesen. Eine Minimierung der Kosten ist einer Maximierung der Güte äquivalent. Wie in der Literatur werden auch in der vorliegenden Arbeit beide Begriffe gleichbedeutend verwendet [196].
[3] engl.: Multiobjective Optimization Problem (MOP)

Anforderungen an die vorausschauende Fahrzeuglängsführung

Die Anforderungen an eine optimierte Fahrstrategie sind vielschichtig. Im Wesentlichen lassen sich alle grundsätzlichen Anforderungen an moderne Fahrerassistenzsysteme ebenso an eine optimierte Fahrstrategie stellen [149, 258]:

- Steigerung der Energieeffizienz: Minimaler Einsatz an Kraftstoff zur Bewältigung einer vorgegebenen Fahrtroute

- Darstellung individueller Fahrdynamik: Umsetzung eines angemessenen und nachvollziehbaren Fahrprofils auf Basis des Fahrerwunsches

- Erhöhung des Fahrkomforts: Erleichterung der Fahraufgabe durch Automatisierung eines homogenen Fahrstils

- Gewährleistung der Fahrsicherheit: Einhaltung der fahrer- und umgebungsbedingten fahrdynamischen Sicherheitsgrenzen

Gleichzeitig wird eine Einhaltung geltender Verkehrsregeln wie etwa zulässiger Höchstgeschwindigkeiten und Vorrangregeln stillschweigend vorausgesetzt. Die genannten Anforderungen erzeugen ein mehrkriterielles Optimierungsproblem, das es im Gütefunktional J geeignet zu formalisieren gilt.

3.2 Gegenüberstellung möglicher Lösungsansätze

In Anlehnung an die themenverwandte wissenschaftliche Literatur sind prinzipiell drei Ansätze zur Lösung des beschriebenen Optimierungsproblems zu nennen [113, 234]:

- Parametrische Optimierung: Das kontinuierliche Optimierungsproblem wird durch Parametrisierung der Steuerungstrajektorie in ein endlichdimensionales nichtlineares Optimierungsproblem überführt, für das eine Vielzahl effizienter numerischer Lösungsverfahren existiert wie etwa das Verfahren des steilsten Abstiegs[4]. Ungleichungsnebenbedingungen können relativ leicht berücksichtigt werden. Die globale Optimalität der Lösungen kann jedoch nicht zwangsläufig gewährleistet werden.

- Optimalsteuerungstheorie: Basierend auf der Variationsrechnung[5] wird das Optimierungsproblem als Randwertproblem gewöhnlicher Differentialgleichungen interpretiert. Durch Anwendung des PONTRJAGINschen

---

[4]engl.: Steepest Descent
[5]engl.: Calculus of Variations

Maximumprinzips [200] werden notwendige Optimalitätsbedingungen analytisch hergeleitet. Die Optimallösung wird dann meist numerisch ermittelt. Aufgrund der analytischen Herleitung gibt dieses Vorgehen oft wertvolle Einblicke in die physikalische Bedeutung des Optimierungsproblems. Wechselnde Zustands- und Steuerungsbeschränkungen sind jedoch nur schwer zu berücksichtigen.

- Dynamische Programmierung: Das Optimierungsproblem wird als mehrstufiger Entscheidungsprozess[6] aufgefasst. Die Anwendung des BELLMAN-schen Optimalitätsprinzips [23] führt zum grundlegenden Lösungsansatz der Dynamischen Programmierung, der durch kombinatorische Suche im diskretisierten Zustandsraum die Optimallösung identifiziert. Beliebige Zustands- und Steuerungsbeschränkungen sind leicht zu berücksichtigen. Globale Optimalität der ermittelten Lösungen ist garantiert. Einschränkend wirkt die Komplexität des Lösungsalgorithmus, die zwar linear mit der Zeit, jedoch exponentiell mit der Dimensionalität des Optimierungsproblems skaliert.

Unter den gegebenen Rahmenbedingungen und Zielsetzungen wird die Dynamische Programmierung als geeigneter Lösungsansatz verfolgt. Sie stellt einen vielseitigen Ansatz zur Lösung komplexer dynamischer Optimierungsprobleme dar und zeichnet sich besonders durch ihre Anwendbarkeit auf stark nichtlineare Systemmodelle sowie durch die einfache Berücksichtigung beliebiger Zustands- und Steuerungsbeschränkungen aus. Resultierende Lösungen liegen zwar diskretisiert vor, gewährleisten jedoch globale Optimalität. Nachteilig wirkt sich die angedeutete algorithmische Komplexität aus, die eine Einschränkung des Optimierungsproblems auf wenige Dimensionen erfordert. Die konventionell verbrennungsmotorische Antriebsstrangarchitektur erfüllt mit den zwei Freiheitsgraden der Fahrgeschwindigkeit und des Gangs zwar diese Voraussetzung, dennoch bleibt vor dem Ziel des Einsatzes in einem eingebetteten Echtzeitsystem der resultierende Ressourcenbedarf an Rechenzeit und Speicherplatz eine entscheidende Herausforderung.

3.3 Das Prinzip der Dynamischen Programmierung

Optimierungsprobleme werden nach vielen unterschiedlichen Gesichtspunkten charakterisiert und unterschieden. Eine im vorliegenden Kontext aussagekräftige Charakterisierung bezieht sich auf die Eigenschaften der Design-Variablen, also auf die Eigenschaften der Lösungen des Optimierungsproblems [92, 213]: Im

---

[6]engl.: Multi-Stage Decision Process (MDP)

Fall statischer Optimierungsprobleme kann die Optimallösung der Zielfunktion durch unabhängige Variablen beschrieben werden, die aus einer Parameteroptimierung [92] im Rahmen der vorgegebenen Reglerstruktur resultieren. Im Fall eines dynamischen Optimierungsproblems sind die Design-Variablen abhängig von zusätzlichen Parametern wie etwa der Zeit. Im Gegensatz zu statischen Optimierungsproblemen sind die Optimallösungen Resultate einer Strukturoptimierung, die keine Funktionalbeziehung des Reglers voraussetzt und eine erhebliche Vergrößerung des Optimierungsspielraums schafft [92].

Die Charakterisierung einer Optimierungsproblemstellung nach den diskutierten Merkmalen ist meist augenscheinlich, ihre konsequente Berücksichtigung steigert jedoch die Komplexität der Formulierung und Lösung des Optimierungsproblems signifikant.

3.3.1 Der mehrstufige Entscheidungsprozess

Aufgrund der nichtlinearen Antriebsstrang-Charakteristik und der wechselnden Fahrwiderstände entsteht beim Betrieb des Systems „Fahrzeug" unter realen Umgebungsbedingungen eine Abhängigkeit des resultierenden Systemverhaltens und damit der optimalen Regelung von Parametern wie Zeit und Weg. In der Entscheidungstheorie wird ein solcher Prozess allgemein als „mehrstufiger Entscheidungsprozess" bezeichnet [23, 213]: In jedem Prozessschritt muss eine Entscheidung bezüglich der Prozesssteuerung getroffen werden, die ihrerseits die möglichen Entscheidungen nachfolgender Prozessschritte und damit das Gesamtresultat beeinflusst. Das Prinzip der Dynamischen Programmierung ermöglicht die Optimierung dieser Art von Prozessen und die Ableitung einer hinsichtlich der zugrunde gelegten Kriterien optimalen Prozessregelung.

Die Grundzüge der Dynamischen Programmierung gehen auf den amerikanischen Mathematiker R. E. BELLMAN zurück, der den Begriff um 1950 prägte [213]. Die Dynamische Programmierung beschreibt weniger einen einzelnen expliziten Algorithmus als vielmehr ein grundsätzliches Prinzip zur Lösung mehrstufiger Entscheidungsprobleme [25, 28, 29], basierend auf dem bekannten BELLMANschen Optimalitätsprinzip [23]:

> „An optimal policy has the property that whatever the initial state and initial decision are, the remaining decisions must constitute an optimal policy with regard to the state resulting from the first decision."

Seit ihrer erstmaligen Formulierung wurden verschiedene Variationen der Dynamischen Programmierung entwickelt und je nach Problemstellung in verschiedenen Formen angewandt. Die klassische deterministische Dynamische

Programmierung (DDP) jedoch beschreibt ein numerisches Lösungsverfahren, das eine Zeitdiskretisierung des zu regelnden Prozesses sowie eine vollständige Wertdiskretisierung des Zustandsraums voraussetzt. Das ursprünglich zeitkontinuierliche Zustandsraummodell aus den Gleichungen [3.1b] und [3.1a] wird zeitdiskretisiert, indem Systemausgang $y(t)$, Systemzustand $x(t)$, Steuerung $u(t)$ und Störung $w(t)$ in $k = 0, 1, \ldots, N$ Schritten zeitdiskret abgetastet werden[7]:

$$y_k = y(t_k), \quad x_k = x(t_k), \quad u_k = u(t_k), \quad w_k = w(t_k) \tag{3.5}$$

Die numerische Integration nach dem expliziten EULER-Verfahren erzeugt die zeitdiskrete nichtlineare Zustandsdifferenzengleichung mit der zeitdiskreten Systemfunktion ϕ als Berechnungsvorschrift für den Folgezustand x_{k+1}, in Abhängigkeit vom aktuellen Zustand x_k, von der angewandten Steuerung u_k und von den aktuellen Störgrößen w_k:

$$x_{k+1} = \phi(x_k, u_k, w_k), \quad x(0) = x_0, \quad k = 0, 1, \ldots, N - 1 \tag{3.6}$$

3.3.2 Das BELLMANsche Optimalitätsprinzip

Durch Anwendung der Dynamischen Programmierung kann ein komplexes dynamisches Optimierungsproblem in eine Folge gleichartiger Teilprobleme zerlegt und die Lösung des Gesamtproblems durch Vermeidung von Rekursionen effizient aus den einzelnen Teillösungen zusammengesetzt werden [25, 196, 213]. Abbildung 3.2 zeigt eine beispielhafte Anwendung des Prinzips [92, 196]. Skizziert

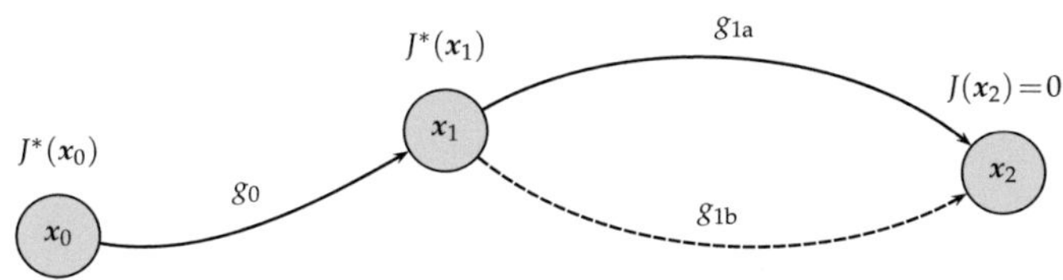

Abb. 3.2: Beispiel zum BELLMANschen Optimalitätsprinzip

---

[7]Bereits an dieser Stelle sei darauf hingewiesen, dass keine äquidistante zeitliche Abtastung vorausgesetzt wird. Lediglich die Einführung zeitdiskreter Stufen ist für die Lösung des Optimierungsproblems erforderlich.

ist ein mehrstufiger Entscheidungsprozess mit den drei Systemzuständen $\mathcal{X} = \{x_0, x_1, x_2\}$. Die optimale Überführung des Systems von Anfangszustand x_0 in Endzustand x_2 verursacht minimale Kosten $J^* = J_{\pi^*} = \min\{J_\pi(x_0)\}$ in den Zustandsübergängen und ergibt sich durch Anwendung des optimalen Regelgesetzes π^*. Durch Prüfung der zulässigen Zustandsübergänge ergeben sich die minimalen Kosten J^* in diesem Beispiel zu:

$$J^*(x_1) = \min\{g_{1a}, g_{1b}\} + 0$$
$$J^*(x_0) = g_0 \qquad\qquad + J^*(x_1)$$

Stellt man sich dazu bildlich eine Reise von Hannover über Kassel nach Stuttgart vor, dann lässt sich die gefundene Lösung wie folgt deuten: Nur wenn die gewählte Route von Kassel nach Stuttgart die schnellste zulässige ist, kann die Route von Hannover über Kassel nach Stuttgart insgesamt die schnellste zulässige sein.

Durch Verallgemeinerung des veranschaulichten Beispiels lässt sich das BELL-MANsche Optimalitätsprinzip unter Betrachtung der Restkosten[8] in einem beliebigen Übergangszustand x_i formulieren [28]:

> Sei π_0^* ein optimales Regelgesetz für das Gesamtproblem im Zeitraum $k = 0, 1, \ldots, N-1$, durch dessen Anwendung Zustand x_i zum Zeitpunkt i auftritt. Wird nun das Teilproblem im Zustand x_i betrachtet, die Restkosten von i bis $N-1$ zu minimieren,
>
> $$J^*(x_i) = J_{\pi_0^*}(x_i) = \min\left\{g_N(x_N) + \sum_{k=i}^{N-1} g_k(x_k, u_k, w_k)\right\}, \qquad [3.7]$$
>
> dann ist für dieses Teilproblem auch das Teilregelgesetz $\pi_i^* \in \pi_0^*$ für den Zeitraum $k = i, i+1, \ldots, N-1$ optimal.

3.3.3 Die BELLMANsche Rekursionsgleichung

Mithilfe der vollständigen Induktion lässt sich aus dem in Gleichung [3.7] formulierten Optimalitätsprinzip die BELLMANsche Rekursionsgleichung der Dynamischen Programmierung ableiten, die das dynamische Optimierungsproblem ausgehend vom Endzustand x_N rückwärtsrekursiv löst [28]:

---

[8]engl.: Costs-to-Go

Für jeden Anfangszustand x_0 entsprechen die minimalen Kosten $J^*(x_0)$ des Optimierungsproblems den Kosten $J_0(x_0)$, resultierend aus dem folgenden Algorithmus, der von Schritt $N-1$ bis Schritt 0 rückwärts abgearbeitet wird:

$$J_N(x_N) = g_N(x_N), \qquad \text{[3.8a]}$$

$$J_k(x_k) = \min_{u_k \in \mathcal{U}_k(x_k)} \left\{ g_k(x_k, u_k, w_k) + J_{k+1}(\phi(x_k, u_k, w_k)) \right\}, \qquad \text{[3.8b]}$$

$$k = 0, 1, \ldots, N-1$$

Minimiert die Steuergröße $u_k^*(x_k)$ die rechte Seite von Gleichung 3.8 für jedes x_k und k, dann ist das zugrunde liegende Regelgesetz π^* optimal.

Die Dynamische Programmierung kommt in vielen unterschiedlichen Disziplinen wie etwa der Entscheidungstheorie, der Regelungstechnik, der Graphentheorie oder dem Operations Research zum Einsatz. Die Optimierung der Fahrstrategie kann unter unterschiedlichen Voraussetzungen als Problemstellung jeder dieser Disziplinen formuliert werden. Im Hinblick auf eine echtzeitfähige Umsetzung eignet sich insbesondere die Interpretation der Problemstellung als Kürzeste-Wege-Problem[9] der Graphentheorie.

3.4 Ein deterministisches Kürzeste-Wege-Problem

Die energieoptimale vorausschauende Längsführung eines Kraftfahrzeugs kann nur durch Einsatz eines dynamischen Optimierungsansatzes erreicht werden. Darüber hinaus begründen die Mermale des Fahrzeugsystems selbst – wie diskrete Getriebestufen und nichtlineare Verlustkennfelder – sowie die Zielsetzung einer echtzeitfähigen Implementierung die Anwendung eines rein numerischen Optimierungsverfahrens [196]. Unter Nutzung geeigneter Sensorik und Einbeziehung vorausschauend bekannter Streckeninformationen wird die Annahme zugrunde gelegt, dass alle Störgrößen w_k, also insbesondere alle äußeren Einflüsse der Umgebung auf das Fahrzeug, vollständig bekannt sind. Das dynamische Optimierungsproblem wird unter dieser Annahme deterministisch und kann als Kürzeste-Wege-Problem der Graphentheorie formuliert werden.

---

[9]engl.: Shortest-Path Problem

3.4.1 Verallgemeinerung des Optimierungsproblems

Das Kürzeste-Wege-Problem der Graphentheorie verallgemeinert die kombinatorische Suche nach der kürzesten Verbindung zwischen zwei Knoten in einem kantengewichteten gerichteten Graphen[10] [48]. Ein dynamisches Optimierungsproblem kann als Kürzeste-Wege-Problem formuliert werden, wenn in jedem Schritt k folgende Voraussetzungen erfüllt sind [28]:

1. Das Optimierungsproblem ist deterministisch, das heißt alle Störgrößen w_k nehmen einen festen bekannten Wert an

2. Der Zustandsraum $\mathcal{X}_k$ in jedem Schritt $k = 0, 1, \ldots, N-1$ ist endlich

Das dynamische Optimierungsproblem kann in diesem Fall wie in Abbildung 3.3 als kantengewichteter gerichteter Graph, in diesem Fall auch als „Trellis-Diagramm" bezeichnet, dargestellt werden [28, 160]. Jeder Knoten des Graphen stellt einen Zustand x_k des Systems dar und kann durch Anwendung einer Steuerung u_k in einen Zustand $x_{k+1} = \phi(x_k, u_k, w_k)$ überführt werden. Die verursachten Kosten $g_k(x_k, u_k, w_k)$ entsprechen den Kantengewichten des Graphen. Durch

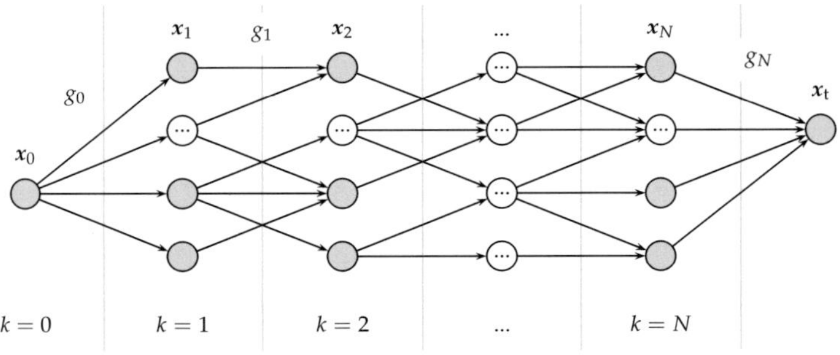

Abb. 3.3: Zustandsgraph eines deterministischen endlichen Systems

zusätzliches Einfügen des künstlichen Endknotens x_t behält die allgemeine BELL-MANsche Rekursionsgleichung [3.8] der Dynamischen Programmierung ihre Gültigkeit. Diese Modifikation ermöglicht die Darstellung von Optimierungsproblemen mit unendlichem Horizont, in denen im letzten Schritt verbleibende

---

[10]Die Vorgehensweise lässt sich selbstverständlich in analoger Art und Weise auch auf ähnliche Problemstellungen anwenden, solange die Zielkriterien im Gütefunktional festgehalten sind.

Residualkosten[11] g_N approximiert werden. Handelt es sich um ein dynamisches Optimierungsproblem mit endlichem Horizont, dann kann der künstliche Endknoten x_t entfallen und die Endzustände x_N werden gleichermaßen durch reale Endknoten mit realen Übergangskosten g_{N-1} berücksichtigt.

3.4.2 Äquivalenz von Vorwärts- und Rückwärtsrechnung

In der dargestellten Form entspricht ein deterministisches dynamisches Optimierungsproblem mit endlichem Zustandsraum einem Kürzeste-Wege-Problem. Die Suche nach einem optimalen Regelgesetz π^*, das die Gesamtkosten J_π minimiert, entspricht der Suche nach dem kürzesten Weg zwischen dem Anfangsknoten x_0 und dem Endknoten x_t in einem kantengewichteten gerichteten Graphen. Der durch die BELLMANsche Rekursionsgleichung [3.8] definierte allgemeine Lösungsalgorithmus der Dynamischen Programmierung löst das Optimierungsproblem schrittweise rückwärts gerichtet durch Minimierung der Restkosten zwischen Übergangszustand x_i und Endzustand x_t. Wie ein Kürzeste-Wege-Problem lässt sich auch ein deterministisches dynamisches Optimierungsproblem mit endlichem Zustandsraum umkehren, indem die Kantenrichtungen invertiert und die Kantengewichte beibehalten werden [28]. Die BELLMANsche Rekursionsgleichung [3.8] wird umgekehrt und löst das Optimierungsproblem schrittweise vorwärts gerichtet durch Minimierung der Anfangskosten[12] zwischen Startzustand x_0 und Übergangszustand x_i.

3.4.3 Einschränkung des Optimalsteuerungsproblems

Wenngleich die gewählte Formulierung als Kürzeste-Wege-Problem viele Vorteile für das theoretische Verständnis und die praktische Umsetzung des Lösungsalgorithmus schafft, erschwert sie die präzise Trennung zwischen Optimalsteuerung und Optimalregelung:

Gegenüber der Optimalsteuerung zeichnet sich die Optimalregelung insbesondere durch die Unabhängigkeit der Steuerung vom Anfangszustand des Systems aus, die mithilfe des optimalen Regelgesetzes π^* ermittelt wird [38, 142, 196]. Wird die Optimallösung gemäß vorangehender Erläuterung ausgehend vom Endzustand x_t rückwärts ermittelt, so ist die Unabhängigkeit vom Anfangszustand gewährleistet und das Resultat der Optimierung ist das optimale Regelgesetz π^*. Wird die Optimallösung dagegen vom Anfangszustand x_0 ausgehend vorwärts ermittelt, ist eine Unabhängigkeit von einem gegebenenfalls variablen Endzustand x_N, nicht jedoch vom Anfangszustand x_0 gewährleistet und das Resultat

---

[11]engl.: Residual Costs
[12]engl.: Costs-to-Arrive

der Optimierung ist eine einzelne optimale Steuerungstrajektorie U^* sowie eine zugehörige optimale Zustandstrajektorie X^*:

$$U^*(x_0) = U_{\pi^*}(x_0) = \left\{ u_0^*, u_1^*, \ldots, u_{N-1}^* \right\} \qquad [3.9a]$$

$$X^*(x_0) = X_{\pi^*}(x_0) = \left\{ x_0, x_1^*, \ldots, x_{N-1}^*, x_N \right\} \qquad [3.9b]$$

Unabhängig von gewählter Richtung und resultierender Optimallösung werden in der praktischen Prozessregelung oft ausschließlich die optimalen Sollwert-trajektorien zur Vorsteuerung[13] verwendet und verbleibende Störungen durch vergleichsweise einfache Folgeregelungen[14] kompensiert [1, 278]. In der Modell-prädiktiven Regelung wird diese Methodik meist ergänzt durch die zyklische Neuberechnung[15] in einem gleitenden Optimierungshorizont[16], in dem lediglich die ersten Elemente der zuletzt optimierten Steuerung angewandt werden, während parallel bereits die Optimierung im nächsten Horizont stattfindet, die zwischenzeitlich identifizierte Abweichungen des Prozessmodells bereits einbezieht [64, 198]. Je nach Frequenz der zyklischen Neuberechnung wird somit ein von der letzten Sollwerttrajektorie abweichender Anfangszustand x_0 in einer für die Problemstellung angemessenen Reaktionszeit berücksichtigt. Die Unterscheidung zwischen Optimalsteuerung und Optimalregelung beruht schließlich auf der Frequenz der zyklischen Neuberechnung der Sollwerttrajektorien und ist fallweise zu treffen.

Im eingesetzten Algorithmus wird, um eine Kumulation und Berücksichtigung der Fahrtdauer $t_k = t(x_k)$ zu ermöglichen, die Optimallösung vom Anfangszustand x_0 aus vorwärts in Richtung des Endzustands x_N ermittelt. Der implementierte Algorithmus unterstützt beide diskutierten Erweiterungen – eine überlagerte Folgeregelung sowie die zyklische Neuberechnung der Optimallö-sung. Da jedoch die Unabhängigkeit der Steuerung vom Anfangszustand des Systems nicht definitionsgemäß gegeben ist, wird in der vorliegenden Arbeit der Begriff der Optimalsteuerung verwendet, um der Anwendung optimaler Sollwerttrajektorien Rechnung zu tragen. Unter Verwendung der bekannten Störgrößen w_k beschränkt sich das vorliegende deterministische Optimalsteue-rungsproblem (OSP) auf die Suche nach der optimalen Steuerungstrajektorie U^* und der zugehörigen optimalen Zustandstrajektorie X^* [28], die die Gesamt-

---

[13]engl.: Feed-Forward Control
[14]engl.: Feed-Back Control
[15]engl.: On-line Replanning
[16]engl.: Receding Horizon Control (RHC)

kosten des zugrunde gelegten Gütefunktionals $J(x_N)$ im Endzustand x_N unter
Voraussetzung der bekannten Systemfunktion ϕ minimieren:

$$U^*(x_0) = \operatorname{argmin}\left\{ J(x_N) \right\}\big|_{x_0, w_k, \phi} \tag{3.10a}$$

$$X^*(x_0) = \{x_0\} \cup \phi(x_k, u_k^*, w_k), \quad k = 0, 1, \ldots, N - 1 \tag{3.10b}$$

Vorstellbar ist das Optimalsteuerungsproblem als die aus Abbildung 3.1 bekannte Optimalregelung mit einer Unterbrechung der Regelschleife zum Zeitpunkt t_0, in dem sich das System in einem Zustand $x_0 = x(t_0)$ befindet, der als Anfangszustand der Optimierung unter Voraussetzung idealer Prozesskenntnis behandelt wird [142].

3.4.4 Die Komplexität des Optimalsteuerungsproblems

Der Vorteil der Dynamischen Programmierung gegenüber vergleichbaren Optimierungsansätzen der Breitensuche[17] basiert im Wesentlichen auf den folgenden zwei Merkmalen:

1. Garantierte globale Optimalität der Lösung bei Einhaltung der methodischen Prinzipien der Dynamischen Programmierung

2. Signifikante Reduzierung der Komplexität gegenüber vergleichbaren Ansätzen der erschöpfenden Suche[18]

Tatsächlich erreicht die Dynamische Programmierung die geringst mögliche Komplexität bei gleichzeitiger Garantie des globalen Optimums. Vergleichbare Ansätze ermöglichen eine weitere Reduzierung der Komplexität, beispielweise durch Einsatz von Approximationen oder Heuristiken, können jedoch eine Optimalität der Lösung nicht mehr zwangsläufig garantieren [28, 115].

Komplexitätsabschätzung

Die Komplexität des untersuchten kombinatorischen Optimalsteuerungsproblems ist unter Betrachtung des in Abbildung 3.3 gezeigten Graphen leicht abzuschätzen und korreliert offensichtlich mit der Gesamtanzahl der zulässigen Zustandsübergänge $x_k \to x_{k+1}$ über alle Schritte $k = 0, 1, \ldots, N - 1$, also mit der Anzahl zulässiger Zustände $|\tilde{\mathcal{X}}_k|$ und der Anzahl zielführender Steuerungen $|\tilde{\mathcal{U}}_k|$ pro Zustand x_k [115].

---

[17] engl.: Breadth-First Search (BFS)
[18] engl.: Brute-Force (BF)

Im Sonderfall der einfachen Verknüpfung[19] skalarer Systemzustände sei das Optimalsteuerungsproblem durch einen eindimensionalen Zustandsraum $\mathcal{X} \subset \mathbb{R}^1$ mit einer konstanten Anzahl $M = |\tilde{\mathcal{X}}_k| = |\mathcal{X}|$ von Zuständen charakterisiert und jeder Zustandsübergang $x_k \rightarrow x_{k+1}$ in jedem Zeitschritt $k = 0,1,\ldots N-1$ durch Anwendung einer einzigen skalaren Steuerung $u_k \in \tilde{\mathcal{U}}_k$ durchführbar. In diesem Fall ergibt sich die Komplexität der erschöpfenden Suche zu:

$$\mathcal{O}(M^N) \qquad [3.11]$$

Durch Vermeidung von Rekursionen und Kombination der Gesamtlösung aus den einzelnen Teillösungen ergibt sich dagegen die Komplexität des Optimalsteuerungsproblems unter Einsatz der Dynamischen Programmierung zu:

$$\mathcal{O}(N \cdot M^2) \qquad [3.12]$$

Dies bedeutet eine Reduzierung der Komplexität auf einen linearen Anstieg mit der Länge N des Optimierungshorizonts. Erst diese Komplexitätsreduzierung ermöglicht die Anwendung der Dynamischen Programmierung zur Lösung realistischer Optimalsteuerungsprobleme wie das der Fahrstrategie-Optimierung mit einem Vorausschau-Horizont von mehreren Kilometern.

Die Erweiterung des Zustandsraums

Zu beachten ist, dass jede Erweiterung des Zustandsraums[20] durch eine zusätzliche Dimension, also jede neu eingeführte Zustandsgröße, signifikante Auswirkungen auf die Komplexität des Optimalsteuerungsproblems hat [28, 115]: Wird zum Beispiel, wie in Abbildung 3.4 veranschaulicht, ein eindimensionaler Zustandsraum $\mathcal{X}^{(1)} \subset \mathbb{R}^1$ mit einer Anzahl $|\mathcal{X}^{(1)}| = M_1$ diskreter Zustände durch eine zweite Dimension $\mathcal{X}^{(2)} \subset \mathbb{R}^1$ mit einer Anzahl $|\mathcal{X}^{(2)}| = M_2$ an Diskretisierungsstufen erweitert, dann resultiert ein Zustandsraum $\mathcal{X} \subset \mathbb{R}^2$ mit einer Anzahl $|\mathcal{X}| = M = M_1 \cdot M_2$ von Zuständen und die Komplexität des Optimalsteuerungsproblems steigt exponentiell mit der Dimension des Zustandsraums:

$$\mathcal{O}(N \cdot M^2) = \mathcal{O}(N \cdot (M_1 \cdot M_2)^2) \qquad [3.13]$$

Diese Eigenschaft – bekannt als „Fluch der Dimensionen"[21] [23] oder „Kombinatorische Explosion" – muss als größte Herausforderung in der praktischen

---

[19]Diese einfache Verknüpfung ist insbesondere durch eine bijektive Systemfunktion ϕ gegeben, die jeden Zustandsübergang $x_k \rightarrow x_{k+1}$ eineindeutig einer Steuerung u_k zuordnet.

[20]engl.: State augmentation

[21]engl.: Curse of dimensionality

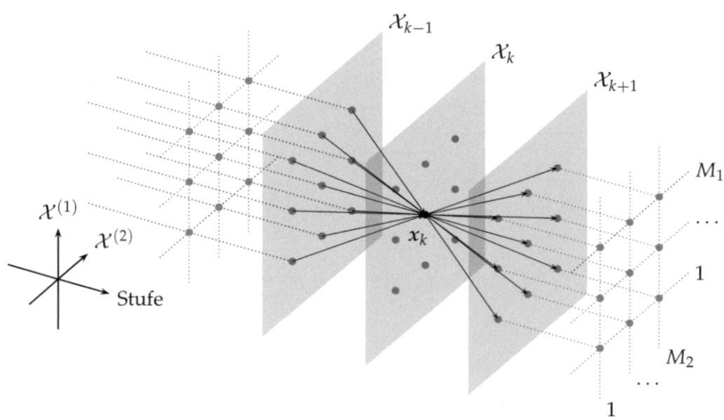

Abb. 3.4: Zweidimensionaler Zustandsraum (schematisch)

Umsetzung einer diskreten Dynamischen Programmierung berücksichtigt werden und ist verantwortlich dafür, dass in Echtzeitanwendungen, auch unter Einsatz leistungsstarker Rechnerhardware, das Optimalsteuerungsproblem auf eine niedrige Ordnung beschränkt bleiben muss. Dass die Repräsentation und Beschränkung des Zustandsraums entscheidenden Einfluss auf die Leistungsfähigkeit des implementierten Lösungsalgorithmus der Dynamischen Programmierung hat, liegt auf der Hand [11, 28, 115, 260].

3.5 Herausforderungen bei der Optimalsteuerung des Antriebsstrangs

Die Herausforderungen bei der Optimalsteuerung des Antriebsstrangs haben ihren Ursprung zum einen in der hohen technischen Komplexität des Fahrzeugsystems an sich, zum anderen in der aufwendigen Modellierung und Optimierung der Längs- und Querdynamik unter realen Umgebungsbedingungen. Der eingesetzte Lösungsalgorithmus muss im Echtzeitbetrieb hohen Leistungsanforderungen, insbesondere hinsichtlich der Kriterien Rechenzeit und Speicherbedarf, genügen [119]. Nicht zuletzt wird neben der technischen auch eine wirtschaftliche Machbarkeit in der Praxis vorausgesetzt. Gleichzeitg ist eine hohe Genauigkeit der resultierenden Lösung des Optimalsteuerungsproblems unabdingbar, um eine effektive Erreichung der definierten Zielkriterien unter allen Umständen zu gewährleisten. Abbildung 3.5 veranschaulicht den klassischen Zielkonflikt der Systemoptimierung.

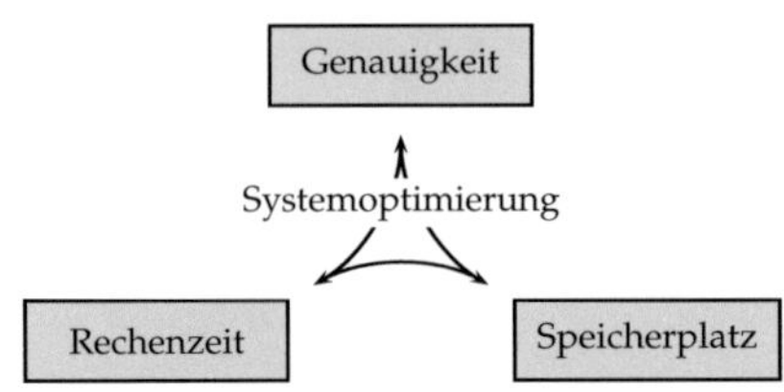

Abb. 3.5: Zielkonflikt der Systemanforderungen

Eine Auflösung des Zielkonflikts setzt eine vereinfachte Modellierung des dynamischen Systems voraus. Die damit verbundenen Herausforderungen sind charakteristisch für die Anwendung der diskreten Dynamischen Programmierung und treten im untersuchten Anwendungsfall wie folgt zutage.

3.5.1 Diskretisierung von Zeit und Zustandsraum

Der numerische Lösungsalgorithmus der deterministischen Dynamischen Programmierung setzt eine vollständige Diskretisierung von Zeit und Zustandsraum voraus. Wie aus der Laufzeitabschätzung [3.12] ersichtlich wird, bestimmen die Diskretisierungsschrittweiten von Zeit und Zustandsraum die Rechenzeit des Lösungsalgorithmus maßgeblich. Besonders eine Vergröberung des Zustandsgitters kann zwar die Rechenzeit deutlich reduzieren, aber verringert meist unmittelbar die Genauigkeit der Lösungstrajektorien.

Die Diskretisierungsschrittweiten der Zeit können beliebig, unter Umständen auch verschieden groß gewählt werden. Da die zulässigen Höchstgeschwindigkeiten und zu einem großen Anteil auch die Fahrwiderstände im realen Fahrbetrieb – wie im Fall der Fahrbahnsteigung und der Kurvenkrümmung – wegabhängig auftreten, ist eine wegbasierte Diskretisierung naheliegend.

Die Diskretisierungsschrittweiten von Zeit und Zustandsraum lassen sich einerseits unabhängig voneinander anhand externer Genauigkeitsanforderungen wie etwa einem maximalen Versatz zur nächstgelegenen Geschwindigkeitsbeschränkung oder einer maximalen Abweichung von der aktuellen zulässigen Höchstgeschwindigkeit festlegen. Andererseits werden die Diskretisierungsschrittweiten aufeinander abgestimmt, um eine zeitliche Änderung der Zustandsgrößen aufzulösen. Im Fall der Fahrzeuggeschwindigkeit über der Zeit lässt sich beispielsweise eine maximale Abweichung der Fahrzeugbeschleunigung einstellen, die mit dem benötigten Kraftstoffverbrauch korreliert und dadurch maßgeblichen Einfluss auf die resultierende Optimallösung hat.

3.5.2 Berücksichtigung der Zeitvarianz

Die Einordnung des Kraftfahrzeugs als nichtlineares zeitinvariantes System gilt vereinfachend nur unter annähernd konstanten Betriebsbedingungen. Aufgrund der Bauteilbeanspruchung, der thermischen Energieflüsse und letztlich auch der heute noch weitgehend unabhängigen Betriebsstrategien der verschiedenen Nebenaggregate ist das Fahrzeugsystem genau genommen als zeitvariant anzusehen. Da die zeitvarianten Einflüsse auf die zugrunde gelegten Zielkriterien gegenüber der Zeitdauer eines Optimierungshorizonts jedoch überwiegend mittel- und langfristig auftreten, besteht eine Möglichkeit ihrer Berücksichtigung in der adaptiven Bedatung des Prozessmodells und der zyklischen Neuberechnung der Optimallösung [28]. Wird die Frequenz der zyklischen Neuberechnung variabel gewählt, so können aufgrund signifikanter kurzfristiger Ereignisse selbst Neuberechnungen ausgelöst werden, die die erkannten Abweichungen berücksichtigen. Die Herausforderung besteht jedoch darin, rein stochastische Störgrößen auszufiltern und nicht in die Bedatung des Prozessmodells mit einzubeziehen.

3.5.3 Dynamisches Systemverhalten

Aufgrund der vielschichtigen Anforderungen an das Betriebsverhalten des Fahrzeugs kommen in der Längsdynamikregelung des Antriebsstrangs intelligente Steuerungs- und Regelungsfunktionen zum Einsatz, die stationäre Betriebszustände überlagern und ein dynamisches Systemverhalten aufprägen.

Als Beispiel sind etwa Lastschlagdämpfung und Antiruckelfunktion einer modernen Motorsteuerung anzusehen. Diese begrenzen die ursprüngliche Momentenanforderung des Fahrers, um unkomfortable Schwingungen der Fahrzeuglängsdynamik zu unterdrücken [14]. Aufgrund der Berücksichtigung vergangener Signalverläufe handelt es sich jedoch um dynamisches Systemverhalten: Die Veränderung des Systemzustands x ist nicht mehr ausschließlich abhängig vom aktuellen Zustand x_k und von der aktuellen Steuerung u_k, sondern auch von früheren Zuständen und Steuerungen.

Dynamisches Systemverhalten kann, wie in Abschnitt 3.4.4 erläutert, durch eine Zustandserweiterung kompensiert werden, indem alle relevanten früheren Systemzustände und Steuerungen als zusätzliche Zustandsgrößen interpretiert werden [28]. Obwohl diese Modifikation, wie bereits in Abschnitt 3.4.4 gezeigt, auf Kosten der Komplexität geschieht, ist die Aufstellung eines „gedächtnislosen"[22] Prozessmodells Voraussetzung für die Optimallösung des Optimalsteuerungsproblems mithilfe der Dynamischen Programmierung und wird in der MARKOV-Eigenschaft [139, 140, 165] festgehalten:

---

[22]engl.: memoryless

> Die MARKOV-Eigenschaft für stochastische zeitdiskrete Zustandsketten sagt aus, dass die bedingte Wahrscheinlichkeit eines Zustandsübergangs $x_k \to x_{k+1}$ nur vom aktuellen Zustand x_k abhängt, jedoch nicht von weiter zurückliegenden Zuständen $\{x_{k-1}, x_{k-2}, \dots, x_0\}$.

Bezogen auf die deterministische Dynamische Programmierung ist die MARKOV-Eigenschaft dann erfüllt, wenn jede optimale Steuerung u_k^* ausschließlich vom aktuellen Systemzustand x_k sowie von den gegebenenfalls aktuellen Störgrößen w_k abhängt, jedoch nicht von weiter zurückliegenden Zuständen, Steuerungen oder Störgrößen:

$$
\begin{aligned}
u_k^* &= \pi_k^*(x_k, w_k) && [3.14a] \\
&= \pi_k^*(x_k, x_{k-1}, \dots, x_0, u_{k-1}, u_{k-2}, \dots, u_0, w_k, w_{k-1}, \dots, w_0), && [3.14b] \\
& \qquad\qquad\qquad\qquad\qquad k = 0, 1, \dots, N-1
\end{aligned}
$$

3.5.4 Stochastische Störgrößen

Voraussetzung für die Formulierung des dynamischen Optimierungsproblems als Kürzeste-Wege-Problem der Graphentheorie ist ein vollständiger Determinismus der Zustandsübergänge. Jede Übergangswahrscheinlichkeit der im Zustandsgraphen 3.3 gezeigten Zustandsübergänge $x_k \to x_{k+1}$ ist also gleich eins und kann mit Sicherheit durch eine geeignete Steuergröße u_k herbeigeführt werden. Voraussetzung dieses Determinismus ist die vollständige Kenntnis der Störgrößen w_k in jedem Schritt $k = 0, 1, \dots, N-1$, die im vorliegenden Anwendungsfall durch die Einbeziehung vorausschauend bekannter Streckeninformationen vorausgesetzt wird. Unter realen Umgebungsbedingungen ist das Fahrzeug allerdings weiteren stochastischen Störgrößen wie etwa wechselnden Wettereinflüssen oder Fahrbahnbeschaffenheiten ausgesetzt, die sich der vorausschauenden Streckenkenntnis entziehen. Ziel ist es, in den optimalen Lösungstrajektorien alle deterministischen Störgößen zu berücksichtigen, um das komplexe nichtlineare Systemverhalten in einer Vorsteuerung abzubilden. Der Ausgleich weiterer rein stochastischer Störgrößen kann nur durch Einsatz einer überlagerten Folgeregelung erfolgen.

3.6 Lösungsalgorithmus auf Basis Dynamischer Programmierung

3.6.1 Festlegung des Zustandsraums

Die Festlegung des Zustandsraums orientiert sich an der aus Abschnitt 3.5.3 bekannten MARKOV-Eigenschaft dynamischer Systeme. Als Voraussetzung für die Optimallösung des Optimalsteuerungsproblems fordert diese eine vollständige Beschreibung der relevanten Systemdynamik durch die eingeführten Zustandsgrößen. Über die MARKOV-Eigenschaft hinaus ist die Repräsentation des Zustandsraums zwar frei wählbar, allerdings muss das in Abschnitt 3.4.4 erläuterte exponentielle Komplexitätswachstum des Optimalsteuerungsproblems in Abhängigkeit von der Dimension des Zustandsraums $\dim(\mathcal{X})$, also von der Anzahl des Zustandsgrößen $n(x)$, stets berücksichtigt werden.

Festlegung des Steuervektors

Im Fall der energieoptimalen Längsführung eines Kraftfahrzeugs mit rein verbrennungsmotorischer Triebstrangarchitektur ist die Wahl des Steuervektors u intuitiv: Für den Fahrer ist die Längsdynamik des Fahrzeugs durch Variation des Gaspedalwinkels φ_P, durch Variation des Bremspedalwinkels φ_{Br} und durch Vorgabe des Wunschgangs γ_s – einschließlich des Freilaufs in Getriebe-Neutral-Stellung – beeinflussbar. In der automatisierten Längsführung des Fahrzeugs ist es zweckmäßig, statt dem Gaspedalwinkel φ_P das effektive Kupplungseingangsmoment M_{Ku} und statt dem Bremspedalwinkel φ_{Br} die resultierende Bremskraft F_{Br} zu berücksichtigen. Somit ergibt sich der Steuervektor[23] u:

$$u = \begin{bmatrix} M_{Ku} \\ F_{Br} \\ \gamma_s \end{bmatrix} \qquad [3.15]$$

Der kontinuierliche Wertebereich der Bremskraft F_{Br} ergibt sich per Definition innerhalb der Grenzbetriebsbedingungen des Fahrzeugs zu:

$$F_{Br} \in [0, F_{Br,max}] \subset \mathbb{R} \qquad [3.16]$$

Der Wertebereich des Gangs γ_s beinhaltet alle einstellbaren Getriebestufen, erweitert um den Nullwert zur Repräsentation der Getriebe-Neutral-Stellung:

$$\gamma_s \in \left(\{0\} \cup [\gamma_{min}(v), \gamma_{max}(v)] \right) \subset \mathbb{N}_0 \qquad [3.17]$$

---

[23]In Anbetracht des elektronischen Zugriffs auf die Triebstrangkomponenten sind alle Steuergrößen – insbesondere der Gang γ_s – als Sollwertvorgaben und alle Zustandsgrößen als eingestellte Istwerte zu interpretieren.

Der mögliche Wertebereich des Kupplungsmoments M_{Ku} umfasst prinzipiell alle
Werte des an die Kupplung(en) übertragbaren Drehmoments in Abhängigkeit
von der Motordrehzahl n_{Mot}:

$$M_{Ku} \in [M_{Ku,min}(n_{Mot}), M_{Ku,max}(n_{Mot})] \subset \mathbb{R} \qquad [3.18]$$

Festlegung des Zustandsvektors

In Anbetracht des gewählten Steuervektors u folgt auch die Wahl des Zustandsvektors x intuitiv [122, 99]: Eine Variation der Steuergrößen beeinflusst unabhängig voneinander die Fahrzeuggeschwindigkeit v und den Gang γ und somit den
Zustandsvektor[24]:

$$x = \begin{bmatrix} v \\ \gamma \end{bmatrix} \qquad [3.19]$$

Der kontinuierliche Wert der Fahrzeuggeschwindigkeit bewegt sich jederzeit
innerhalb der Grenzbetriebsbedingungen des Fahrzeugs:

$$v \in [0, v_{max}] \subset \mathbb{R} \qquad [3.20]$$

Der Wertebereich des eingelegten Gangs γ umfasst – wie der des Wunschgangs
γ_s – alle darstellbaren diskreten Getriebestufen inklusive dem Nullwert für die
Getriebe-Neutral-Stellung:

$$\gamma \in \left(\{0\} \cup [\gamma_{min}(v), \gamma_{max}(v)] \right) \subset \mathbb{N}_0 \qquad [3.21]$$

Über das intuitive Verständnis hinaus lässt sich mithilfe einer energetischen Betrachtung [107, 148] die Wahl der Zustandsgrößen physikalisch begründen: Ziel
der untersuchten Optimalsteuerung ist primär die Minimierung des Kraftstoffverbrauchs auf einer vorgegebenen Fahrtroute bei gleichzeitiger Minimierung
der Fahrtzeit. Die gleichzeitige Erfüllung dieser beiden Kriterien setzt eine effiziente Nutzung der im Kraftstoff gespeicherten Energie voraus, die mithilfe des
Verbrennungsmotors in die kinetische Energie des Fahrzeugs und dessen Komponenten gewandelt und zur Überwindung der Fahrwiderstände eingesetzt wird.
Durch die getroffene Wahl des Zustandsvektors sind neben den fahrdynamischen
Zuständen der Triebstrangkomponenten gleichzeitig die energetischen Zustände der größten kinetischen Energiespeicher des Fahrzeugs im Zustandsraum
repräsentiert:

---

[24]Die Verwendung des Wunschgangs γ_s im Steuervektor sowie des eingelegten Gangs γ im
Zustandsvektor zeigt, dass es sich im regelungstechnischen Sinn um eine rein gesteuerte
Größe des „extern geschalteten" hybriden dynamischen Systems handelt [218].

1. Die translatorische kinetische Energie der Fahrzeugmasse ergibt sich ausschließlich in Abhängigkeit von der Fahrzeuggeschwindigkeit v und ist per Definition 3.19 im Zustandsraum berücksichtigt.

2. Die rotatorische kinetische Energie der rotierenden Massen des Antriebsstrangs wie etwa Räder, Achsen und Gelenkwellen ergibt sich in Abhängigkeit von ihren verschiedenen Drehzahlen, also ebenfalls in Abhängigkeit von der Fahrzeuggeschwindigkeit v sowie vom Gang γ, und ist somit per Definition 3.19 ebenfalls im Zustandsraum berücksichtigt.

Aus dieser Betrachtung heraus lässt sich jeder Zustand x_k des Fahrzeugsystems über den rein fahrdynamischen Zustand hinaus eindeutig als eine Kombination von Ladezuständen der kinetischen Energiespeicher des Fahrzeugs interpretieren. Zustandsübergänge $x_k \rightarrow x_{k+1}$ mit $x_k \neq x_{k+1}$ repräsentieren folglich Veränderungen der Ladezustände der Energiespeicher mit Wirkungsgraden, deren Gesamtheit es durch Einsatz einer Optimalsteuerung zu maximieren gilt.

Festlegung des Störvektors

Der Störvektor w enthält die von außen auf das System wirkenden Einflussgrößen des Optimalsteuerungsproblems. Im untersuchten Anwendungsfall sind diese durch die Umgebung des Fahrzeugs vorgegeben und – unter Vernachlässigung weiterer Größen mit vergleichsweise geringem Einfluss – charakterisiert durch die Fahrbahnsteigung α und die Kurvenkrümmung κ:

$$w = \begin{bmatrix} \alpha \\ \kappa \end{bmatrix} \qquad [3.22]$$

Die Streckendaten werden als Störgrößen des vorliegenden deterministischen Optimalsteuerungsproblems als vollständig bekannt und deswegen wertkontinuierlich in Abhängigkeit von der Wegstrecke s vorausgesetzt:

$$\alpha(s), \kappa(s) \subset \mathbb{R} \qquad [3.23]$$

3.6.2 Diskretisierung des Trajektorienraums

Die vollständige Diskretisierung des Trajektorienraums ist eine zwingende Voraussetzung für den Einsatz der deterministischen Dynamischen Programmierung. Genau hier offenbart sich jedoch der in Abschnitt 3.5 diskutierte Zielkonflikt zwischen Genauigkeit, Rechenzeit und Speicherbedarf: Mit der Anzahl der

Diskretisierungsstufen steigt zwar die Genauigkeit der resultierenden Lösungstrajektorien, gleichzeitig erhöhen sich aber die Komplexität und die Rechenzeit sowie der Speicherbedarf des Lösungsalgorithmus erheblich.

Die Schrittweite eines jeden Zustandsübergangs $x_k \rightarrow x_{k+1}$ kann in der zugehörigen Kostenfunktion g_k einfach berücksichtigt werden. Darum erlaubt die Dynamische Programmierung die Lösung des Optimalsteuerungsproblems in variablen diskreten Zeitschritten. Da die Störgrößen w und die Beschränkungen des Zustandsraums $\mathcal{X}$ – etwa in Form von Geschwindigkeitsbeschränkungen – im untersuchten Optimalsteuerungsproblem wegdiskret vorliegen, ist es zweckmäßig, auch dem Stufenindex $k = 0, 1, \ldots N$ des mehrstufigen Entscheidungsprozesses eine Wegdiskretisierung zugrunde zu legen [234]. Aufgrund der bereits diskret vorgegebenen Getriebestufen – in weiterer Folge mit dem Index q assoziiert – beschränkt sich folglich der Handlungsspielraum bei der Diskretisierung des Trajektorienraums auf die Diskretisierung der Wegstrecke und auf die Diskretisierung der Fahrzeuggeschwindigkeit – im Folgenden mit dem Index p assoziiert.

Diskretisierung der Wegstrecke

Um das Optimalsteuerungsproblem, wie in Abschnitt 3.3.1 angekündigt, in einen mehrstufigen Entscheidungsprozesses zu überführen, wird die zurückzulegende Fahrtstrecke in diskrete Wegschritte unterteilt[25]. Die bei einem Zustandsübergang $x_k \rightarrow x_{k+1}$ in einem Wegschritt Δs zu überwindenden Fahrwiderstände werden gemäß explizitem EULER-Verfahren durch numerische Integration aggregiert,

$$F_{\mathrm{W},k} = \frac{1}{\Delta s} \cdot \int_{s_k}^{s_{k+1}} F_{\mathrm{W}}(s) \cdot \mathrm{d}s, \qquad [3.24]$$

und vervollständigen das zeitdiskretisierte Abbild der zeitkontinuierlichen Fahrwiderstandsgleichung [2.3]:

$$F_{\mathrm{Ant},k} - F_{\mathrm{Br},k} = F_{\mathrm{W},k} = F_{\mathrm{R},k} + F_{\mathrm{L},k} + F_{\mathrm{S},k} + F_{\mathrm{K},k} + F_{\mathrm{B},k} \qquad [3.25]$$

Die Diskretisierungsschrittweite Δs wird vor dem Hintergrund der zu erwartenden Unstetigkeiten der Lösungstrajektorie insbesondere aus fahrdynamischen

---

[25]In der vorliegenden Arbeit wird der Standardfall [115] einer äquidistanten Diskretisierung der Wegstrecke Δs und der Fahrzeuggeschwindigkeit Δv betrachtet. Ungeachtet des Implementierungsaufwands und der Rechenzeit des Lösungsalgorithmus bieten variable Diskretisierungsschrittweiten eine Möglichkeit zur weiteren Komplexitätsreduzierung des Optimalsteuerungsproblems [122]. Außerdem besteht die Möglichkeit, durch iterative Verfeinerung der Diskretisierungsschrittweiten in mehreren Durchläufen die Genauigkeit der Optimallösung sukzessive zu erhöhen [115, 168, 28].

Rahmenbedingungen wie etwa der Charakteristik des Streckenprofils oder der gewünschten Ausprägung der Fahrstrategie abgeleitet [99].

Nach erfolgter Diskretisierung ist die Fahrzeuggeschwindigkeit v nur noch zu den diskreten Abtastzeitpunkten bekannt, sodass während des Zustands-übergangs $x_k \rightarrow x_{k+1}$ eine mittlere Fahrzeugbeschleunigung $\bar{a}_k$ angenommen werden muss. Die resultierende Abweichung der linearisierten von der realen Zustandstrajektorie während des Zustandsübergangs bei Anwendung der konstanten Steuerung u_k kann unter Berücksichtigung des Streckenprofils durch eine geeignete Wegdiskretisierung reduziert werden.

Diskretisierung der Fahrzeuggeschwindigkeit

Unter Voraussetzung einer geeigneten Wegdiskretisierung richtet sich die Diskretisierung der Fahrzeuggeschwindigkeit insbesondere nach der geforderten Auflösung der Lösungstrajektorie: Der maximale Diskretisierungsfehler lässt sich unter anderem als maximale Abweichung der Fahrzeuglängsbeschleunigung $a_{e,\max}$ oder des Fahrwiderstands $F_{W,e,\max}$ bei der mittleren Fahrzeuggeschwindigkeit $\bar{v}$ interpretieren[26]:

$$\left| F_{W,e,\max} \right| = m \cdot \left| a_{e,\max} \right| = m \cdot \frac{\Delta v}{2 \cdot \Delta s} \cdot \bar{v} \qquad [3.26]$$

und wird dadurch vergleichbar mit weiteren möglichen Abweichungen in der Praxis wie etwa Ungenauigkeiten der vorausschauend bekannten Streckendaten.

3.6.3 Beschränkung von Steuerungs- und Zustandsraum

Die Komplexität der Dynamischen Programmierung hängt entscheidend von der Anzahl der zu prüfenden möglichen Steuerungen u_k in jedem Zeitschritt $k = 0, 1, \ldots, N - 1$ ab. Eine signifikante Komplexitätsreduzierung schafft darum die Beschränkung der möglichen Zustandsübergänge $x_k \rightarrow x_{k+1}$, einerseits durch Beschränkung des Zustandsraums $\mathcal{X}$ auf den zulässigen Zustandsraum $\tilde{\mathcal{X}}_k$ in Abhängigkeit vom Wegschritt k aufgrund äußerer Rahmenbedingungen:

$$\tilde{\mathcal{X}}_k = f(k), \quad \tilde{\mathcal{X}}_k \subseteq \mathcal{X} \qquad [3.27]$$

andererseits durch Beschränkung der möglichen Steuerungen $\mathcal{U}_k$ auf die zulässigen Steuerungen $\tilde{\mathcal{U}}_k^{(p,q)}$ in Abhängigkeit vom aktuellen Systemzustand $x_k^{(p,q)}$:

$$\tilde{\mathcal{U}}_k^{(p,q)} = f\left(x_k^{(p,q)} \right), \quad \tilde{\mathcal{U}}_k^{(p,q)} \subseteq \mathcal{U}_k \qquad [3.28]$$

---

[26]Ist eine konstante maximale Abweichung der Fahrzeuglängsbeschleunigung oder des Fahrwiderstands gefordert, so ermöglicht die Umformung von Gleichung 3.26 die Ermittlung der notwendigen variablen Diskretisierungsschrittweiten der Fahrzeuggeschwindigkeit.

Beschränkung des Steuerungsraums

Neben den in den Wertebereichen der Steuergrößen weitgehend abgebildeten Grenzbetriebsbedingungen des Fahrzeugs werden weitere Beschränkungen des Steuerungsraums eingeführt, um die Komplexität des Optimalsteuerungsproblems zu reduzieren, ohne die Optimallösung zu gefährden.

Aufgrund ihrer geringen Auftrittswahrscheinlichkeit in einer verbrauchsoptimalen Fahrstrategie einerseits und der sequenziellen Schaltcharakteristik der Doppelkupplungsgetriebe in den untersuchten Versuchsfahrzeugen andererseits werden Gangsprünge über mehrere Gänge ausgeschlossen:

$$\gamma_s \in \begin{cases} \{0\} \cup [\gamma_{\min}(v), \gamma_{\max}(v)], & \text{wenn } \gamma = 0 \\ \{\gamma - 1, \gamma, \gamma + 1\}, & \text{sonst} \end{cases} \qquad [3.29]$$

Die gleichzeitige Anforderung eines Kupplungsmoments $M_{Ku} > 0$ und einer Bremskraft $F_{Br} > 0$ ist energetisch nicht sinnvoll, da in diesem Betriebszustand lediglich die im Kraftstoff gespeicherte chemische Energie in Form von Wärmeenergie verschwendet würde. Es wird darum gefordert:

$$M_{Ku} \begin{cases} = 0, & \text{wenn } F_{Br} > 0 \\ \geq 0, & \text{sonst} \end{cases} \qquad [3.30]$$

Ebenso ist die Anforderung eines Kupplungsmoments $M_{Ku} > 0$ im Freilauf nicht sinnvoll, da sie lediglich eine Erhöhung der Motordrehzahl ohne Übertragung der Zugkraft an die Antriebsränder zur Folge hätte. Es folgt:

$$M_{Ku} \begin{cases} = 0, & \text{wenn } \gamma_s = 0 \\ \geq 0, & \text{sonst} \end{cases} \qquad [3.31]$$

Steuerungsbeschränkung durch Zustandsbeschränkung

Wie in Abschnitt 3.4 gezeigt, handelt es sich beim untersuchten Optimalsteuerungsproblem um ein deterministisches Kürzeste-Wege-Problem, bei dem die Störgrößen w_k als bekannt vorausgesetzt werden. Darüber hinaus ist die Veränderung der Zustandsgrößen v und γ nach der gewählten Definition des Zustandsvektors und des Steuervektors vollständig und eineindeutig durch den Steuervektor u_k bestimmt – einerseits durch die komplementären Größen M_{Ku} und F_{Br}, andererseits direkt durch die Größe γ_s. Jeder zulässige Zustandsübergang $x_k \to x_{k+1}$ lässt sich mithilfe der Systemfunktion ϕ eindeutig auf einen Wert des Steuervektors u_k zurückführen:

$$\phi : \{x_k, u_k, w_k\} \mapsto x_{k+1} \qquad [3.32]$$

Umgekehrt lassen sich mithilfe der inversen Systemfunktion ϕ^{-1} die zielführenden Werte des Steuervektors u_k passend zur Diskretisierung des Zustandsraums aus den zulässigen diskreten Zustandsübergängen $x_k \rightarrow x_{k+1}$ ableiten:

$$\phi^{-1} : \{x_k, x_{k+1}, w_k\} \mapsto u_k \tag{3.33}$$

Aufgrund der bijektiven Verknüpfung von Systemzustand und Systemsteuerung durch die Systemfunktion ϕ lässt sich folglich jede Beschränkung der zulässigen Steuerungen $u_k \in \tilde{\mathcal{U}}_k^{(p,q)}$ ressourceneffizient durch eine Beschränkung des Zustandsraums $\tilde{\mathcal{X}}_{k+1}^{(p,q)}$ in Abhängigkeit vom aktuellen Systemzustand $x_k^{(p,q)}$ berücksichtigen:

$$\tilde{\mathcal{X}}_{k+1}^{(p,q)} = f\big(x_k^{(p,q)}\big), \quad \tilde{\mathcal{X}}_{k+1}^{(p,q)} \subseteq \tilde{\mathcal{X}}_{k+1} \tag{3.34}$$

Beschränkung des Zustandsraums

Die Festlegung der zulässigen Gänge γ erfolgt ausschließlich aufgrund der Grenzbetriebsbedingungen des Fahrzeugs. Besonderes Augenmerk bei der Beschränkung des Zustandsraums liegt jedoch auf der oberen und unteren Grenze der zulässigen Fahrzeuggeschwindigkeit v: Die Berücksichtigung der äußeren Rahmenbedingungen und Zielkriterien der Fahrstrategie erzeugt den in Abbildung 3.6 dargestellten „Fahrschlauch", den beschränkten Lösungsraum der zulässigen Geschwindigkeitstrajektorien $v(s)$ über der Fahrtstrecke s. Während der Fahrschlauch maßgeblich die Komplexität des Optimalsteuerungsproblems beeinflusst, definiert er gleichzeitig die Grenzen der resultierenden Fahrstrategie hinsichtlich Fahrsicherheit, Energieeffizienz und Fahrdynamik. Anders als die bisherigen Beschränkungen, die vorrangig der Einhaltung der Grenzbetriebsbedingungen dienen, bietet die Festlegung des Fahrschlauchs einen großen Handlungsspielraum, insbesondere zur subjektiven fahrdynamischen Ausprägung der resultierenden Fahrstrategie.

Abbildung 3.6 veranschaulicht beispielhaft die Beschränkung des Zustandsraums – einerseits durch den Fahrschlauch zwischen minimaler Fahrzeuggeschwindigkeit $v_{\min}(s)$ und maximaler Fahrzeuggeschwindigkeit $v_{\max}(s)$, andererseits durch die Grenzbetriebsbedingungen des Fahrzeugs, resultierend in einer minimalen Fahrzeuglängsbeschleunigung $a_{\min}(s, v, \gamma)$ und einer maximalen Fahrzeuglängsbeschleunigung $a_{\max}(s, v, \gamma)$.

3.6.4 Modellierung der Zustandsübergänge

Die Zustandsübergänge $x_k \rightarrow x_{k+1}$ sind prinzipiell durch die nichtlineare Zustandsdifferenzengleichung [3.6] beschrieben, aus der sich die Folgezustände

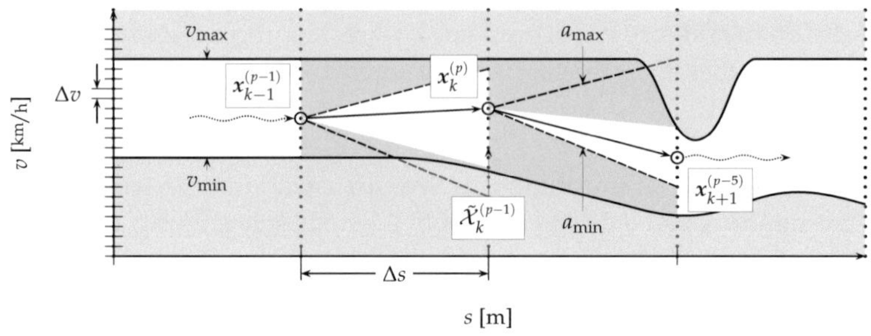

Abb. 3.6: Einschränkung des Zustandsraums (schematisch)

x_{k+1} aufgrund der zeitdiskreten Systemfunktion ϕ ergeben. Die rein gesteuerte Zustandsgröße des Gangs γ folgt der Gangvorgabe γ_s des Steuervektors u – im Fall dynamischer Vorgänge nach einer Zeitverzögerung t_{dyn}. Im Fall der geregelten Fahrzeuggeschwindigkeit v entspricht die Zustandsdifferenzengleichung [3.6] der nach v_{k+1} aufgelösten diskreten Fahrwiderstandsgleichung [3.25][27]:

$$v_{k+1} = v_k + \Delta t_k \cdot a_k(F_{\mathrm{Ant},k}, F_{\mathrm{Br},k}, F_{\mathrm{R},k}, F_{\mathrm{L},k}, F_{\mathrm{S},k}, F_{\mathrm{K},k}, m') \qquad [3.35]$$

Die Zustandsübergänge werden in der Kostenfunktion g_k bewertet. Zentrales Kostenkriterium ist der Kraftstoffbedarf $m_{\mathrm{Kr},k}(u_k)$ des Zustandsübergangs, der sich in Abhängigkeit von der angewandten Steuerung u_k ergibt und für jeden Zustandsübergang zu ermitteln ist.

Hinsichtlich der Motorlast und des resultierenden Kraftstoffverbrauchs werden quasistationäre Betriebszustände und dynamische Vorgänge unterschieden und die zugehörigen Zustandsübergänge unterschiedlich modelliert [209].

Modellierung der quasistationären Betriebszustände

Unter dem Begriff der quasistationären Betriebszustände werden die Betriebzustände mit konstanter Getriebestufe $\gamma_{\mathrm{s},k} = \gamma_{\mathrm{s},k+1}$ zusammengefasst, die unter quasikonstanter Motorlast ablaufen. Unterschieden werden [209]:

- Zugbetrieb: Geschlossener Antriebsstrang mit eingelegtem Gang und Anforderung eines nichtnegativen Kupplungsmoments

---

[27]Da die Endgeschwindigkeit v_{k+1} des Zustandsübergangs noch nicht bekannt ist, erfolgt die Berechnung des Rollwiderstands $F_{\mathrm{R}}(v)$ und des Luftwiderstands $F_{\mathrm{L}}(v)$ auf Basis der Anfangsgeschwindigkeit v_k.

- Freilauf: Ausrollen des Fahrzeugs mit offenem Antriebsstrang durch geöffnete Kupplung(en) und/oder Getriebe-Neutral-Stellung

- Schubbetrieb: Geschlossener Antriebsstrang mit eingelegtem Gang ohne Anforderung einer positiven Motorlast

Die quasistationären Betriebszustände sind in Tabelle 3.1 zusammengefasst und – unter Berücksichtigung der Beschränkungen [3.30] und [3.31] – anhand ihrer unterschiedlichen Nebenbedingungen des Steuervektors u charakterisiert.

Betriebszustand	Nebenbedingungen des Steuervektors u		
	M_{Ku}	F_{Br}	γ_{s}
Zugbetrieb	≥ 0	$= 0$	> 0
Freilauf	$= 0$	≥ 0	$= 0$
Schubbetrieb	$= M_{\mathrm{Ku,SB}}$	≥ 0	> 0

Tab. 3.1: Charakterisierung der quasistationären Betriebszustände

Modellierung des quasistationären Zugbetriebs

Beim Zugbetrieb handelt es sich um einen mithilfe des Kupplungsmoments M_{Ku} geregelten Betriebszustand. Die zielführenden Variationen des Steuervektors $u_k \in \tilde{\mathcal{U}}_k^{(p,q)}$ werden in diesem Fall abhängig von den Übergängen $x_k \rightarrow x_{k+1}$ zu den erreichbaren zulässigen Endzuständen $x_{k+1} \in \tilde{\mathcal{X}}_{k+1}^{(p,q)}$ aus der inversen Systemfunktion ϕ^{-1} berechnet:

$$\tilde{\mathcal{U}}_k^{(p,q)} = \phi^{-1}\left(x_k, w_k, \tilde{\mathcal{X}}_{k+1}^{(p,q)}\right) \qquad [3.36]$$

Die anzuwendenden Variationen des Kupplungsmoments $M_{\mathrm{Ku},k}$ und die resultierenden Werte des Kraftstoffbedarfs $m_{\mathrm{Kr},k}$ werden im Zugbetrieb also über die erforderliche Antriebskraft $F_{\mathrm{Ant},k}$ aus der diskretisierten Fahrwiderstandsgleichung [3.25] ermittelt:

$$M_{\mathrm{Ku},k} = f(F_{\mathrm{Ant},k}) \qquad [3.37]$$

$$m_{\mathrm{Kr},k} = \Delta s \cdot m_{\mathrm{Kr},s}(F_{\mathrm{Ant},k}) \qquad [3.38]$$

Die nichtlinearen Zusammenhänge $M_{\mathrm{Ku}} = f(F_{\mathrm{Ant}})$ und $m_{\mathrm{Kr},s} = f(F_{\mathrm{Ant}})$ beschreiben Kraftübertragung und Effizienz des Antriebsstrangs, sind offensichtlich streng monoton und stetig und somit bijektiv. Unter Vernachlässigung variabler Einflussgrößen wie etwa der Motortemperatur, des Luftdrucks oder der Fahrzeugmasse können sie bereits vor der eigentlichen Lösung des Optimalsteuerungsproblems für die relevanten Betriebsbereiche ermittelt und in nichtparametrischen Kennfeldern oder parametrischen Polynommodellen abgespeichert werden [207, 234, 178, 5].

Modellierung des quasistationären Freilaufs

Beim Freilauf ergibt sich der Endzustand x_{k+1} eines Zustandsübergangs $x_k \rightarrow x_{k+1}$ in Abhängigkeit von Anfangszustand x_k, Steuerung u_k und Störung w_k aus der nichtlinearen Zustandsdifferenzengleichung [3.6]:

$$x_{k+1} = \phi(x_k, u_k, w_k) \tag{3.39}$$

Ohne Anforderung einer positiven Bremskraft $F_{\mathrm{Br},k}$ ergibt sich in diesem Fall also die Endgeschwindigkeit des Fahrzeugs v_{k+1} aus der diskretisierten Fahrwiderstandsgleichung [3.25] unter Verwendung des Fahrwiderstandspolynoms im Freilauf $F_{\mathrm{RL,FL}}$:

$$v_{k+1} \overset{F_{\mathrm{Br},k}=0}{=} \mathrm{round}_{\Delta v}\left\{ v_k - (F_{\mathrm{RL,FL}} + F_{\mathrm{St},k} + F_{\mathrm{K},k}) \cdot \frac{\Delta s}{m'(\gamma_k) \cdot v_k} \right\} \tag{3.40}$$

Der Kraftstoffbedarf $m_{\mathrm{Kr},k}$ entspricht dem Leerlaufverbrauch des Verbrennungsmotors $\dot{m}_{\mathrm{Kr,LL}}$ über die Dauer Δt_k des Zustandsübergangs:

$$m_{\mathrm{Kr},k} = \dot{m}_{\mathrm{Kr,LL}} \cdot \Delta t_k, \quad \Delta t_k = \frac{\Delta s}{\bar{v}_k} \tag{3.41}$$

Die restlichen, durch Variation der Bremskraft $F_{\mathrm{Br},k} > 0$ erzeugbaren und ebenfalls zulässigen Variationen der Steuerung u_k werden – innerhalb des zulässigen Steuerungsraums – analog zum Zugbetrieb durch die inverse Systemfunktion ϕ^{-1} bestimmt.

Modellierung des quasistationären Schubbetriebs

Analog zum Freilauf ergibt sich auch im Schubbetrieb der Endzustand x_{k+1} eines Zustandsübergangs $x_k \rightarrow x_{k+1}$ aus der Systemfunktion ϕ und somit die Endgeschwindigkeit des Fahrzeugs v_{k+1} ohne Bremskraftanforderung aus der diskretisierten Fahrwiderstandsgleichung [3.25] unter Verwendung des Fahrwiderstandspolynoms im Schubbetrieb $F_{\mathrm{RL,SB}}$:

$$v_{k+1} \overset{F_{\mathrm{Br},k}=0}{=} \mathrm{round}_{\Delta v}\left\{ v_k - (F_{\mathrm{RL,SB}} + F_{\mathrm{St},k} + F_{\mathrm{K},k}) \cdot \frac{\Delta s}{m'(\gamma_k) \cdot v_k} \right\} \tag{3.42}$$

Der resultierende Kraftstoffbedarf $m_{\mathrm{Kr},k}$ ergibt sich je nach mittlerer Motordrehzahl $\bar{n}_{\mathrm{Mot},k}$ während des Zustandsübergangs

$$\bar{n}_{\mathrm{Mot},k} = \frac{1}{2} \cdot \left(n_{\mathrm{Mot}}(v_k, \gamma_k) + n_{\mathrm{Mot}}(v_{k+1}, \gamma_{k+1}) \right) \qquad [3.43]$$

in Relation zur Minimaldrehzahl der Schubabschaltungsfunktion des Verbrennungsmotors $n_{\mathrm{Mot,SA,min}}(\gamma)$:

$$m_{\mathrm{Kr},k} = \begin{cases} \dot{m}_{\mathrm{Kr,SB}}(\gamma_k, \bar{n}_{\mathrm{Mot},k}) \cdot \Delta t_k, & \text{wenn } \bar{n}_{\mathrm{Mot},k} \leq n_{\mathrm{Mot,SA,min}}(\gamma_k) \\ 0, & \text{sonst} \end{cases} \qquad [3.44]$$

Wie im Freilauf werden auch im Schubbetrieb die restlichen, durch Variation der Bremskraft $F_{\mathrm{Br},k} > 0$ erzeugbaren und ebenfalls zulässigen Variationen der Steuerung u_k aus der inversen Systemfunktion ϕ^{-1} ermittelt.

Modellierung der dynamischen Vorgänge

Unter dem Begriff der dynamischen Vorgänge werden Wechsel der Getriebestellung zusammengefasst ($\gamma_k \neq \gamma_{k+1}$). Unterschieden werden [209]:

- Schaltvorgänge: Wechsel zwischen zwei eingelegten Gängen

- Auskuppelvorgänge: Öffnen des Antriebsstrangs zum Freilauf durch Öffnen der Kupplung(en) oder Einlegen der Getriebe-Neutral-Stellung

- Einkuppelvorgänge: Schließen des Antriebsstrangs zur Beendigung des Freilaufs durch Einlegen eines Gangs und Schließen der Kupplung(en)

Zur Erzeugung optimaler und reproduzierbarer Lösungstrajektorien ist aufgrund ihrer Sensitivität hinsichtlich des modellierten Kraftstoffbedarfs der Zustandsübergänge die Berücksichtigung der dynamischen Vorgänge erforderlich. Ihre Vernachlässigung dagegen zeigt sich im realen Fahrbetrieb in Form von Abweichungen des prognostizierten Kraftstoffverbrauchs und Geschwindigkeitsverlaufs sowie in unkomfortablen Pendelschaltungen.

Vor diesem Hintergrund wurden zur realitätsgetreuen und gleichzeitig ressourceneffizienten Modellierung der dynamischen Vorgänge die relevanten Schaltvorgänge, Auskuppelvorgänge und Einkuppelvorgänge unter Berücksichtigung der Statistischen Versuchsplanung[28] [143] auf dem Rollenprüfstand vermessen und in parametrischen Polynommodellen abgebildet [210]. Die Messungen wurden

---

[28]engl.: Design of Experiments (DoE)

auf dem Akustikrollenprüfstand des IPEK – INSTITUT FÜR PRODUKTENTWICK-LUNG – am KARLSRUHER INSTITUT FÜR TECHNOLOGIE für beide Versuchsfahrzeuge durchgeführt. Da die Fahrzeuge, abgesehen von der Motorlage, über eine identische Triebstrangarchitektur mit Verbrennungsmotor, Siebengang POR-SCHE DOPPELKUPPLUNGSGETRIEBE (PDK) und Heckantrieb verfügen, konnten Versuchsplan, Versuchsdurchführung und Versuchsauswertung vereinheitlicht werden. Aufgrund der geringen Anzahl der Design-Faktoren und der Vorteile hinsichtlich der automatisierten Versuchsdurchführung wurde ein vollfaktorieller Versuchsplan gewählt. Die Design-Faktoren Motormoment M_{Mot} und Motordrehzahl n_{Mot} wurden für jeden Gang, für Hochschaltungen und für Rückschaltungen in diskreten Faktorstufen variiert. Eine hohe Aussagekraft der Messergebnisse wurde durch geeignete Wiederholung, Randomisierung und Blockbildung der Einzelmessungen sichergestellt [279].

Aufgrund der hohen Dynamik des Massenstroms wurde der Kraftstoffverbrauch mithilfe der über den CAN-Bus verfügbaren berechneten Messsignale aus der Digitalen Motorelektronik (DME) erfasst. Eine Durchflussmessung wurde aufgrund ihrer systembedingten Zeitverzögerung vermieden. Die Übereinstimmung des gemessenen CAN-Signals mit der Durchflussmessung wurde jedoch im stationären Betrieb mithilfe einer Messeinrichtung des Typs AVL KMA MOBILE 150 überprüft [265].

Tabelle 3.2 und Tabelle 3.3 zeigen die eingestellten Start- und Zielgänge für beide Versuchsfahrzeuge. Die Limitierung der Faktorstufenkombinationen durch die technischen Betriebsgrenzen des Fahrzeugs (hinsichtlich der maximalen Motorleistung) und des Rollenprüfstands (hinsichtlich der maximalen Rollendrehzahl und des maximalen Bremsmoments) sind daraus ersichtlich. Zusätzlich zu den Schaltvorgängen wurden alle Auskuppelvorgänge und alle Einkuppelvorgänge für die gezeigten Drehzahlstufen vermessen[29].

Im Anschluss an die Prüfstandsmessungen wurden die hinsichtlich der dynamischen Optimierung der Fahrstrategie relevanten Zielgrößen der dynamischen Vorgänge – die Gesamtdauer $t_{dyn}(\gamma, \gamma_s, v, M_{Ku})$ und der Kraftstoffbedarf $m_{Kr,dyn}(\gamma, \gamma_s, v, M_{Ku})$ – in polynomialen Regressionsmodellen abgebildet. In der linearen Regression wurden quadratische und kubische Polynome mit Wechselwirkungen angewandt [171]:

$$y = f(x_1, x_2) = \sum_{i \geq 0}\sum_{j \geq 0} \lambda_{ij} \cdot (x_1)^i \cdot (x_2)^j + e, \quad 0 \leq i + j \leq 3 \qquad [3.45]$$

---

[29]Aus Gründen des Fahrkomforts ist eine Variation des Motormoments M_{Mot} bei Auskuppelvorgängen und Einkuppelvorgängen nicht zielführend. Die Messungen wurden bei einem konstanten Sollwert des Kupplungseingangsmoments von $M_{Ku} = 0$ durchgeführt.

		n_{Mot} [1/min]			
		1500	3000	4500	6000
	Schub	1,2,...,7	1,2,...,7	1,2,...,5	1,2,3,4
M_{Mot}	**100**	1,2,...,7	1,2,...,7	1,2,...,5	1,2,3,4
[Nm]	**200**	1,2,...,7	1,2,...,7	1,2,...,5	1,2,3,4
	300	2,3,...,7	2,3,...,7	2,3,4,5	2,3,4

Tab. 3.2: Gemessene Faktorstufenkombinationen im Versuchsfahrzeug CARRERA S

		n_{Mot} [1/min]			
		1500	3000	4500	6000
	Schub	1,2,...,7	1,2,...,7	1,2,...,5	1,2,3,4
	100	1,2,...,7	1,2,...,7	1,2,...,5	1,2,3,4
M_{Mot}	**200**	1,2,...,7	1,2,...,7	1,2,...,5	1,2,3,4
[Nm]	**300**	2,3,...,7	2,3,...,7	2,3,4,5	2,3,4
	400	–	2,3,...,7	2,3,4,5	–

Tab. 3.3: Gemessene Faktorstufenkombinationen im Versuchsfahrzeug PANAMERA S

Mithilfe der Software AVL CAMEO wurden die Polynommodelle automatisiert approximiert, validiert und hinsichtlich der Modellanpassung optimiert. Abbildung 3.7 zeigt qualitativ die polynomiale Approximation – die sogenannte „Wirkfläche"[30] [9, 171] – des Kraftstoffverbrauchs der Schaltvorgänge im Versuchsfahrzeug PANAMERA S.

Tabelle 3.4 und Tabelle 3.5 fassen die Modellordnungen und Bestimmtheitsmaße R^2 der resultierenden Polynommodelle zusammen und zeigen, dass die relevanten Zielgrößen der dynamischen Vorgänge bereits mit geringen Modellordnungen und folglich sehr rechenzeiteffizient abgebildet werden können.

Zur Berücksichtigung der dynamischen Vorgänge werden die möglichen Alternativen in jedem Zustand x_k vorwärtsrekursiv geprüft. Dazu wird – unter Voraussetzung einer konstanten Antriebskraft $F_{\mathrm{Ant},k} = F_{\mathrm{Ant},k-1} = \text{const.}$ – jeweils eine für den Zustandsübergang notwendige Fahrtstrecke s_{dyn} aus der Dauer t_{dyn} ermittelt und bis zum nächsten ganzzahligen Vielfachen der Distanzschrittweite Δs verlängert [234]. Der resultierende Kraftstoffbedarf des gesamten Zustandsübergangs $m_{\mathrm{Kr},k}$ ergibt sich als Summe des eigentlichen Kraftstoffbedarfs des dynamischen Vorgangs $m_{\mathrm{Kr,dyn}}$ und des Kraftstoffbedarfs zur Überbrückung der komplementären Fahrtstrecke im Zugbetrieb.

---

[30]engl.: Response Surface

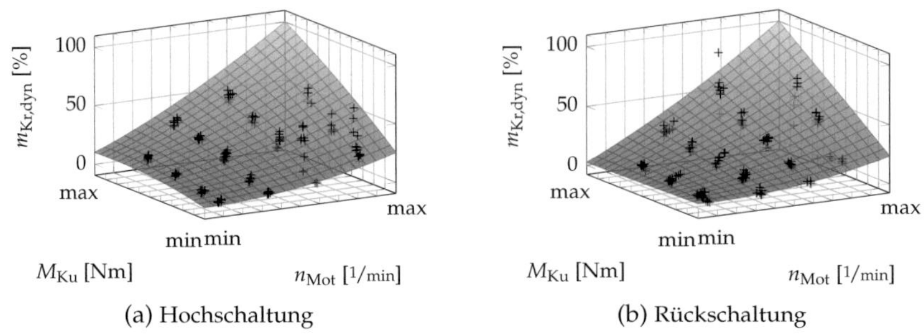

(a) Hochschaltung   (b) Rückschaltung

Abb. 3.7: Kraftstoffbedarf der Schaltvorgänge im Versuchsfahrzeug PANAMERA S

Schaltungsart	Zielgröße	Ordnung	R^2 [%]
Hochschaltung	$m_{Kr,dyn}$	2	95,9
	t_{dyn}	2	89,5
Rückschaltung	$m_{Kr,dyn}$	2	96,0
	t_{dyn}	2	85,3
Auskuppeln	$m_{Kr,dyn}$	2	98,9
	t_{dyn}	1	99,6
Einkuppeln	$m_{Kr,dyn}$	1	94,9
	t_{dyn}	0	$\bar{\Delta}t_{dyn} = 0,12$

Tab. 3.4: Güte der Regressionsmodelle für das Versuchsfahrzeug CARRERA S

Schaltungsart	Zielgröße	Ordnung	R^2 [%]
Hochschaltung	$m_{Kr,dyn}$	2	95,8
	t_{dyn}	3	93,4
Rückschaltung	$m_{Kr,dyn}$	2	97,1
	t_{dyn}	2	91,4
Auskuppeln	$m_{Kr,dyn}$	2	88,8
	t_{dyn}	2	94,2
Einkuppeln	$m_{Kr,dyn}$	3	98,5
	t_{dyn}	1	99,4

Tab. 3.5: Güte der Regressionsmodelle für das Versuchsfahrzeug PANAMERA S

Die Berücksichtigung der dynamischen Vorgänge im umgesetzten Optimierungsalgorithmus der Dynamischen Programmierung ermöglicht die ressourceneffiziente Erzeugung optimaler Lösungstrajektorien, die auch den hohen Anforderungen hinsichtlich Reproduzierbarkeit und Fahrkomfort im realen Fahrbetrieb gerecht werden. Die exemplarische Vergleichssimulation für die gesamte einleitend beschriebene Versuchsstrecke zeigt eine signifikante Verbesserung der Güte der resultierenden Optimallösungen [242]. Im Fall des Versuchsfahrzeugs PANAMERA S beispielsweise verbessert sich die Prognosegenauigkeit bezüglich des Kraftstoffverbrauchs je nach untersuchter Gewichtung der Kostenfaktoren um bis zu 2,3 % [209].

3.6.5 Festlegung des Gütefunktionals

Die Optimierung eines dynamischen Systems beinhaltet die Festlegung eines Gütemaßes und dessen bestmögliche Erfüllung mithilfe der zu Verfügung stehenden technischen Mittel [92]. Oftmals besteht in der Praxis jedoch die größte Herausforderung bereits in der expliziten mathematischen Formulierung der zum Teil als selbstverständlich wahrgenommenen und vorausgesetzten Systemeigenschaften [196], der sich die folgenden Abschnitte widmen.

Die im untersuchten Anwendungsfall relevanten Zielkriterien wurden bereits in Abschnitt 3.1 allgemein formuliert: Energieeffizienz, Fahrdynamik, Fahrkomfort und Fahrsicherheit. Für die Erreichung dieser Zielkriterien ist das zu definierende Gütefunktional[31] maßgeblich. Während die Fahrsicherheit durch die gegebenen Randbedingungen – im Optimierungsalgorithmus insbesondere durch die Einschränkung des Zustandsraums – grundsätzlich gewährleistet sein muss, bieten die übrigen Kriterien einen Handlungsspielraum, in dem verschiedene sinnvolle Ausprägungen möglich sind. Dabei gilt der Fahrkomfort als eine Art Akzeptanzkriterium, das zwar in einem gewissen Toleranzspektrum variiert werden kann, zu einem Mindestmaß aber jederzeit erfüllt sein muss. Der Zielkonflikt zwischen Energieeffizienz und Fahrdynamik unter Einhaltung der Fahrsicherheit ist schlussendlich systemimmanent [230] und verlangt nach einer subjektiven Priorisierung durch den Entscheidungsträger.

Die Optimalität der Lösungstrajektorie setzt die Einhaltung der MARKOV-Eigenschaft voraus: Jeder Zustandsübergang $x_k \to x_{k+1}$ darf ausschließlich vom aktuellen Zustand x_k, von der angewandten Steuerung u_k – und damit implizit vom erreichten Zustand x_{k+1} – und von den aktuellen Störgrößen w_k abhängig sein. Dies gilt insbesondere für die Kostenfunktion g_k, da in jedem Zustand x_k derjenige Steuerungsverlauf verfolgt wird, der die geringstmöglichen Anfangskosten respektive Restkosten $J_k^*(x_0)$ im Zustand x_k verursacht. Für die

---

[31]engl.: Value Function [236]

Einhaltung der MARKOV-Eigenschaft kann durch die Wahl des Zustandsvektors x Sorge getragen werden, die aber auch die Komplexität des Optimalsteuerungsproblems entscheidend beeinflusst. Unter praktischen Gesichtspunkten stellt die MARKOV-Eigenschaft deswegen zwar eine systembedingte, aber sehr wesentliche Einschränkung der anwendbaren Kostenkriterien dar und erklärt die mitunter aufwendige Berücksichtigung zeitlicher Ableitungen der Stellgrößen u und Zustandsgrößen x ohne eine entsprechend aufwendige Zustandserweiterung. Der Einsatz suboptimaler Kostenterme, die die MARKOV-Eigenschaft nicht erfüllen, gefährdet die Optimalität der Lösungstrajektorie; im Fall lediglich schwach gegenläufiger Zielkriterien kann es jedoch effizient und vertretbar sein, durch ihre gezielte Anwendung eine gleichzeitige Erfüllung der verschiedenen Zielkriterien ohne signifikante Abweichung vom Optimum zu ermöglichen.

Allgemeine Form des Gütefunktionals

Die Interpretation des untersuchten Optimalsteuerungsproblems als Kürzeste-Wege-Problem mit einem festen Anfangszustand x_0 und einem festen Endzustand x_N begründet die Anwendung eines diskreten LAGRANGEschen Gütefunktionals der allgemeinen Form

$$J(x_N) = \sum_i J_i(x_N) = \sum_{k=0}^{N-1} g_k(x_k, u_k, w_k) \qquad [3.46]$$

zur Berücksichtigung der formulierten Zielkriterien. Dieses bewertet das gesamte Übergangsverhalten $x_0 \rightarrow x_N$ innerhalb des endlichen Horizonts $k = 0, 1, \ldots, N - 1$ anhand der aggregierten Gesamtkosten J im Endzustand x_N, nicht jedoch den festen Endzustand x_N selbst [92]. Die Kostenfunktion g_k besteht aus mehreren einzelnen Kostentermen und skalarisiert das mehrkriterielle Optimierungsproblem zu einer gewichteten Summe der Kostenkriterien[32] [24, 78, 108, 180]:

$$g_k(x_k, u_k, w_k) = \sum_i \lambda_i \cdot c_{ik}(x_k, u_k, w_k), \quad k = 0, 1, \ldots N - 1 \qquad [3.47]$$

In den Gewichtungsfaktoren λ_i zeigt sich gleichermaßen der angesprochene Konflikt der konkurrierenden Zielkriterien wie auch die Möglichkeit zur Variation der Optimallösung durch den Entscheidungsträger, die auch als „Dialogfähigkeit" bezeichnet wird [108]. Während die Zielkriterien selbst in den Kostenkriterien c_{ik} explizit definiert sind, wird deren Priorisierung durch die Gewichtungsfaktoren λ_i aufgeprägt. Jede Variation der Gewichtungsfaktoren λ_i erzeugt eine

---

[32]engl.: Weighted Sum of Objectives

hinsichtlich des festgelegten Gütefunktionals J PARETO-optimale Lösung des mehrkriteriellen Optimierungsproblems [78, 213, 236, 251]:

> Eine zulässige Lösung X_1 wird als „PARETO-optimal", als „nichtdominiert" oder als „effizient" bezeichnet, wenn hinsichtlich der einzelnen Gütefunktionale J_i keine andere zulässige Lösung X_2 existiert, für die gilt:
>
> $$\begin{aligned} J_i(X_2) &\leq J_i(X_1), \quad \text{für alle } i = 1,2,\ldots,K \\ J_i(X_2) &< J_i(X_1), \quad \text{für mindestens ein } i \end{aligned} \qquad [3.48]$$
>
> Das bedeutet, in diesem Fall gibt es keine erreichbare Lösung X_2, die den Wert eines Gütefunktionals J_i verbessert, ohne gleichzeitig den eines anderen zu verschlechtern.

Festlegung der Kostenkriterien

Die Festlegung der Kostenkriterien erfolgt auf Basis der in Abschnitt 3.1 definierten übergeordneten Zielkriterien – immer unter Berücksichtigung der resultierenden Komplexität des Optimierungsproblems:

- Energieeffizienz: Im Mittelpunkt des untersuchten Optimalsteuerungsproblems steht die Energieeffizienz, die im Fall des konventionell verbrennungsmotorisch betriebenen Kraftfahrzeugs gemessen wird am streckenbezogenen Kraftstoffverbrauch B_s. Unter Voraussetzung einer konstant vorgegebenen Fahrtstrecke s_{ges} entspricht dessen Optimum dem Minimum des Gesamtkraftstoffbedarfs $m_{\text{Kr,ges}}$.

- Fahrdynamik: Der systemimmanente Zielkonflikt zwischen Energieeffizienz und Fahrdynamik wird bereits aus der Fahrwiderstandsgleichung [2.3] ersichtlich. Eine Steigerung der Fahrdynamik wird maßgeblich über die Steigerung der Durchschnittsgeschwindigkeit $\bar{v}$ erreicht[33], die unter Voraussetzung einer konstanten Fahrtstrecke s_{ges} umgekehrt proportional zur Gesamtfahrtdauer t_{ges} ist.

- Fahrkomfort: Der Fahrkomfort in seiner Gesamtheit ist ein sehr komplexes Kriterium der Fahrzeuglängsführung. Hinsichtlich seiner subjektiven

---

[33]Auf eine präzisere Definition der Fahrdynamik wird an dieser Stelle verzichtet und stattdessen auf Kapitel 5 verwiesen, in der auf subjektive und objektive Bewertungskriterien der Fahrdynamik eingegangen wird. An dieser Stelle wird lediglich eine Aussage über die qualitative objektive Wirkung der Durchschnittsgeschwindigkeit auf die Fahrdynamik getroffen.

Komponente sei auf Kapitel 5 verwiesen, in der die Anpassung der Fahrstrategie auf die subjektive Wahrnehmung des Fahrers diskutiert wird. Angesichts der eingeschränkten Eingriffsmöglichkeiten der automatisierten Fahrzeuglängsführung beschränkt sich die Berücksichtigung des Fahrkomforts im Gütefunktional J auf den Ruck $j = \dot{a} = \dddot{v}$, dessen Minimierung mit der Wahl eines homogenen Geschwindigkeitsprofils einhergeht.

Optimales Fahrprofil

Je nach gewünschter Ausprägung der Lösungstrajektorie sind eine Vielzahl weiterer Kostenterme anwendbar. Sie müssen die aus Abschnitt 3.5.3 bekannte MARKOV-Eigenschaft erfüllen, um die Optimalität der Lösungstrajektorie zu gewährleisten. In Ergänzung zum Fahrschlauch erzeugen die eingeführten Kostenterme die Basis zur Erzeugung von Fahrstrategien unterschiedlichster fahrdynamischer Ausprägung. Abbildung 3.8 zeigt eine beispielhafte optimale Geschwindigkeitstrajektorie $v^*(s)$ mit den zugehörigen optimalen Steuergrößen – dem Gang $\gamma^*(s)$, dem Kupplungseingangsmoment $M^*_{\mathrm{Ku}}(s)$ und der Bremskraft $F^*_{\mathrm{Br}}(s)$ – für den Streckenabschnitt zwischen Eberdingen und Weissach.

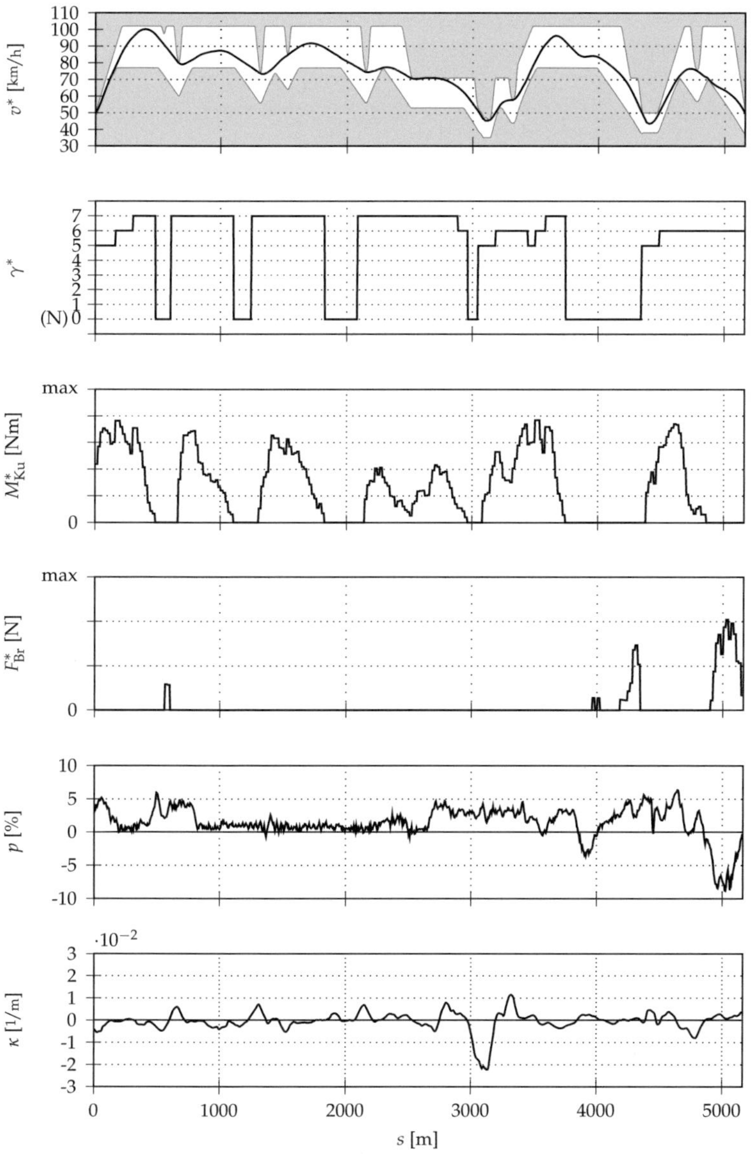

Abb. 3.8: Beispiel eines resultierenden Fahrprofils

4

Kapitel 4

Implementierung eines vorausschauenden Fahrerassistenzsystems

In Kapitel 3 wurde ein ressourceneffizienter Algorithmus zur Lösung des vorliegenden Optimalsteuerungsproblems unter Einsatz der Dynamischen Programmierung entwickelt. Das folgende Kapitel beschreibt dessen Integration in ein eingebettetes Echtzeitsystem zur energieoptimalen vorausschauenden Längsführung des Fahrzeugs im realen Fahrbetrieb. Dazu werden die ausgewählten Versuchsfahrzeuge mit zusätzlicher Prototypenhardware ausgerüstet, die eine Integration der Assistenzfunktion in die bestehende Fahrzeugarchitektur ermöglicht und eine Benutzerschnittstelle zur Visualisierung und Bedienung der Funktion bereitstellt. Die einzelnen Funktionsmodule des eingebetteten Echtzeitsystems werden im Detail erläutert. Schließlich wird das Assistenzsystem auf der ausgewählten Versuchsstrecke im realen Fahrbetrieb erprobt. Anhand eines umfangreichen Probandenkollektivs wird die Reproduzierbarkeit der erzeugten Fahrstrategie sowie das mittlere Kraftstoffeinsparpotenzial des Assistenzsystems unter realen Umgebungsbedingungen überprüft.

4.1 Rapid Control Prototyping

Zur prototypischen Darstellung der Assistenzfunktion kommt eine durchgängige Rapid Control Prototyping (RCP)-Entwicklungsumgebung, bestehend aus der Simulationssoftware MATHWORKS MATLAB/SIMULINK, RCP Versuchssteuergeräten des Typs DSPACE MICROAUTOBOX sowie der zugehörigen Monitoring-Software DSPACE CONTROLDESK, zur Anwendung. Durch die Auswahl von MATLAB/SIMULINK für Simulation und Codegenerierung können – mit Einschränkungen hinsichtlich des verfügbaren Befehlumfangs – identische Algorithmen „offline" in der Simulation und „online" im Fahrbetrieb eingesetzt werden. Die simulierten und getesteten Algorithmen werden dazu mithilfe eines Crosscompilers in Maschinencode übersetzt, auf die eingesetzten Versuchssteuergeräte aufgespielt, im Echtzeitbetrieb überwacht und zur Laufzeit appliziert. Die Übereinstimmung der generierten Fahrstrategie in Simulation und Fahrbetrieb kann dadurch jederzeit gewährleistet werden.

4.2 Ausgewählte Versuchsfahrzeuge

Zur Erprobung des Assistenzsystems kommen die einleitend genannten Versuchsfahrzeuge des Typs PORSCHE 911 CARRERA S (TYP 997 II) und PORSCHE PANAMERA S zum Einsatz, deren technische Daten Anhang A zu entnehmen sind. Beide Versuchsfahrzeuge verfügen über eine verbrennungsmotorische Antriebsstrangarchitektur mit Heckantrieb und Doppelkupplungsgetriebe, an deren Komponenten keine mechanischen Modifikationen vorgenommen werden. Zur Realisierung einer automatisierten Freilauffunktion ist die Getriebe-Software um eine CAN-Schnittstelle erweitert, die ein automatisiertes Öffnen der Kupplung(en) und Einlegen der Getriebe-Neutral-Stellung ermöglicht. Unterschiede zwischen den beiden Fahrzeugen ergeben sich hinsichtlich der funktionsrelevanten Sensorik und Aktuatorik: Während der eingesetzte PANAMERA S mit einem 77 GHz-Full-Speed-Range ACC des Typs BOSCH LRR 3 ausgestattet ist, verfügt der CARRERA S lediglich über eine herkömmliche Geschwindigkeitsregelanlage und ist somit einer ausschließlichen Funktionserprobung ohne Verkehrsbeeinflussung vorbehalten. In weiterer Folge erfordern die verschiedenen Kommunikationsarchitekturen der Versuchsfahrzeuge eine spezifische Integration der Versuchssteuergeräte sowie eine spezifische Anpassung der Funktionsmodule.

4.2.1 Ausrüstung der Versuchsfahrzeuge

Die beiden Versuchsfahrzeuge CARRERA S und PANAMERA S wurden jeweils mit den folgenden Komponenten ausgerüstet:

- Versuchssteuergerät zur Integration der Assistenzfunktion in die bestehende E/E-Architektur des Versuchsfahrzeugs

- Navigationsmodul zur präzisen Lokalisierung des Versuchsfahrzeugs auf der Versuchsstrecke

- Benutzerinterface zur Bedienung der Assistenzfunktion und zur Darstellung von Zusatzinformationen[1]

---

[1]Zusatzinformationen der Assistenzfunktion wurden lediglich im Versuchsfahrzeug PANAMERA S dargestellt. Dazu wurde der in Abbildung 4.3b gezeigte Tablet PC des Typs DELTA COMPONENTS DELTATABLET-PC2000-E-RUGGED [57] installiert und eine grafische Benutzeroberfläche auf Basis von MICROSOFT WINDOWS eingesetzt.

Tabelle 4.1 zeigt eine Übersicht der zusätzlich integrierten Komponenten, deren relevante technische Spezifikationen Anhang A zu entnehmen sind:

	PORSCHE 911 CARRERA S (TYP 997 II)	PORSCHE PANAMERA S
Versuchssteuergerät	DSPACE MICROAUTOBOX I 1401/1501	DSPACE MICROAUTOBOX II 1401/1505/1507
Navigationsmodul	OXFORD TECHN. SOLUTIONS OXTS RT2502	GARMIN GPS 18X 5 HZ
Benutzerinterface	Analoges Schaltpanel	DELTA COMPON. DELTATABLET-PC2000-E-RUGGED

Tab. 4.1: Zusätzlich integrierte Komponenten in den Versuchsfahrzeugen

Die zusätzlichen Komponenten wurden, wie in den Abbildungen 4.1 und 4.2 gezeigt, in die E/E-Architektur der Versuchsfahrzeuge integriert[2]. Abbildung 4.3 zeigt die integrierten Komponenten im Versuchsfahrzeug PANAMERA S. In diesem Versuchsfahrzeug wurden zusätzlich die in Abbildung 4.4 gezeigten Bedienelemente – Anzeige und Bedienhebel – der serienmäßgen ACC-Funktion eingebunden, um ein gewohntes und intuitives Erscheinungsbild für den Fahrer zu erzeugen.

4.3 Die Module der Assistenzfunktion

Die Assistenzfunktion der energieoptimalen vorausschauenden Fahrzeuglängsführung ist als eingebettetes Echtzeitsystem [147, 244] aus den in Abbildung 4.5 gezeigten Modulen aufgebaut, die zur Anwendung in verschiedenen Einsatzszenarien einzeln aktiviert oder ausgetauscht werden können. Markiert sind die Module der Verkehrsprädiktion und der Parameterschätzung, die zwar im Echtzeitsystem implementiert, im realen Fahrbetrieb jedoch deaktiviert wurden,

---

[2]Aus Gründen der Übersichtlichkeit sind keine Notaus-Schaltungen gezeigt.

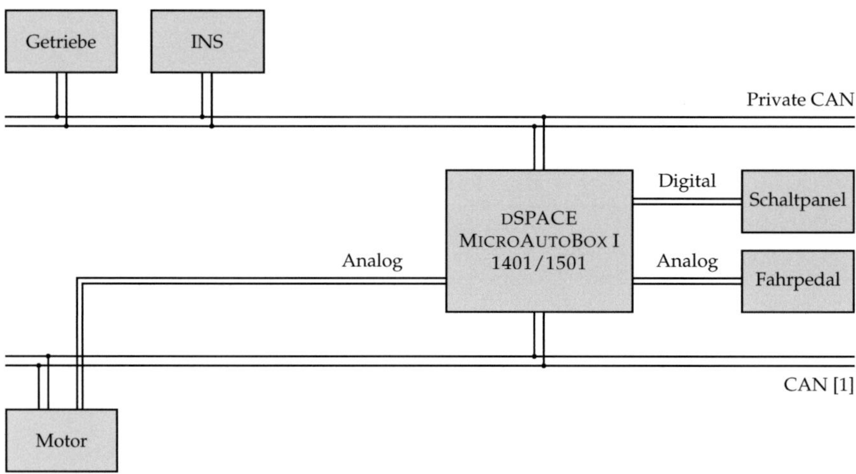

Abb. 4.1: Systemintegration im Versuchsfahrzeug CARRERA S

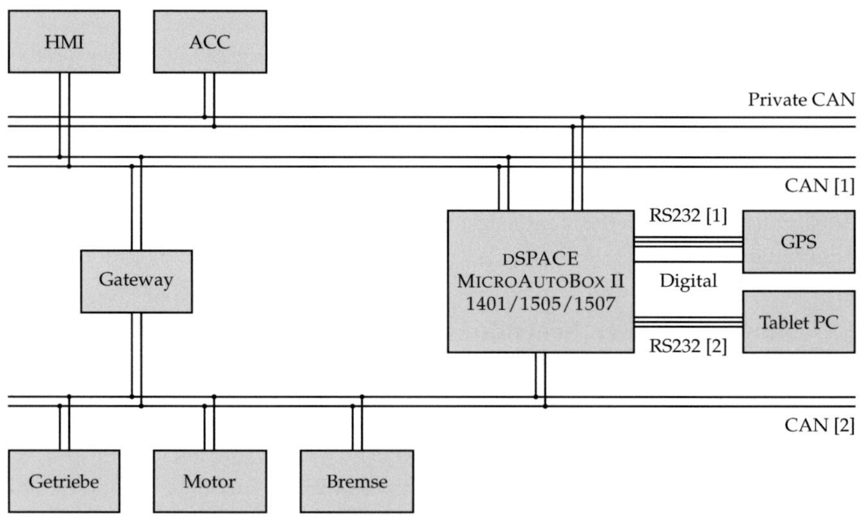

Abb. 4.2: Systemintegration im Versuchsfahrzeug PANAMERA S

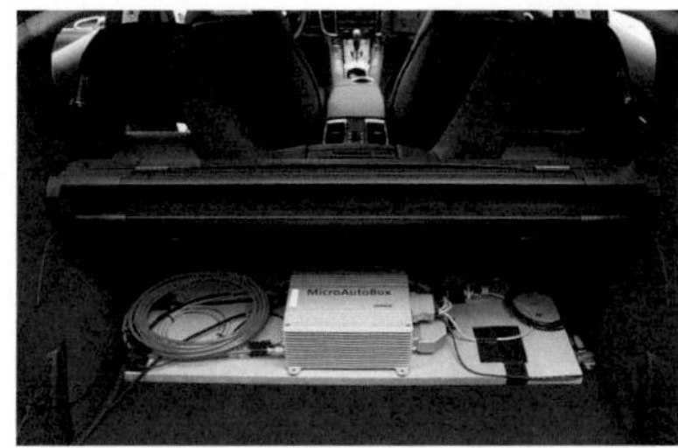

(a) Versuchssteuergerät

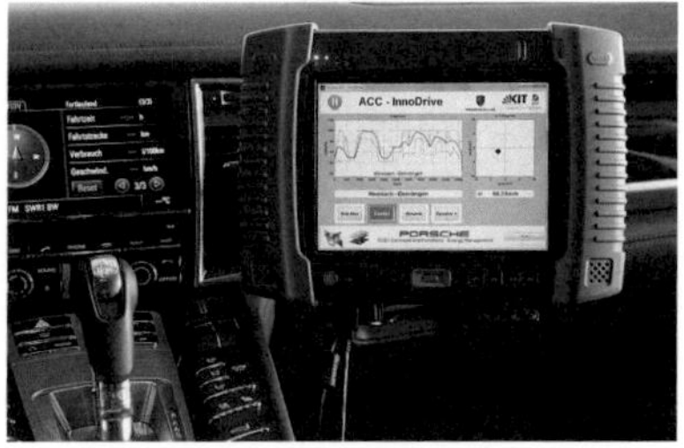

(b) Tablet PC

Abb. 4.3: Integrierte RCP-Komponenten im Versuchsfahrzeug PANAMERA S

(a) Serienmäßige ACC-Anzeige

(b) Serienmäßiger ACC-Bedienhebel

Abb. 4.4: Serienmäßges ACC-Benutzerinterface im Versuchsfahrzeug PANAMERA S

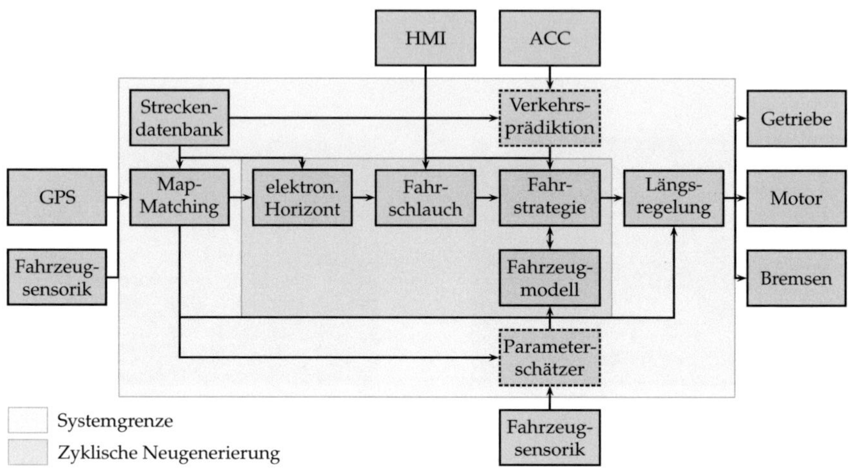

Abb. 4.5: Informationsflussdiagramm der vollständigen Assistenzfunktion

um eine mögliche Beeinträchtigung der Fahrsicherheit auszuschließen, die vollständige Reproduzierbarkeit der Fahrstrategie sicherzustellen und die Anzahl der Einflussfaktoren auf den Kraftstoffverbrauch zu reduzieren. Veranschaulicht ist außerdem die Nebenläufigkeit der Echtzeittasks [147, 284] der

- Positionserfassung und Längsdynamikregelung, in denen zeitgesteuert in jedem Taktzyklus die aktuelle Position des Fahrzeugs auf der digitalen topografischen Karte ermittelt und die Längsdynamik des Fahrzeugs gemäß den aktuellen Sollwertvorgaben eingeregelt wird, und der

- Zyklischen Trajektoriengenerierung, in der eventgesteuert, ausgelöst durch den Software-Interrupt der Positionserfassung, neue Sollwerttrajektorien für den folgenden Vorausschau-Horizont generiert und zur Längsdynamikregelung bereitgestellt werden.

Die Trennung der harten Echtzeitanforderungen des zeitgesteuerten Tasks von den variablen Echtzeitanforderungen des eventgesteuerten Tasks reduziert die Systemkomplexität und ermöglicht einen sicheren Echtzeitbetrieb [147, 244].

Das angewandte Verfahren ist vergleichbar mit der in Abschnitt 3.4.3 erwähnten Modellprädiktiven Regelung mit dem Unterschied eines variablen Optimierungshorizonts. Dieser wird ausgenutzt, um Start- und Endpunkte der deterministischen Dynamischen Programmierung auf Basis der Auftrittswahrscheinlichkeit der Systemzustände festzulegen. Gegenüber der Modellprädiktiven

Regelung mit konstantem Optimierungshorizont, die einen unendlichen Optimierungshorizont mithilfe von Residualkosten approximiert, beschränkt sich das angewandte Verfahren auf die zyklische Festlegung von Fixpunkten im Bewegungsraum der Zustandstrajektorie. Diese können direkt aus den bekannten Streckendaten, dem darauf basierenden Fahrschlauch [208] oder einer Voroptimierung mit grobem Zustandsraster [115] abgeleitet werden. Die variable Länge des Optimierungshorizonts ermöglicht die Skalierung des Optimierungsproblems zur Gewährleistung der Reaktionsfähigkeit auf kurzfristige Ereignisse im realen Fahrbetrieb wie etwa die Veränderung des Fahrerwunschs oder die Erkennung eines vorausfahrenden Fahrzeugs.

4.3.1 Datenbank prädiktiver Streckendaten

Eine Vielzahl von Datenstrukturen und Standards zur Speicherung von digitalen topografischen Straßenkarten sind bereits aus der Literatur bekannt [51, 131, 127, 287]. Im Unterschied zu den vorgeschlagenen Graphenrepräsentationen wird jedoch aufgrund der in Abschnitt 3.4 erläuterten Voraussetzung einer vollständig bekannten Streckencharakteristik im vorliegenden Fall auf eine äquidistante Vektorrepräsentation folgender Attribute zurückgegriffen:

- Straßenkategorie (Landstraße, Ortsgebiet)

- Zulässige Höchstgeschwindigkeit

- Fahrbahnsteigung

- Kurvenkrümmung

- Richtungswinkel[3]

- Breitengrad[4]

- Längengrad[5]

Die Streckendaten sind austauschbar gehalten, für den Einsatz auf der ausgewählten Versuchsstrecke jedoch statisch zusammen mit dem Programmcode auf dem Versuchssteuergerät abgespeichert. Die Kartendaten selbst basieren auf amtlichen Topografiedaten des LANDESAMTS FÜR GEOINFORMATION UND LANDENTWICKLUNG (LGL) BADEN-WÜRTTEMBERG, die nach eigener Vermessung durch die erforderlichen Zusatzattribute ergänzt wurden.

---

[3]engl.: Heading
[4]engl.: Latitude
[5]engl.: Longitude

4.3.2 Map-Matching

Zur Sicherstellung der Fahrsicherheit und Energieeffizienz erfordert die automatisierte Längsführung des Kraftfahrzeugs auf Landstraßen eine verlässliche Positionsgenauigkeit innerhalb weniger Meter [204], die auf Basis einer reinen Satellitennavigation, wie etwa GPS, nicht gewährleistet werden kann [51]. Eine deutliche Steigerung der Positionsgenauigkeit ist jedoch durch Map-Matching, also durch den Abgleich der Bewegungstrajektorie des Fahrzeugs mit einer digitalen Straßenkarte möglich.

Aus der Literatur sind bereits eine Vielzahl von Map-Matching-Algorithmen bekannt, die grundsätzlich zwei Aufgaben lösen [51, 127, 204]: die Zuordnung der aktuellen Fahrzeugposition zum relevanten Streckensegment der digitalen Straßenkarte und die präzise Ermittlung der zurückgelegten Wegstrecke oder Bogenlänge in diesem Segment. Aufgrund von Datenstruktur und Umfang der eingesetzten Streckendaten gestaltet sich die Suche nach dem relevanten Streckenabschnitt der Versuchsstrecke einfach; der Ermittlung der Wegstrecke im Streckenabschnitt kommt jedoch eine große Bedeutung zu.

Die aktuelle Wegstrecke auf dem relevanten Streckenabschnitt kann mithilfe verschiedener Verfahren ermittelt werden, die sich auf die zweidimensionalen Repräsentationsformen der Positionstrajektorie in der horizontalen Projektionsebene stützen [51, 219]: Krümmungsbild, Winkelbild und kartesische Koordinaten. Der implementierte Map-Matching-Algorithmus ermittelt die aktuelle Wegstrecke auf Basis der weit verbreiteten Kreuzkorrelation der gemessenen und abgespeicherten Verläufe der Krümmung $\kappa(s)$ sowie des Orientierungswinkels $\psi(s)$ [51, 127] und stellt die geforderte maximale Abweichung der ermittelten Fahrzeugposition im Bereich weniger Meter während des gesamten Fahrbetriebs sicher.

4.3.3 Generierung des Vorausschau-Horizonts

Tritt im automatisierten Fahrbetrieb ein Ereignis ein, das eine Neugenerierung der Sollwerttrajektorien erfordert, wird zunächst ein topografisches Streckenprofil für den nächsten Optimierungshorizont aus der prädiktiven Streckendatenbank extrahiert, das als elektronischer Horizont dient. Der elektronische Horizont enthält in dieser Form alle relevanten Streckendaten, die für die Formulierung und Lösung des Optimalsteuerungsproblems, also insbesondere für die Erzeugung von Fahrschlauch und Fahrstrategie, im nächsten Optimierungshorizont erforderlich sind.

4.3.4 Erzeugung des zulässigen Fahrschlauchs

Bereits in Abschnitt 3.6.3 wurde gezeigt, wie durch die geeignete Wahl des zulässigen Zustandsraums in Form des Fahrschlauchs zwischen oberer und unterer Fahrgeschwindigkeit v über der Wegstrecke s die Komplexität des Optimalsteuerungsproblems der energieoptimalen Fahrzeuglängsführung erheblich reduziert werden kann. Gleichzeitig wurde erwähnt, dass durch den Fahrschlauch bereits vor der eigentlichen Optimierung die Grenzen der resultierenden Optimallösung, insbesondere der Geschwindigkeitstrajektorie, hinsichtlich Fahrsicherheit, Energieeffizienz und Fahrdynamik vorgegeben werden. Dazu werden alle vorausschauend bekannten topografischen Streckeninformationen – die zulässige Höchstgeschwindigkeit, die Fahrbahnsteigung und die Kurvenkrümmung – einbezogen und unter gleichzeitiger Berücksichtigung der folgenden, in Abbildung 4.6 veranschaulichten Einflussgrößen zu einem Fahrschlauch der zulässigen Fahrgeschwindigkeit verarbeitet [151, 210, 232]:

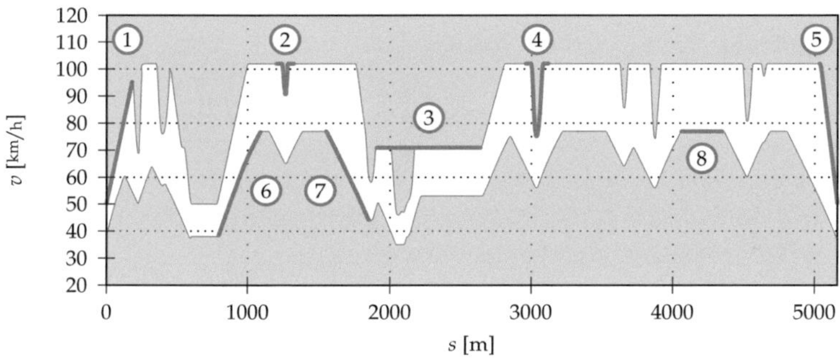

Abb. 4.6: Beschränkung des zulässigen Fahrschlauchs

1. Maximale Längsbeschleunigung: Maximal tolerierte Längsbeschleunigung des Fahrzeugs nach Aufhebung einer Beschränkung der zulässigen Geschwindigkeit, etwa nach Ortsausgängen oder Änderungen der gesetzlichen Geschwindigkeitsvorgabe

2. Kuppensichtweite: Reduzierung der zulässigen Geschwindigkeit aufgrund uneinsehbarer Streckenabschnitte nach Kuppen durch Berücksichtigung der Sicht des Fahrers auf den kommenden Fahrbahnabschnitt

3. Zulässige Höchstgeschwindigkeit: Gesetzlich vorgeschriebene Maximalgeschwindigkeit aus den digital gespeicherten Kartendaten[6]

4. Maximale Querbeschleunigung: Beschränkung der Fahrgeschwindigkeit zur Einhaltung einer vorgegebenen maximalen Querbeschleunigung

5. Maximale Längsverzögerung: Maximal tolerierte Fahrzeugverzögerung aufgrund einer Reduzierung der zulässigen Geschwindigkeit, etwa aufgrund von Ortseingängen oder Änderungen der gesetzlichen Beschränkung

6. Minimale Längsbeschleunigung: Minimal geforderte Längsbeschleunigung des Fahrzeugs nach Aufhebung einer Beschränkung der zulässigen Geschwindigkeit analog zur maximalen Längsbeschleunigung

7. Minimale Längsverzögerung: Minimal geforderte Fahrzeugverzögerung aufgrund einer Reduzierung der zulässigen Geschwindigkeit analog zur maximalen Längsverzögerung

8. Untere Toleranzgrenze: Tolerierte Abweichung der gewählten von der maximal zulässigen Fahrgeschwindigkeit

Der Fahrschlauch wird schließlich in Form einer oberen und einer unteren Grenze der zulässigen Fahrgeschwindigkeit $v_{\mathrm{max}}(s), v_{\mathrm{min}}(s)$ gespeichert und dient, wie in Abbildung 3.6 gezeigt, als obere und untere Grenze des zulässigen Zustandsraums $\tilde{\mathcal{X}}$ in der Formulierung des Optimalsteuerungsproblems der energieoptimalen vorausschauenden Längsführung.

4.3.5 Verkehrsprädiktion

Mithilfe des Abstandsradars wird fortlaufend der Abstand zum vorausfahrenden Verkehrsteilnehmer gemessen und dessen zukünftiges Verhalten auf Basis der beobachteten Historie prognostiziert [16, 272, 286]. Dazu werden im Verlauf der Folgefahrt charakteristische Kennwerte gebildet, die das fahrdynamische Verhalten des Vorausfahrenden repräsentieren und eine Zuordnung zu einem vorher festgelegten Fahrertyp zulassen. Mithilfe der ermittelten Kennwerte wird unter Einbeziehung der vorausschauend bekannten Streckendaten fortlaufend das Geschwindigkeitsprofil $v_{\mathrm{TO}}(s)$ des Zielfahrzeugs[7] prognostiziert, sodass es in der Optimierung der eigenen Fahrstrategie mit berücksichtigt werden kann.

---

[6]Ein Abgleich der digitalen Kartendaten mit den optisch erfassten Verkehrsinformationen eines Kamerasystems wird im vorliegenden Fall noch nicht durchgeführt.

[7]engl.: Target Object (TO)

Die Verkehrsprädiktion trägt nicht nur zur energieeffizienten, sondern auch zur subjektiv nachvollziehbaren Geschwindigkeitswahl bei Folgefahrt bei und wird aus diesem Grund ausführlich in Abschnitt 5.3 behandelt. Im Hinblick auf die Ausführungen folgender Abschnitte über die Erprobung der Assistenzfunktion im realen Fahrbetrieb bleibt festzuhalten, dass die Funktion im Rahmen der vorliegenden Arbeit nicht im automatisiert längsgeführten Fahrbetrieb eingesetzt wird, um eine mögliche Beeinträchtigung der Fahrsicherheit und eine Vermischung der Einflüsse auf den resultierenden Kraftstoffverbrauch zu vermeiden. Im realen Fahrbetrieb wird stattdessen die Folgefahrt durch eine angepasste Fahrstrategie des Abstandsregeltempomaten ohne Prädiktion realisiert.

4.3.6 Gesamtfahrzeug- und Verbrauchsparameter

Die zur Modellierung der Fahrdynamik, der Fahrwiderstände und des Kraftstoffverbrauchs notwendigen Parameter werden als fahrzeugspezifischer Datensatz in die dynamische Optimierung der Fahrstrategie integriert. Dabei handelt es sich einerseits um technische Daten von Fahrzeug und Antriebsstrang, andererseits um die Verbrauchscharakteristik des Gesamtfahrzeugs, deren Anwendung aus Abschnitt 3.6.4 hervorgeht.

Die technischen Daten beinhalten im Wesentlichen die spezifischen Geometriedaten und Kennwerte des Fahrzeug wie beispielsweise Radstand und Schwerpunktslage und die Betriebsgrenzen des Antriebs etwa hinsichtlich Motordrehzahl und Motorleistung. Der Roll- und Luftwiderstand ist durch die Koeffizienten λ_a, λ_b und λ_c des Fahrwiderstandspolynoms $F_{\mathrm{RL,FL}}$ im Freilauf und des Fahrwiderstandspolynoms $F_{\mathrm{RL,SB}}$ im Schubbetrieb nach den Gleichungen [2.7] und [2.8] repräsentiert.

Die Verbrauchscharakteristik des Gesamtfahrzeugs umfasst die Berechnungsvorschriften des Kraftstoffbedarfs $m_{\mathrm{Kr},s}$ und des Kupplungsmoments M_{Ku} im Zugbetrieb sowie den Kraftstoffbedarf $m_{\mathrm{Kr,dyn}}$ und die Dauer t_{dyn} der dynamischen Vorgänge, die in Abschnitt 3.6.4 eingeführt wurden.

4.3.7 Identifikation der Fahrzeugparameter

Im Fall einer Abweichung der für den Normalzustand des Fahrzeugs ermittelten Gesamtfahrzeug- und Verbrauchsparameter gegenüber den Verhältnissen im realen Fahrbetrieb ist eine Identifikation der relevanten Parameter notwendig, um die Qualität der generierten Sollwerttrajektorien hinsichtlich Reproduzierbarkeit und Optimalität sicherzustellen [109, 119]. Die Parameteridentifikation ist damit eine wesentliche Voraussetzung für die schnelle und robuste Anpassung der gesamten Assistenzfunktion auf wechselnde Betriebsbedingungen und wird als solche im vorliegenden Abschnitt erläutert. Im Vorgriff auf nachfolgende Ausführungen bleibt jedoch festzuhalten, dass die Adaption der Fahrzeugparameter während des realen automatisiert längsgeführten Fahrbetriebs im Rahmen der vorliegenden Arbeit vermieden wurde, um die vollständige Reproduzierbarkeit der Fahrstrategie sicherzustellen und die Anzahl der Einflussfaktoren auf den Kraftstoffverbrauch zu reduzieren. Stattdessen wurde der realitätsgetreuen Bedatung des Fahrzeug- und Verbrauchsmodells erhöhte Aufmerksamkeit geschenkt und Messungen im realen Fahrbetrieb nur unter geeigneten Betriebsbedingungen durchgeführt.

Hinsichtlich der Auswirkungen abweichender Betriebsdaten muss zwischen gesteuerten Betriebszuständen – Freilauf und Schubbetrieb ohne Bremsverzögerung – und geregelten Betriebszuständen – Zugbetrieb sowie Freilauf und Schubbetrieb mit Bremsverzögerung – unterschieden werden. In gesteuerten Betriebszuständen muss besonders die Reproduzierbarkeit der Sollwerttrajektorien sichergestellt werden, da sich Geschwindigkeitsabweichungen aufgrund ungenau modellierter Fahrwiderstände summieren und bereits nach relativ kurzen Fahrtstrecken in Form inakzeptabler Geschwindigkeitsabweichungen bemerkbar machen. In geregelten Betriebszuständen, insbesondere im Zugbetrieb, steht schließlich auch und vor allem die Plausibilität des prognostizierten Kraftstoffverbrauchs und folglich die Optimalität der Sollwerttrajektorien im Fokus, da sich der wesentliche Anteil des resultierenden Kraftstoffbedarfs auf diesen Betriebszustand konzentriert.

Die Schwierigkeit der Parameteridentifikation besteht allgemein darin, aus den zahlreichen äußeren Störeinflüssen nur diejenigen herauszufiltern und richtig zu interpretieren, die systematisch und im Vergleich zur Länge eines Optimierungshorizonts dauerhaft das Fahrzeugverhalten beeinflussen. Neben den eigentlichen Schätzverfahren sind darum Identifikation und Auswahl geeigneter Fahrsituationen maßgeblich für die Qualität der Parameterschätzung im realen Fahrbetrieb verantwortlich [119]. Besonders geeignet sind Fahrsituationen mit einem guten Signal-Rausch-Verhältnis[8] [119, 134], also Fahrsituationen, die möglichst große Nutzsignale in Relation zu den auftretenden Störungen aufweisen [262].

Die Trennung der Betriebszustände Zugbetrieb, Freilauf und Schubbetrieb ermöglicht die getrennte Aufstellung der unterschiedlichen Längsdynamikgleichungen und die Identifikation der unterschiedlich wirkenden Einflussparameter [231]. So sind in der Praxis unter der Voraussetzung valider topografischer Streckendaten im Freilaufbetrieb insbesondere Informationen über Gesamtmasse, Stirnfläche und Luftwiderstandsbeiwert des Fahrzeugs zu gewinnen, im Schubbetrieb wirken darüber hinaus alle Antriebsstrangverluste und im Zugbetrieb ist

---

[8]engl.: Signal-to-Noise-Ratio (SNR)

schließlich der Kraftstoffverbrauch des Verbrennungsmotors zusätzlich abhängig von dessen Wirkungsgrad. Die Tatsache, dass in den genannten Betriebszuständen die Fahrwiderstände ohnehin nie einzeln auftreten, erklärt, warum eine detaillierte Zuordnung der beobachteten Fahrwiderstände zu den einzelnen Variablen der Längsdynamikgleichungen nicht erforderlich ist, und spricht für die Anwendung der in Abschnitt 2.1.1 eingeführten Polynome $F_{\mathrm{RL,FL}}$ und $F_{\mathrm{RL,SB}}$ zur Repräsentation von Luft- und Rollwiderstand im Freilauf und im Schubbetrieb.

Die zielführenden Methoden zur Echtzeitadaption der Fahrzeugparameter sind in der Praxis je nach Einsatzszenario und bekannten Parametern sehr verschieden [119, 247]. Im Fall der energieoptimalen Fahrzeuglängsführung stehen aufgrund ihres Einflusses auf den Kraftstoffverbrauch die reale Fahrbahnsteigung α, die etwa aufgrund der Diskretisierung von den digitalen Kartendaten abweicht, die Gesamtfahrzeugmasse m, die aufgrund von Insassenanzahl, Zuladung und Tankfüllstand variiert, sowie der von den Reifeneigenschaften abhängige Rollwiderstand F_{R} und der durch Dachaufbauten beeinträchtigte Luftwiderstand F_{L}, im Fokus der Parameterschätzung.

Die Fahrbahnsteigung α kann, besonders in starken Steigungen oder Gefällen, direkt aus der Differenz zwischen trägheitsbasiert gemessener Fahrzeuglängsbeschleunigung a_{mes} und Geschwindigkeitsänderung $\dot{v}$ unabhängig von anderen Parametern und lediglich auf Basis vorhandener Fahrzeugsensorik relativ präzise geschätzt werden [247]:

$$\sin(\alpha) = \frac{a_{\mathrm{mes}} - \dot{v}}{g} \qquad [4.1]$$

In der unabhängigen Schätzung der Fahrzeugmasse m wird die Tatsache ausgenutzt, dass die hochfrequenten Anteile der Fahrwiderstände F_{W} aus den rotatorischen und translatorischen Massenträgheiten resultieren [88]. Die Anwendung eines geeigneten Bandpassfilters, der sowohl Anteile verbleibender Fahrwiderstände in niedrigeren als auch immanentes Messrauschen in höheren Frequenzbereichen eliminiert, erlaubt eine prinzipielle Vereinfachung der Fahrwiderstandsgleichung [2.3] zu [88]:

$$F_{\mathrm{Ant}} - F_{\mathrm{Br}} \overset{|\dot{v}| \gg 0}{\approx} F_{\mathrm{B}} = (m_{\mathrm{rot}}(\gamma) + m) \cdot \dot{v} \qquad [4.2]$$

und die darauf basierende Schätzung der Fahrzeugmasse m in Fahrmanövern mit geeigneter Dynamik.

Unter Kenntnis der Fahrbahnsteigung α und der Fahrzeugmasse m ist es schließlich möglich, die Koeffizienten $\lambda_{\mathrm{a}}, \lambda_{\mathrm{b}}, \lambda_{\mathrm{c}}$ des Fahrwiderstandspolynoms $F_{\mathrm{RL,FL}}$ im Freilauf in Echtzeit zu schätzen, etwa mithilfe der rekursiven Methode der kleinsten Quadrate[9] [63, 133, 184], einem adaptiven Filter, in dem durch Anpassung der gesuchten Koeffizienten λ die Summe der Fehlerquadrate zwischen dem Verlauf des Ausgangssignals y und einem vorgebenen Signalverlauf y_{soll} im Gütefunktional J minimiert wird [63]:

$$
\begin{aligned}
J[k] &= \sum_{i=0}^{k} \lambda_{\text{f}}^{k-i} \cdot e^2[i] \\
&= \sum_{i=0}^{k} \lambda_{\text{f}}^{k-i} \cdot \left(y_{\text{soll}}[i] - y[i]\right)^2 \\
&= \sum_{i=0}^{k} \lambda_{\text{f}}^{k-i} \cdot \left(y_{\text{soll}}[i] - \boldsymbol{x}^{\text{T}}[i] \cdot \boldsymbol{\lambda}[k]\right)^2
\end{aligned}
\qquad [4.3]
$$

Durch zeitvariante Gewichtung der Fehlerquadrate mit dem exponentiellen Vergessensfaktor λ_{f} können darin aktuelle Eingangssignale stärker gewichtet werden als vergangene, um somit die Zeitvarianz des untersuchten Systemverhaltens zu berücksichtigen [162].

4.3.8 Berechnung der optimalen Fahrstrategie

Zur Erzeugung der Sollwerttrajektorien zur energieoptimalen Längsführung des Fahrzeugs wird das Optimalsteuerungsproblem für den folgenden Vorausschau-Horizont, wie in Kapitel 3 erläutert, formuliert und mithilfe der deterministischen Dynamischen Programmierung gelöst. Der Fahrerwunsch wird dabei in den variablen Parametern des Fahrschlauchs sowie in den variablen Gewichtungsfaktoren λ_i im Gütefunktional J nach Gleichung [3.46] und [3.47] abgebildet. Resultat der Optimierung sind die optimalen Verläufe der Fahrgeschwindigkeit $v^*(s)$, des Gangs $\gamma^*(s)$, des Kupplungsmoments $M_{\text{Ku}}^*(s)$ und der Bremskraft $F_{\text{Br}}^*(s)$ als optimale streckenabhängige Sollwertvorgaben für die überlagerte Reglerstruktur zur Regelung der Fahrzeuglängsdynamik.

4.3.9 Längsdynamikregelung

Die Umsetzung der ermittelten Sollwertvorgaben zur energieoptimalen vorausschauenden Längsführung des Fahrzeugs erfolgt mithilfe einer automatisierten Längsdynamikregelung. Die Längsdynamikregelung ist ein kritisches Element innerhalb des Gesamtsystems, da sie gleichzeitig den effektiven Kraftstoffverbrauch des Fahrzeugs und die haptische Wahrnehmung des Fahrers und somit die Zielkriterien der Energieeffizienz und des Fahrkomforts maßgeblich und unmittelbar beeinflusst.

---

[9]engl.: Recursive Least-Squares (RLS)

Aufgrund der hohen Dynamik der Geschwindigkeitsprofile im realen Fahrbetrieb ist der alleinige Einsatz einer linearen Standardreglerstruktur für die vorausschauende Längsführung eines Pkws prinzipiell nicht zielführend [222]. Von einem menschlichen Fahrer wird die komplexe Aufgabe der Längs- und Querführung des Fahrzeugs durch eine fortlaufende Antizipation der Fahrsituation und Ableitung der erforderlichen Handlungen gelöst. Auf Basis eines mentalen Modells des Fahrzeugverhaltens und der Umgebungsbedingungen werden durch den Fahrer Stellgrößen vorgesteuert (Feed-Forward), die nach den eigenen Modellvorstellungen zum gewünschten Verhalten des Fahrzeugs in der Fahrumgebung führen und die subjektiven Anforderungen, insbesondere an die Fahrsicherheit und den Fahrkomfort, aber auch an die Fahrdynamik und die Energieeffizienz erfüllen. Lediglich Abweichungen aufgrund unvorhergesehener Störgrößen, wie etwa Wind oder Glätte, und Abweichungen des mentalen Fahrzeugmodells vom realen Fahrzeugverhalten werden durch Regeleingriffe (Feed-Back) kompensiert [181, 225].

Im implementierten Assistenzsystem wird die Aufgabe der vorausschauenden Längsdynamikregelung durch die in Abbildung 4.7 dargestellte Zwei-Freiheitsgrade-Struktur [166, 197] gelöst. Die Stellgrößen u ergeben sich darin als

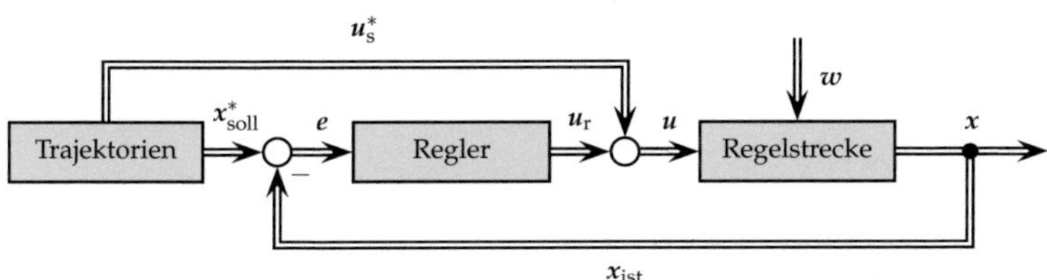

Abb. 4.7: Zwei-Freiheitsgrade-Struktur des Längsdynamikreglers

Summe der vorgesteuerten Stellgrößen u_s^* des Trajektoriengenerators und der Stellgrößen u_r des Folgereglers. Als Ausgang des Trajektoriengenerators beinhalten die vorgesteuerten Stellgrößen u_s^* bereits die notwendige Antriebsleistung zur Überwindung aller dem Modell bekannten Fahrwiderstände. Darin enthalten sind sowohl die geschwindigkeitsabhängigen Fahrwiderstände aus Roll- und Luftwiderstand, der Beschleunigungswiderstand als auch der Steigungs- und der Krümmungswiderstand, die als vorausschauend bekannte Störgrößen auf das Fahrzeug einwirken. Unter der Annahme eines idealen Fahrzeug- und Umgebungsmodells ergeben sich also die Stellgrößen u bereits ausschließlich auf Basis der optimierten Sollwerttrajektorien. In diesem Fall gilt:

$$e = 0, \quad u_\mathrm{r} = 0, \quad u = u_\mathrm{s}^* \tag{4.4}$$

Durch diese Berücksichtigung der vorausschauend bekannten Fahrwiderstände bereits in der vorgesteuerten Stellgröße u_s^*, wird ein sehr gutes Führungsverhalten erzielt und die Folgeregelung deutlich vereinfacht. Der Folgeregler kompensiert schließlich nur noch die verbleibenden Abweichungen des Störgrößenmodells im realen Fahrbetrieb und beeinflusst die Güte der Längsdynamikregelung lediglich sekundär (Zwei-Freiheitsgrade-Struktur) [114, 197]. Aufgrund der geringen Dynamikanforderungen kann er als linearer PI-Standardregler ausgelegt und mithilfe empirischer Entwurfsmethoden wie etwa dem ZIEGLER-NICHOLS-Verfahren [264] einfach parametriert werden [79, 114, 145, 262].

Abbildung 4.8 zeigt die im Versuchsfahrzeug PANAMERA S umgesetzte lineare PI-Folgeregelung für die Fahrgeschwindigkeit v^{10}. Aufgrund der Ausstattung

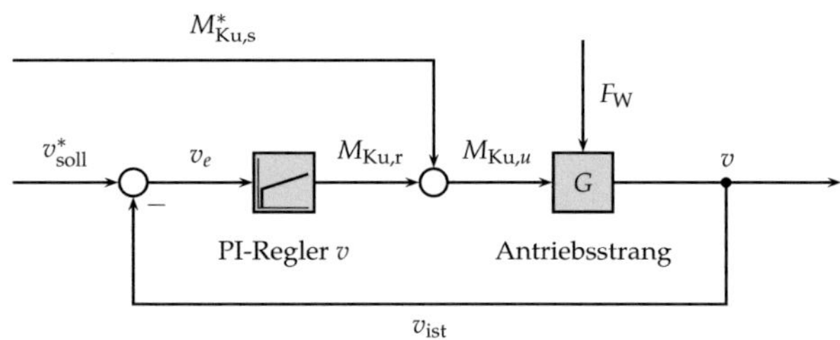

Abb. 4.8: Antriebsregelung im Versuchsfahrzeug PANAMERA S

mit ACC kann in diesem Versuchsfahrzeug das gewünschte Drehmoment an der Kupplung M_Ku direkt vorgegeben und durch die Digitale Motorelektronik (DME) eingestellt werden. Die Stellgröße $M_{\mathrm{Ku},u}$ ergibt sich als Summe des Ausgangs $M_{\mathrm{Ku},r}$ aus dem Geschwindigkeitsregler und der vorgesteuerten Stellgröße $M_{\mathrm{Ku,s}}$ aus dem Trajektoriengenerator.

---

[10]Der Übersichtlichkeit halber zeigt Abbildung 4.8 nur die prinzipielle Antriebsregelung unter Vernachlässigung verschiedener Erweiterungen, wie etwa Anti-Wind-Up-Mechanismen [160] zur Berücksichtigung von Stellgrößenbeschränkungen. Die Bremsregelung kann analog erfolgen, ihre Parametrierung gestaltet sich jedoch wesentlich einfacher aufgrund der großen zur Verfügung stehenden Bremsleistung und des gänzlich vernachlässigbaren Einflusses auf den Kraftstoffverbrauch.

Ohne Ausstattung mit ACC kommt im Versuchsfahrzeug CARRERA S der in Abbildung 4.9 dargestellte kaskadierte Folgeregler [265] zum Einsatz. Schnittstelle

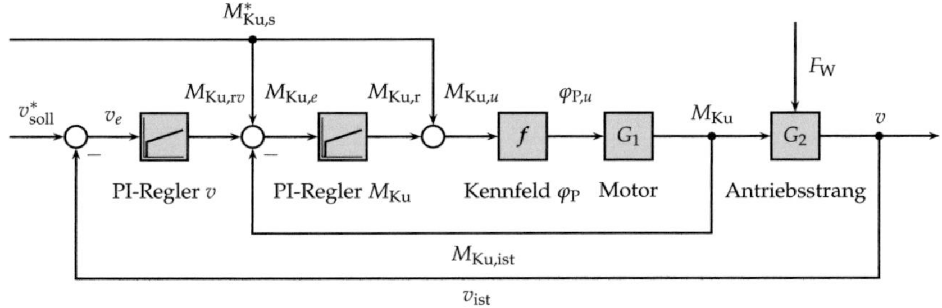

Abb. 4.9: Antriebsregelung im Versuchsfahrzeug CARRERA S

der Längsdynamikregelung ist der Fahrpedalwinkel φ_P, der aus dem angeforderten Drehmoment $M_{Ku,u}$ unter Einsatz eines Fahrpedalkennfelds ermittelt und mithilfe einer der Geschwindigkeitsregelung unterlagerten Momentenregelung korrigiert wird. Die kaskadierte Reglerstruktur [160, 221] ermöglicht eine unabhängige Auslegung der beiden Regler zur Gewährleistung einer dynamischen Momentenkorrektur bei gleichzeitig stabiler Geschwindigkeitsregelung.

4.4 Ausgewählte Versuchsstrecke

Zur Beurteilung der Reproduzierbarkeit und Abschätzung des Einsparpotenzials des implementierten Assistenzsystems im realen Fahrbetrieb wurde die in Abbildung 4.10 dargestellte exemplarische Versuchsstrecke in der Nähe des PORSCHE Entwicklungszentrums in Weissach ausgewählt.

Die Versuchsstrecke führt in einem Rundkurs von insgesamt knapp 23 km Länge über die fünf Ortschaften Weissach (We), Mönsheim (Mö), Iptingen (Ip), Nußdorf (Nu) und Eberdingen (Eb), kann in beiden Richtungen befahren werden und bietet somit ein Kollektiv von zehn unterschiedlichen Streckenabschnitten. Diese führen über Landstraßen und unterscheiden sich hinsichtlich der Streckenlänge, hinsichtlich des Fahrbahnzustands und hinsichtlich des mittleren Verkehrsaufkommens. Über die Nähe des Entwicklungszentrums hinaus ergibt sich ein wesentlicher Vorteil des Rundkurses aufgrund seiner in Abbildung 4.11

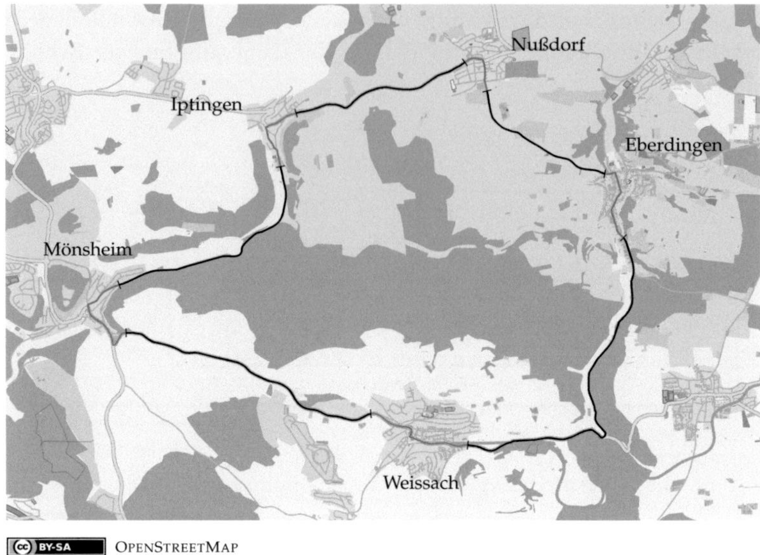

Abb. 4.10: Ausgewählte Versuchsstrecke

veranschaulichten topografischen Vielseitigkeit, die sich in Form einer stark variierenden Fahrbahnsteigung p und Kurvenkrümmung κ äußert und wechselnde zulässige Höchstgeschwindigkeiten v_{lim} aufweist. Aufgrund ihrer baulichen Integration in die umgebende Landschaft unterscheiden sich die einzelnen Streckenabschnitte außerdem hinsichtlich ihrer subjektiven Wahrnehmung durch den Fahrer, die besonders im Hinblick auf subjektive Akzeptanzstudien ein wesentliches Auswahlkriterium darstellt.

Obwohl die wechselnde Charakteristik der ausgewählten Versuchsstrecke für ihre Eignung bezüglich der durchgeführten Untersuchungen spricht, bleibt dennoch zu berücksichtigen, dass ihre Repräsentativität nicht nachweisbar ist. In ihrer Richtlinie zur Anlage von Straßen [94] hebt jedoch die GESELLSCHAFT FÜR STRASSEN- UND VERKEHRSWESEN (FGSV) hervor, dass im Berg- und Hügelland – um das es sich in weiten Teilen der Versuchsstrecke wie auch der umgebenden Region handelt – aufgrund der Fahrsicherheit die Gestaltungsfreiräume der Straßentrassierung deutlich eingeschränkt sind. Über ihre unmittelbare fahrdynamische Wirkung hinaus geben also zumindest die topografischen Eigenschaften der Versuchsstrecke auch Grund zur Annahme einer hohen Repräsentativität innerhalb der geografischen Region.

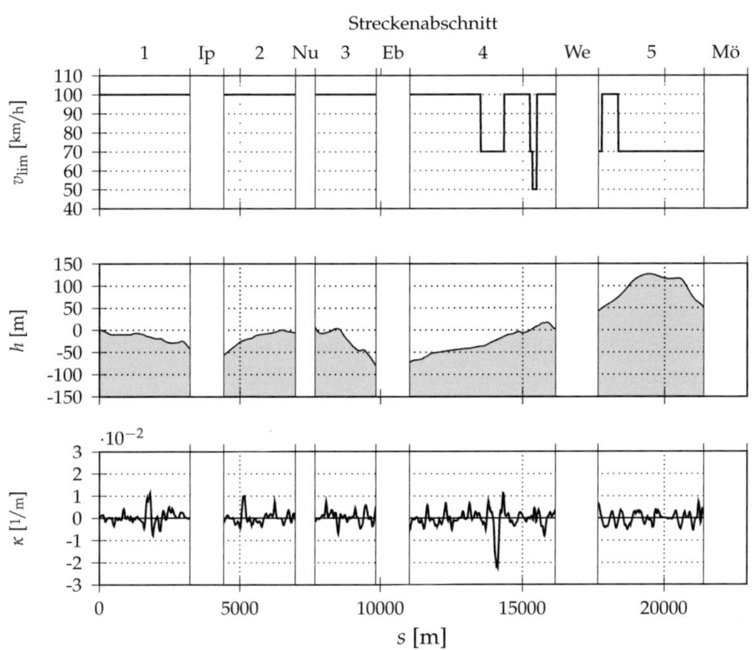

Abb. 4.11: Charakteristik der ausgewählten Versuchsstrecke

4.5 Reproduzierbarkeit im realen Fahrbetrieb

Die prototypische Implementierung und Erprobung des vorausschauenden Fahrerassistenzsystems verfolgt zwei Ziele: Durch Integration im realen Versuchsfahrzeug wird die entwickelte Assistenzfunktion im realen Fahrbetrieb subjektiv erlebbar und hinsichtlich des subjektiven Fahrereindrucks, dem sich Kapitel 5 widmet, bewertbar. Darüber hinaus kann aber auch die Reproduzierbarkeit der simulatorisch ermittelten Einsparpotenziale unter realen Umgebungsbedingungen überprüft werden, die erforderlich ist, um die Aussagekraft nachfolgender simulatorischer Analysen zu gewährleisten.

Zur Validierung der optimierten Fahrstrategie wurden stichprobenartige Messungen auf der gesamten Versuchsstrecke im Rechtskurs mit den beiden Versuchsfahrzeugen durchgeführt und mit den generierten Sollverläufen verglichen. Zur Vermeidung unkontrollierter Einflussgrößen und zur Fokussierung auf die in Abschnitt 4.3.6 erläuterte Modellierung der Fahrdynamik, der Fahrwiderstände, und des Kraftstoffverbrauchs wurden die Messungen auf die in Abbildung 4.11 nummerierten Landstraßenabschnitte beschränkt und unter konstanten Normalbedingungen durchgeführt. Diese betreffen sowohl Einflussgrößen des Fahrzeugs wie etwa Gesamtfahrzeugmasse, Fahrzeugbereifung und Betriebstemperatur, als auch Umgebungsbedingungen wie etwa Außentemperatur und Witterung. Aufgrund der uneingeschränkten Verfügbarkeit sowie der bereits in Abschnitt 3.6.4 diskutierten Dynamik und Genauigkeit [265] wurde das auf dem CAN-Bussystem verfügbare Verbrauchssignal der DME zur Verbrauchsmessung herangezogen.

Reproduzierbarkeit im Versuchsfahrzeug CARRERA S

Abbildung 4.12 zeigt die Gegenüberstellung der gemessenen Fahrgeschwindigkeit v zu der generierten Sollgeschwindigkeit v^* und die qualitative Gegenüberstellung der resultierenden Verläufe des Kraftstoffverbrauchs m_{Kr} und m_{Kr}^* im Fall des Versuchsfahrzeugs CARRERA S. Sollfahrgeschwindigkeit und gemessene Fahrgeschwindigkeit zeigen darin eine gute Übereinstimmung. Lediglich in den gesteuerten Betriebszuständen des Freilaufs und des Schubbetriebs sind kumulative Abweichungen feststellbar, deren Einfluss auf den resultierenden Kraftstoffverbrauch jedoch gering ist. Der Sollverlauf des Kraftstoffverbrauchs wird im realen Fahrbetrieb nahezu getroffen und weist eine Abweichung von 0,2 % des Endwerts auf, die in Anbetracht der vielen variablen Einflussgrößen unter realen Umgebungsbedingungen vernachlässigbar klein ist und den implementierten Optimierungsalgorithmus wie auch das zugrunde gelegte Antriebsstrangmodell vollständig bestätigt.

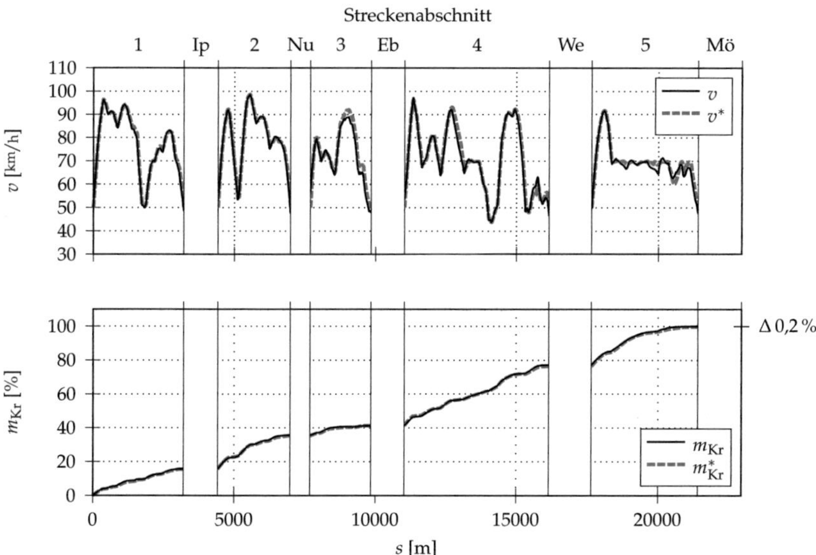

Abb. 4.12: Reproduzierbarkeit der Fahrstrategie im Versuchsfahrzeug CARRERA S

Reproduzierbarkeit im Versuchsfahrzeug PANAMERA S

Abbildung 4.13 zeigt dieselbe Gegenüberstellung im Fall des Versuchsfahrzeugs PANAMERA S. Die gemessene Fahrgeschwindigkeit v stimmt darin mit der generierten Sollfahrgeschwindigkeit v^* sehr gut überein und zeigt Abweichungen lediglich im Fall von Ungenauigkeiten der abgespeicherten Streckendaten. Der Sollverlauf des Kraftstoffverbrauchs wird bis auf eine Differenz von 1,5 % des Endwerts getroffen, die aufgrund der höheren Fahrzeugmasse und der komfortbetonten Motorapplikation gegenüber dem Versuchsfahrzeug CARRERA S als gerechtfertigt erscheint und in Anbetracht der erwähnten Einflussgrößen des realen Fahrbetriebs wiederum das zugrunde gelegte Antriebsstrangmodell vollständig bestätigt.

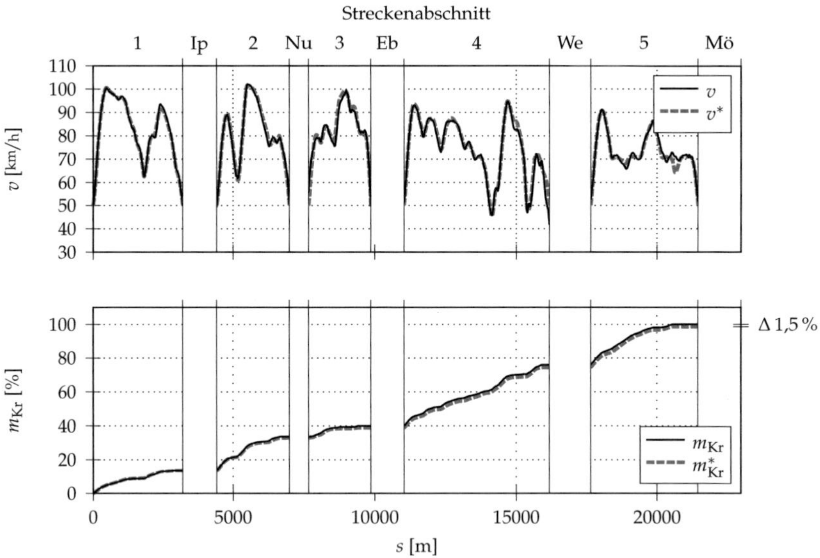

Abb. 4.13: Reproduzierbarkeit der Fahrstrategie im Versuchsfahrzeug PANAMERA S

4.6 Einsparpotenzial im realen Fahrbetrieb

An die erfolgte Validierung der optimalen Fahrstrategie schließt sich unmittelbar die zentrale Frage nach dem Potenzial des implementierten Assistenzsystems zur Reduzierung des Kraftstoffverbrauchs im realen Fahrbetrieb an. Vollständig kann diese Frage nur durch Beurteilung eines umfangreichen Fahrtenkollektivs beantwortet werden, dessen Anforderungen an die Repräsentativität der ausgewählten Probanden, Fahrtrouten und Einsatzszenarien in der Realität jedoch nie vollständig erfüllbar sind. Ziel der folgenden Ausführungen kann also nur die Abschätzung des in der Realität durchschnittlich realisierbaren Einsparpotenzials durch Einsatz der implementierten Assistenzfunktion gegenüber der konventionellen manuellen Längsführung des Fahrzeugs durch den Fahrer sein.

Einsparpotenzial im Versuchsfahrzeug CARRERA S

Zur Abschätzung des Einsparpotenzials der Assistenzfunktion im Versuchsfahrzeug CARRERA S wurde die gesamte Versuchsstrecke von vier technisch versierten Fahrern (0 weiblich, 4 männlich, durchschnittliches Alter: 27 Jahre) in insgesamt sechs Durchgängen absolviert. Die Fahrer waren mit dem Versuchsfahrzeug, jedoch nicht mit dem Ziel der Untersuchung vertraut und angewiesen, einen als alltäglich interpretierten Fahrstil zu wählen sowie die zulässige Höchstgeschwindigkeit jederzeit einzuhalten. Kraftstoffverbrauch und Durchschnittsgeschwindigkeit wurden analog zu den Validierungsmessungen mithilfe des auf dem CAN-Bussystem verfügbaren Verbrauchssignal der DME ermittelt. Einflüsse des Verkehrsaufkommens auf Kraftstoffverbrauch oder Fahrgeschwindigkeit wurden durch Wiederholungsmessungen ausgeschlossen.

Abbildung 4.14 zeigt die von den Versuchsteilnehmern erzielten Werte des Streckenverbrauchs B_s über der Durchschnittsgeschwindigkeit $\bar{v}$. Als Vergleichsbasis der energieoptimalen vorausschauenden Längsführung ist die bereits in Abschnitt 4.5 im realen Fahrbetrieb reproduzierte Ausprägung aufgetragen. Neben einer um 1,5 % leicht verminderten Durchschnittsgeschwindigkeit zeigt sich darin gegenüber den Fahrten der Versuchsteilnehmer eine Reduzierung des Streckenverbrauchs von 10,2 l/100 km auf 7,8 l/100 km um 23,8 %.

Einsparpotenzial im Versuchsfahrzeug PANAMERA S

Ein breiteres Fahrtenkollektiv wurde zur Ermittlung des Einsparpotenzials im PANAMERA S ausgewertet. Dazu wurden mehrere Versuchsfahrzeuge mit dem implementierten Assistenzsystem ausgerüstet und an willkürlich gewählten Wochentagen zu unterschiedlichen Uhrzeiten auf der gesamten einleitend beschriebenen Versuchsstrecke betrieben. Die Fahrer (1 weiblich, 17 männlich, durchschnittliches Alter: 41 Jahre) verfügten über unterschiedlich stark ausgeprägte technische Vorkenntnisse und Erfahrungswerte in der Bedienung der Versuchsfahrzeuge. Sie wurden wiederum gebeten, die Versuchsstrecke vollständig zu absolvieren, dabei einen subjektiv als alltäglich beurteilten Fahrstil anzuwenden und die zulässige Höchstgeschwindigkeit jederzeit einzuhalten. Im Vergleich zur manuellen Längsführung wurde die automatisierte Längsführung in zwei unterschiedlichen fest applizierten fahrdynamischen Ausprägungen realisiert. Aufgrund der implementierten Folgestrategie des ACC ging jede Verkehrsbeeinflussung sowohl im manuellen als auch im automatisierten Betrieb mit in die Messungen ein.

Abbildung 4.15 zeigt im Vergleich die ermittelten Wertepaare des Streckenverbrauchs B_s über der Durchschnittsgeschwindigkeit $\bar{v}$ der manuellen und der automatisierten Fahrten. Wie zu erwarten, zeigen die Messungen aufgrund der Verkehrsbeeinflussung sowohl hinsichtlich der Durchschnittsgeschwindigkeit als auch des Kraftstoffverbrauchs eine größere Streuung als im Fall des Versuchsfahrzeugs CARRERA S. Während die Durchschnittsgeschwindigkeiten der automatisierten Fahrten diesmal im Mittel um 1,3 % über denen der manuellen Fahrten liegt, ergibt sich eine mittlere Reduzierung des Streckenverbrauchs von 10,7 l/100 km auf 9,6 l/100 km um 10,2 %.

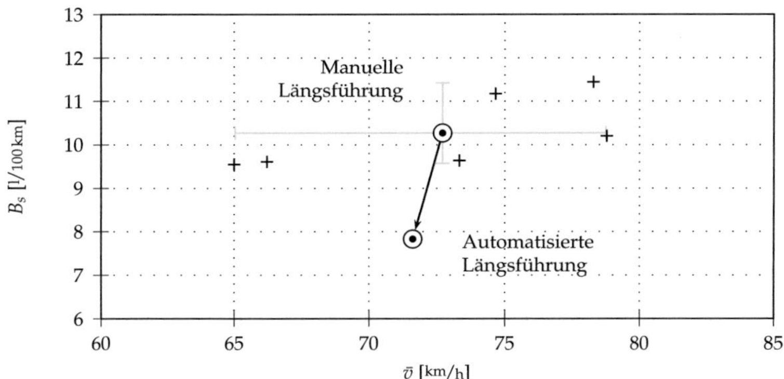

Abb. 4.14: Einsparpotenzial im Versuchsfahrzeug CARRERA S

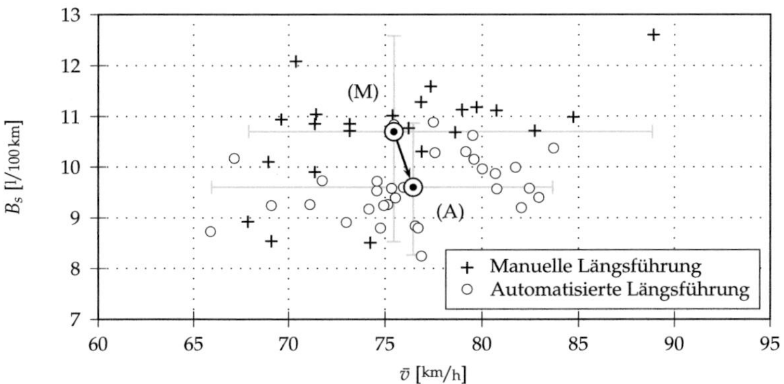

Abb. 4.15: Einsparpotenzial im Versuchsfahrzeug PANAMERA S

Kapitel 5

Subjektive Wahrnehmung der automatisierten Längsführung

In Kapitel 4 wurde die Implementierung des vorausschauenden Fahrerassistenzsystems erläutert, das in der Lage ist, auf Basis prädiktiver Streckendaten einer bekannten Fahrtroute eine energieoptimale Fahrstrategie zu erzeugen und in Form einer automatisierten Längsführung im realen Fahrbetrieb umzusetzen. Durch die Demonstration des Prototypensystems auf der ausgewählten Versuchsstrecke nahe dem Porsche Entwicklungszentrum in Weissach wurde die Voraussetzung geschaffen, seine subjektive Akzeptanz durch den Fahrer im alltäglichen Fahrbetrieb zu untersuchen.

Das folgende Kapitel fasst zunächst grundlegende Modelle des kognitiven Prozesses der Fahrzeugführung zusammen, die erforderlich sind, um das subjektive Verhalten des Fahrers nachzuvollziehen sowie seine subjektiven Anforderungen an das neuartige Fahrerassistenzsystem abzuleiten. Diese sind besonders durch den Konflikt der Zielkriterien Kraftstoffverbrauch und Fahrdynamik geprägt, der unter Einsatz des implementierten Optimierungsalgorithmus von der resultierenden Fahrstrategie bestmöglich aufgelöst wird. Die Priorisierung der Zielkriterien erfolgt jedoch durch den Fahrer aufgrund seiner subjektiven Wahrnehmung des Fahrgeschehens vor dem Hintergrund einer gewünschten fahrdynamischen Ausprägung. Diese beschränkt sich im Wesentlichen auf die freie Wahl der Fahrgeschwindigkeit ohne Verkehrsbeeinflussung sowie auf das Folgeverhalten, also die Wahl des Abstands und der Differenzgeschwindigkeit zu vorausfahrenden Verkehrsteilnehmern. Diese sind Inhalt des zweiten und dritten Abschnitts des folgenden Kapitels mit dem Fokus einer Operationalisierung der subjektiven Dynamikwahrnehmung des Fahrers und nachvollziehbaren Parametrierung des Fahrerassistenzsystems.

5.1 Modellierung des menschlichen Fahrerverhaltens

Zur Erklärung des subjektiven Fahrerverhaltens und seiner Interaktion mit neuartigen Fahrerassistenzsystemen haben sich in den letzten Jahrzehnten verschiedene Modelle zur Beschreibung des kognitiven Prozesses der Fahrzeugführung etabliert, die in den folgenden Abschnitten zusammengefasst werden. Sie ermöglichen Hypothesen über die subjektive Akzeptanz einer automatisierten Fahrzeuglängsführung und dienen als theoretischer Hintergrund der darauffolgend beschriebenen Probandenstudien.

5.1.1 Kategorisierung der Fahraufgaben

Den kognitiven Prozess der Fahrzeugführung – die Fahraufgabe – untergliedert GEISER prinzipiell in primäre, sekundäre und tertiäre Aufgaben [105, 39]:

1. Die primäre Fahraufgabe besteht augenscheinlich darin, Fahrzeug, Insassen und Ladung von Ort A nach Ort B zu bewegen.

2. Sekundäre Fahraufgaben schaffen in Form vorübergehender Handlungen die Voraussetzung zur Bewältigung der primären Fahraufgabe wie die Kommunikation mit anderen Verkehrsteilnehmern, die Einholung von Informationen über Verkehrslage und Wetterbedingungen, die Gewährleistung ausreichender Sicht sowie die technische Überwachung des Fahrzeugs.

3. Tertiäre Fahraufgaben haben schließlich keine kausale Verbindung zur eigentlichen Fahrzeugführung und beschränken sich meist auf Fahrkomfort und Infotainment.

5.1.2 Drei-Ebenen-Struktur der Fahrzeugführungsaufgabe

Hinsichtlich der Fahrzeugführung ist die primäre Fahraufgabe von zentraler Bedeutung und wird, wie durch BERNOTAT und insbesondere durch DONGES zusammengefasst, auf drei Ebenen gelöst [27, 65, 66]:

1. Navigation: Routenauswahl und -planung unter Berücksichtigung von Verkehrs- und Umwelteinflüssen

2. Bahnführung: Ableitung der Wunschtrajektorien und Vorsteuerung (Open-Loop) der notwendigen Stellgrößen zur Längs- und Querführung des Fahrzeugs auf Basis aktueller und antizipierter Fahrsituationen

3. Stabilisierung: Kompensation von Abweichungen und einwirkenden Störgrößen zur Stabilisierung und Folgeregelung (Closed-Loop) entlang der abgeleiteten Wunschtrajektorien

Abbildung 5.1 zeigt die vereinfachte kaskadenartige Struktur der Fahrzeugführungsaufgabe nach DONGES in den beschriebenen drei Ebenen [67]. Das Resultat jeder einzelnen Ebene ist darin eine Sollwertvorgabe für die darunter liegende

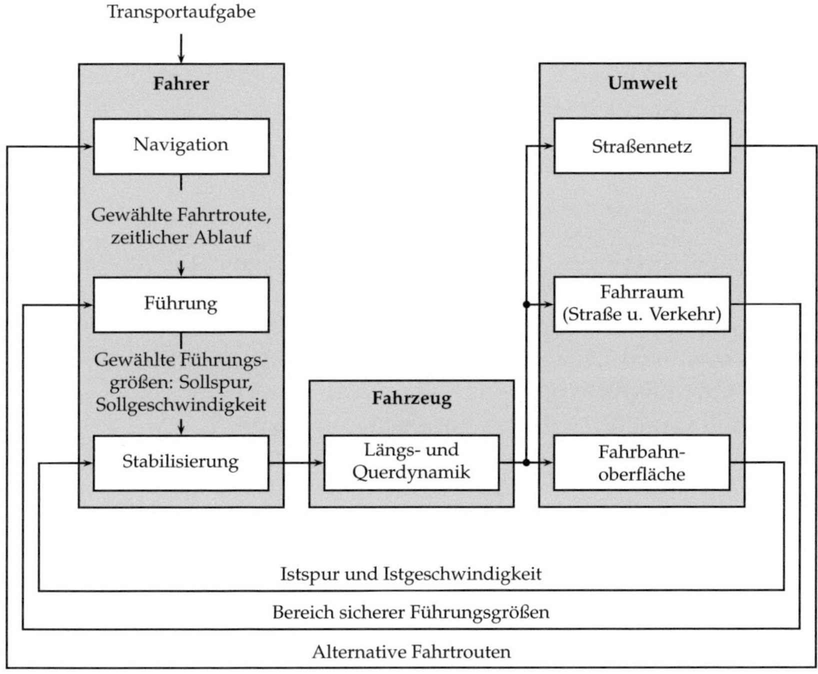

Abb. 5.1: Drei-Ebenen-Struktur der Fahrzeugführung nach [66], zitiert nach [67]

Ebene bis zur Ebene der Stabilisierung, in der schließlich die notwendigen Stellgrößen zur Fahrzeugführung generiert werden. Aus der Kraftübertragung auf die Fahrbahnoberfläche resultiert die Bewegung des Fahrzeugs in der Fahrumgebung, die durch den Fahrer erfasst und wiederum auf Übereinstimmung mit den abgeleiteten Sollwertvorgaben auf allen drei Ebenen überprüft wird.

5.1.3 Arbeitswissenschaftliches Regulationsmodell

Nach DONGES korreliert die diskutierte Drei-Ebenen-Struktur [67] mit dem arbeitswissenschaftlichen Regulationsebenenmodell des menschlichen Lernprozesses nach RASMUSSEN [215]. Dieses unterscheidet folgende drei Ebenen:

- Wissensbasiertes Verhalten[1]

- Rollenbasiertes Verhalten[2]

- Fertigkeitsbasiertes Verhalten[3]

Die fertigkeitsbasierte Ebene ist durch weitgehend automatisierte Handlungen geprägt und korreliert im Falle der Fahraufgabe überwiegend mit der fahrdynamischen Stabilisierung des Fahrzeugs [241]. Auf der regelbasierten Ebene laufen bewusstseinspflichtige Verarbeitungsprozesse ab, in denen mit erkannten Signalen erlernte Regeln und Verhaltensmuster – im Fall der Fahrzeugführung beispielsweise die geltenden Verkehrsregeln – assoziiert werden. In unbekannten Situationen müssen schließlich auf der wissensbasierten Ebene aus den wahrgenommenen Signalen Handlungsalternativen entwickelt und auf Basis mentaler Modelle gegeneinander abgewogen werden. Im Fall der Fahrzeugführung ist dieses Verhalten etwa bei der Routenplanung, insbesondere bei unvorhergesehenen Routenänderungen oder Verkehrsumleitungen, zu beobachten.

5.1.4 Kognitive Fahrerbeanspruchung

Die drei Ebenen der Navigation, der Bahnführung und der Stabilisierung unterscheiden sich, wie in Abbildung 5.2 veranschaulicht, deutlich durch ihre kognitive Komplexität und Beanspruchung des Fahrers [216]. Die Navigation erfordert die höchsten kognitiven Fähigkeiten des Fahrers, wird jedoch nur mit sehr geringer Frequenz ausgeführt. Im Gegensatz dazu beansprucht die fahrdynamische Stabilisierung des Fahrzeugs den Fahrer kognitiv zwar nur geringfügig, wird aber mit höchster Frequenz ausgeübt. Die Bahnführung wird schließlich

---

[1]engl.: knowledge-based behaviour
[2]engl.: rule-based behaviour
[3]engl.: skill-based behaviour

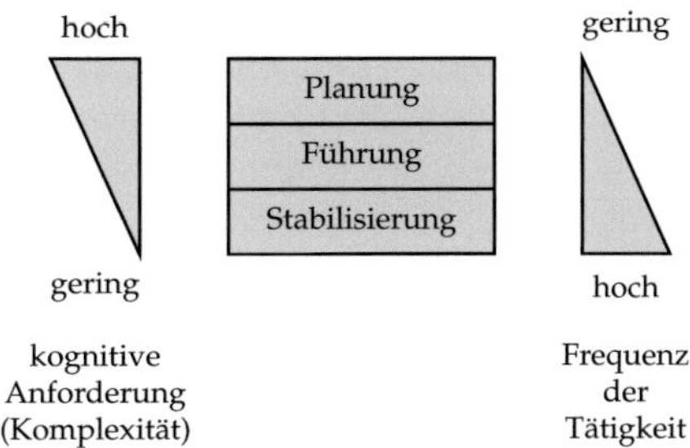

Abb. 5.2: Kognitive Fahrerbeanspruchung nach [216]

mit mittlerer Frequenz ausgeführt und erfordert gleichzeitig ein ausgeprägtes Situationsbewusstsein. DONGES hebt besonders ihre Bedeutung hervor [67]: In Form fahrdynamisch sicherer oder unsicherer Wunschtrajektorien werden in der Bahnführungsebene die maßgeblichen Voraussetzungen für die Bewältigung der primären Fahraufgaben festgelegt. Eine Automatisierung der Fahrzeuglängsführung umfasst sowohl die Stabilisierungsebene als auch die Bahnführungsebene und erschließt gerade dadurch die betonten Potenziale hinsichtlich Fahrsicherheit, Energieeffizienz und Fahrkomfort. Die Entlastung des Fahrers führt jedoch zu einer deutlichen Reduzierung der kognitiven Beanspruchung, die unter arbeitswissenschaftlichen Gesichtspunkten kritisch zu bewerten ist.

5.1.5 Out-of-the-Loop-Phänomen der Prozessautomatisierung

Durch den Einsatz einer automatisierten Fahrzeuglängsführung wird der Fahrer im Sinne der Längsführungsaufgabe temporär in eine passive Rolle versetzt, in der seine Aufgabe im Wesentlichen in der Anpassung und Überwachung des Fahrzeugsystems besteht. Für den Fahrer führt diese Rollenveränderung zu einer veränderten subjektiven Wahrnehmung des Fahrgeschehens und birgt die Gefahr einer Minderung der Leistungsfähigkeit, die im Bereich der Arbeitswissenschaft allgemein als „Out-of-the-Loop" (OOTL)-Phänomen bezeichnet und insbesondere durch folgende Merkmale charakterisiert wird [80, 241]:

- Vigilanzminderung

- Selbstgefälligkeit

- Fehlendes Situationsbewusstsein

- Verlust manueller Fertigkeiten

Erklären lässt sich das Out-of-the-Loop-Phänomen etwa durch das von RO-BERT und HOCKEY vorgeschlagene Modell der kognitiven Prozessbewältigung [226], in dem der Mensch seine eingesetzten Ressourcen und Anstrengungen kontinuierlich überwacht und zur Erreichung verschiedener – zuweilen konkurrierender – Ziele einsetzt. Von einer Absenkung der kognitiven Komplexität geht folglich die Gefahr einer Unterforderung aus, die eine Abwendung von der ursprünglich primären Aufgabe der Prozessüberwachung hin zu attraktiveren sekundären Aufgaben zur Folge hat. Wie BAINBRIDGE hervorhebt, offenbart sich die Problematik besonders in Situationen, in der eine manuelle Übernahme der Prozesssteuerung plötzlich notwendig und aufgrund der verringerten Leistungsfähigkeit deutlich erschwert wird [13]. Im Kontext der Fahraufgabe ergibt sich daraus ein erhebliches Sicherheitsrisiko, das im Fall der Geschwindigkeitsregelanlage und des Abstandsregeltempomaten bereits Inhalt umfangreicher Untersuchungen ist [17, 233, 269].

Die gezielte Einbindung des Anwenders in die Steuerung des technischen Prozesses gilt als ein möglicher Ansatz zur Vermeidung von Out-of-the-Loop-Symptomen. Die Problematik der Leistungsfähigkeitsminderung im Fall der automatisierten Fahrzeugführung wird in [273] als mangelhafte Interaktion zwischen Fahrer und Fahrzeug interpretiert. Um eine sichere und komfortable Bewältigung der Fahraufgabe zu ermöglichen, wird empfohlen, wie etwa in den Arbeiten [141] oder [281] thematisiert, eine ausgewogene Balance zwischen den Aufgaben des Fahrers und des Fahrzeugsystems sicherzustellen.

5.1.6 Eingriff der automatisierten Fahrzeuglängsführung

Die Auswirkungen einer automatisierten Längsführung des Fahrzeugs sind durch fokussierte Betrachtung der Bahnführungs- und der Stabilisierungsebene im fahrdynamischen Regelkreis zwischen Fahrer, Fahrzeug und Umwelt beurteilbar. Besonders eignet sich dazu das in Abbildung 5.3 gezeigte Regelkreismodell nach HARTWICH, in dem die Interaktion von Längs- und Querdynamikregelung zum Ausdruck kommt [121].

Während der manuellen Fahrzeugführung wählt der Fahrer Sollvorgaben für Fahrgeschwindigkeit und Fahrspur gemäß seiner übergeordneten Motivation und seiner Wahrnehmung der Fahrzeugbewegung in der Fahrzeugumwelt. Durch eine Vorsteuerung versucht er, die Sollwertvorgaben bestmöglich zu erreichen und kompensiert die wahrgenommenen Abweichungen durch eine Folgeregelung. Mithilfe seines mentalen Modells von Fahrzeug und Umwelt bewältigt er gleichzeitig die Regelung von Fahrzeuglängs- und Fahrzeugquerdynamik in gegenseitiger Interaktion.

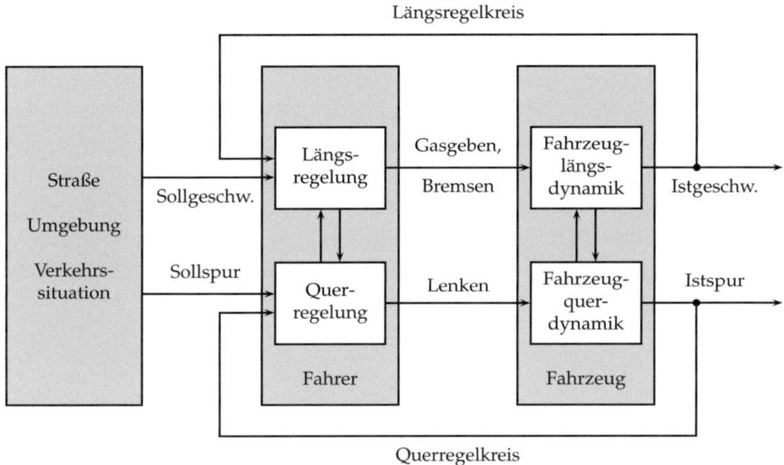

Abb. 5.3: Regelkreise der Stabilisierungsebene nach [121], zitiert nach [66]

Während der automatisierten Längsführung des Fahrzeugs beschränkt sich die Aufgabe des Fahrers auf die Querführung des Fahrzeugs, deren Regelung im Wesentlichen identisch abläuft wie im Fall der manuellen Fahrzeugführung. Die Querführung ist jedoch für den Fahrer scheinbar von der Längsführung entkoppelt, was folgende Hypothesen über die subjektive Wahrnehmung des Fahrers nahelegt:

- Zwar entfällt die kognitive Beanspruchung in Form der Längsführung des Fahrzeugs, aufgrund der fehlenden Interaktion steigt jedoch subjektiv die Herausforderung der Querführung, insbesondere im Fall einer kurvenreichen Streckencharakteristik.

- Die fehlende Interaktion zwischen Längsdynamik und Querdynamik wird durch den Fahrer akzeptiert, solange sein individueller Fahrerwunsch hinsichtlich der Fahrsicherheit, des Fahrkomforts und der Fahrdynamik durch den angewandten Fahrstil erfüllt wird.

Erstgenannte Hypothese spricht für eine sicherheitsunkritische Auswirkung auf das Out-of-the-Loop-Phänomen durch den Einsatz einer energieoptimalen vorausschauenden Längsführung gegenüber der bereits bekannten Assistenzfunktion des Abstandsregeltempomaten. Diese Annahme wird durch die Arbeit [66] gestützt, in der eine zehnmal höhere Frequenz der Fahreraktivität zur Querregelung gegenüber der Längsregelung beobachtet wird. Sie kann jedoch, wie in [120] betont, nur durch umfangreiche Probandenstudien untermauert werden.

Naheliegend ist vor allem die zuletzt genannte Voraussetzung der Fahrerakzeptanz: Die Wahl eines vom Fahrer subjektiv als angemessen interpretierten Fahrstils ist erforderlich, um die Akzeptanz der energieoptimalen vorausschauenden Fahrzeuglängsführung zu ermöglichen. Die angesprochene Angemessenheit steht jedoch in engem Zusammenhang mit der Wahrnehmung der Umwelt durch den Fahrer. Die Einbeziehung der wesentlichen Einflussgrößen auf die subjektive Wahrnehmung ist deswegen eine wesentliche Voraussetzung für die nachvollziehbare Funktionsgestaltung.

5.1.7 Berücksichtigung der subjektiven Fahrerwahrnehmung

Die subjektive Wahrnehmung der Längsdynamik basiert nach [66] und [121] auf der Geschwindigkeitswahl ohne Verkehrseinfluss sowie auf dem Folgeverhalten, also dem gewählten Abstand und der gewählten Differenzgeschwindigkeit zu vorausfahrenden Fahrzeugen. Der subjektive Fahrerwunsch bezieht sich dabei allgemein auf die in Abschnitt 3.1 vorgestellten Kriterien der Energieeffizienz, der Fahrdynamik, des Fahrkomforts und der Fahrsicherheit sowie auf das zügige Vorankommen im Sinne einer Reduzierung der Fahrtzeit.

Bereits in Abschnitt 3.6.5 wurde aufgezeigt, dass Fahrkomfort und Fahrsicherheit Akzeptanzkriterien darstellen, die zu einem Mindestmaß durch die energieoptimale vorausschauende Längsführung erfüllt werden müssen, in Verbindung mit dem Kriterium der Energieeffizienz jedoch nur einen sehr beschränkten Handlungsspielraum zulassen. Der Zielkonflikt zwischen Energieeffizienz und Fahrdynamik bietet im Gegensatz dazu ein breites Spektrum verschiedener Ausprägungen und erfordert eine subjektive Priorisierung durch den Fahrer.

Vor diesem Hintergrund beschäftigen sich die folgenden Abschnitte mit der Charakterisierung, Erzeugung und Gewährleistung eines für den Fahrer subjektiv als angemessen interpretierten Fahrstils in der energieoptimalen vorausschauenden Längsführung. Ohne Verkehrsbeeinflussung steht dabei die subjektive Dynamikwahrnehmung der angewandten Fahrstrategie im Vordergrund, in der Folgefahrt hinter vorausfahrenden Fahrzeugen wird dagegen auf ein hinsichtlich der Energieeffizienz wie auch hinsichtlich der Fahrdynamik nachvollziehbares Folgeverhalten fokussiert.

5.2 Objektivierung der subjektiven Dynamikwahrnehmung

Die folgende in [156] und [206] vorveröffentlichte Probandenstudie wurde unter Einsatz des Versuchsfahrzeugs CARRERA S mit automatisierter Fahrzeuglängsführung durchgeführt mit dem Ziel der Entwicklung und Validierung eines objektiven Maßstabes zur Vorhersage des subjektiven Dynamikempfindens in automatisiert längsgeführten Pkws. Die Probandenstudie ist unterteilt in eine Vorstudie zur Identifikation charakteristischer fahrdynamischer Kennwerte zur objektiven Beschreibung der Dynamik eines Fahrstils, einer darauf aufbauenden Hypothesengenerierung und einer Hauptstudie zur Validierung und Parametrierung des Prognoseverfahrens auf Basis subjektiver Probandenurteile. Die Versuchsfahrten im Rahmen der Probandenstudie wurden auf der ausgewählten Versuchsstrecke durchgeführt.

5.2.1 Vorstudie

Ziel der Vorstudie ist die Identifikation objektiver fahrdynamischer Kennwerte zur allgemeinen Charakterisierung der Dynamik eines Fahrstils.

Versuchsdurchführung

Fünf erfahrene Experten (0 weiblich, 5 männlich, durchschnittliches Alter: 35 Jahre) wurden gebeten, den Streckenabschnitt zwischen Weissach und Eberdingen in beiden Richtungen randomisiert einmal bewusst „undynamisch", also komfortorientiert und homogen, einmal bewusst „dynamisch", also sportlich und ambitioniert, zu absolvieren. 39 potenziell geeignete fahrdynamische CAN-Signale wurden aufgezeichnet und nach den Versuchen wie folgt ausgewertet.

Versuchsauswertung

Durch Anwendung des t-Tests, der zur Ermittlung systematischer Unterschiede zwischen empirisch gefundenen Mittelwerten eingesetzt wird [214], wurden im ersten Schritt der Versuchsauswertung die gemessenen Signale qualitativ hinsichtlich ihrer Trennschärfe zwischen den beiden ermittelten Ausprägungen beurteilt. Dazu wurden von Größen, die eine übereinstimmende Wahrnehmung unabhängig vom Vorzeichen nahelegen, Absolutwerte gebildet und die Signale anhand des 50. Perzentils $Q_{.50}$ und des 95. Perzentils $Q_{.95}$ aggregiert, deren Anwendung insbesondere bei der Beurteilung fahrdynamischer Subjektivurteile weit verbreitet ist [49, 67, 117, 177].

Tabelle 5.1 zeigt die Signale mit der geringsten Irrtumswahrscheinlichkeit des
t-Tests hinsichtlich der zugrunde liegenden Hypothese, also der besten Trennung
zwischen den beiden untersuchten Ausprägungen. Die vier markierten Signale

	Irrtumswahrscheinlichkeit	
	50. Perzentil $Q_{.50}$	95. Perzentil $Q_{.95}$
Fahrgeschwindigkeit	$< 0{,}05$	$< 0{,}01$
Längsbeschleunigung	$> 0{,}1$	$< 0{,}01$
Querbeschleunigung	$> 0{,}1$	$< 0{,}01$
Motordrehzahl	$< 0{,}01$	$< 0{,}05$
Vertikalbeschleunigung	$> 0{,}1$	$< 0{,}01$
Fahrpedalwinkel	$> 0{,}1$	$< 0{,}05$
Bremsdruck	$> 0{,}1$	$< 0{,}05$
Gierrate	$> 0{,}1$	$< 0{,}05$
Lenkradwinkelgeschwindigkeit	$> 0{,}1$	$> 0{,}1$

Tab. 5.1: Trennschärfe der Fahrdynamiksignale

- 95. Perzentil der Fahrgeschwindigkeit $Q_{.95}(v)$

- 95. Perzentil der Längsbeschleunigung $Q_{.95}(|a|)$

- 95. Perzentil der Querbeschleunigung $Q_{.95}(|a_y|)$

- 50. Perzentil der Motordrehzahl $Q_{.50}(n_{\mathrm{Mot}})$

weisen die geringste Irrtumswahrscheinlichkeit auf, ohne Korrelationen auf
Rohdatenebene zu zeigen, und sind darum potenziell geeignete charakteristi-
sche Kennwerte zur Differenzierung zwischen verschiedenen fahrdynamischen
Ausprägungen des Fahrstils.

Um eine quantitative Charakterisierung der Ausprägungen zu erzeugen, wurden im zweiten Schritt der Versuchsauswertung durch eine partitionierende
Clusteranalyse die in Tabelle 5.2 gezeigten Clusterzentren ermittelt, die kurz mit
den in der Literatur genannten Angaben verglichen werden sollen.

Die individuelle Wahl der Fahrgeschwindigkeit wird in [274] untersucht und
darin einem „defensiven", einem „normalen" und einem „dynamischen" Fahrertyp zugeordnet. Abhängig vom Fahrertyp werden mit einem Fahrzeug der oberen Mittelklasse auf Landstraßen Wunschgeschwindigkeiten von 100, 109 und

		Clusterzentrum „undynamisch"	Clusterzentrum „dynamisch"
Fahrgeschwindigkeit	$Q_{.95}(v)$	88,8 km/h	121,0 km/h
Längsbeschleunigung	$Q_{.95}(|a|)$	1,0 m/s²	2,3 m/s²
Querbeschleunigung	$Q_{.95}(|a_y|)$	2,5 m/s²	3,8 m/s²
Motordrehzahl	$Q_{.50}(n_{\mathrm{Mot}})$	1470 1/min	2612 1/min

Tab. 5.2: Clusterzentren der fahrdynamischen Ausprägungen

116 km/h ermittelt, die mit den gefundenen Clusterzentren grob übereinstimmen, wenn man bedenkt, dass auf der ausgewählten Versuchsstrecke aufgrund ihrer Kurvigkeit eine hohe Durchschnittsgeschwindigkeit nur bei Anwendung hoher Längs- und Querbeschleunigungen erreicht werden kann.

Die maximale Längsbeschleunigung wird in [100] für „normale" Fahrer mit etwa 1,0-2,8 m/s² bestimmt, in [274] die für „dynamische" Fahrer mit etwa 1,8-2,9 m/s². Die gefundenen Clusterzentren zeigen eine gute Übereinstimmung mit diesem breiten Wertebereich.

Als maximale Querbeschleunigung des „normalen" Fahrers werden in [274] und in [275] 3,5 m/s² angegeben. In [73] werden 4,1 m/s² genannt. Der ermittelte Wert des Clusterzentrums „undynamisch" scheint danach gerechtfertigt. Der „dynamische" Fahrer zeigt nach [274] Querbeschleunigungen von bis zu etwa 4,2 m/s². Die in [117] beschriebenen Versuche zeigen einen geschwindigkeitsabhängigen Maximalwert von bis zu 5,8 m/s², dessen 95. Perzentil jedoch ebenfalls bei maximal 3,5 m/s² liegt und wiederum das ermittelte Clusterzentrum „dynamisch" bestätigt.

5.2.2 Hypothese des Dynamikfaktors

Aus den Ergebnissen der durchgeführten Vorstudie folgt die Hypothese des „Dynamikfaktors", einer dimensionslosen stetigen Maßzahl zur Bewertung der fahrdynamischen Ausprägung eines Fahrprofils in Relation zu den ermittelten Clusterzentren. Der Dynamikfaktor f_{dyn} wird zunächst festgelegt wie folgt:

$$f_{\mathrm{dyn}} = \lambda_0 + \frac{1}{4} \cdot \left(f_{\mathrm{dyn},v} + f_{\mathrm{dyn},ax} + f_{\mathrm{dyn},ay} + f_{\mathrm{dyn},n} \right), \qquad [5.1]$$

also als arithmetisches Mittel der auf die Clusterzentren – respektive deren Merkmalsausprägungen „undynamisch" $x_{\mathrm{C}-}$ und „dynamisch" $x_{\mathrm{C}+}$ – normierten Perzentile $Q_{.95}(v)$, $Q_{.95}(|a|)$, $Q_{.95}(|a_y|)$ und $Q_{.50}(n_{\mathrm{Mot}})$:

$$f_{\mathrm{dyn},x} = \frac{Q_p(x) - x_{\mathrm{C}-}}{x_{\mathrm{C}+} - x_{\mathrm{C}-}}, \qquad [5.2]$$

verschoben um einen konstanten Offset λ_0. Der theoretische Wertebereich des Dynamikfaktors auf Basis der Clusterzentren der Vorstudie erstreckt sich folglich auf das Intervall $[0,1] \subset \mathbb{R}$ – gleichbedeutend einem Wertebereich von 0-100 % – jedoch sind in der Praxis auch Zahlenwerte außerhalb dieses Intervalls bei Unter- oder Überschreitung der empirisch ermittelten Clusterzentren möglich.

Aufgrund der gewählten Vorgehensweise stellt der Dynamikfaktor potenziell ein Maß zur objektiven Bewertung der dynamischen Ausprägung eines beliebigen Fahrprofils dar. Seine Festlegung, insbesondere die Gewichtung seiner einzelnen Merkmalsausprägungen, sowie seine Eignung zur Vorhersage der subjektiven Dynamikwahrnehmung bleibt jedoch in der folgenden Hauptstudie zu validieren.

5.2.3 Hauptstudie

In der Hauptstudie wurde die implementierte automatisierte Fahrzeuglängsführung eingesetzt, um mithilfe der Subjektivurteile eines Probandenkollektivs die gewählte Definition des Dynamikfaktors zu validieren und hinsichtlich der Korrelation mit der subjektiven Dynamikwahrnehmung zu optimieren. Die 31 involvierten Versuchspersonen (3 weiblich, 28 männlich, durchschnittliches Alter: 29 Jahre) waren hinsichtlich des Gebrauchs des Versuchsfahrzeugs sehr unterschiedlich erfahren und hinsichtlich der zugrunde gelegten Versuchshypothese uninformiert.

Versuchsdurchführung

Die Versuchspersonen wurden gebeten, die gesamte Versuchsstrecke, bestehend aus den in Abbildung 4.10 und 4.11 gezeigten Streckenabschnitten, in beiden Richtungen mit automatisierter Fahrzeuglängsführung zu absolvieren und nach jedem Streckenabschnitt ihr subjektives Urteil der Dynamikempfindung gemäß der in Abbildung 5.4 gezeigten Skala abzugeben. Darin ist der Bereich von 0 bis 50 % den als „undynamisch" empfundenen Fahrstilen zugeordnet, der Bereich von 50 bis 100 % den als „dynamisch" empfundenen Fahrstilen. Urteile unter 0 % und über 100 % sind ebenfalls gültig und entsprechen einer „inakzeptabel undynamisch" oder „inakzeptabel dynamisch" empfundenen Ausprägung. Qualitativ assoziierte Begriffe wurden bewusst vermieden. Das Verständnis der Skala durch die Versuchspersonen wurde vor der Versuchsdurchführung explizit sichergestellt.

Die komplette Versuchsstrecke wurde durch die Teilnehmer in beiden Richtungen unter Einsatz der implementierten Längsdynamikregelung in randomisierter Reihenfolge und fahrdynamischer Ausprägung befahren und nach jedem ein-

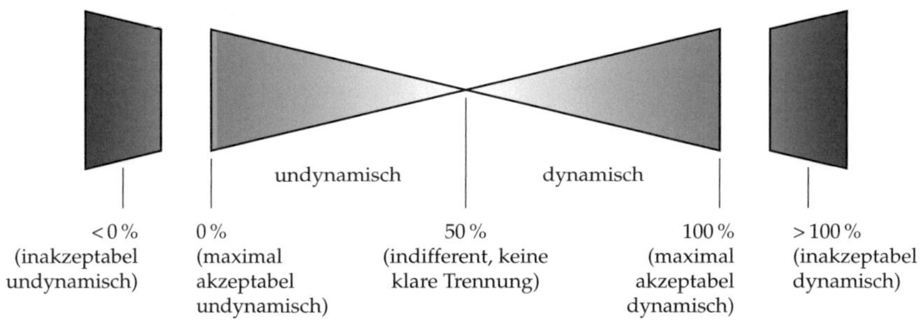

Abb. 5.4: Skala zur Bewertung der subjektiven Dynamikwahrnehmung

zelnen Streckenabschnitt hinsichtlich der subjektiven Dynamikwahrnehmung beurteilt. Zur Anwendung kamen auf Basis des dynamischen Optimierungsalgorithmus erzeugte und mithilfe der Gewichtungsfaktoren λ_i variierte Geschwindigkeitsprofile in einem resultierenden Wertebereich des Dynamikfaktors von $-0{,}15$ bis $0{,}95$[4]. Da Beeinträchtigungen durch vorausfahrenden Verkehr vermieden und einzelne Streckenabschnitte zur Vertrauensbeurteilung wiederholt wurden, betrug die kumulierte Gesamtstrecke pro Fahrer zwischen 50 und 90 Kilometer. Aus der Einführung, den Einzelfahrten zwischen 74 und 203 Sekunden pro Streckenabschnitt und einer anschließenden Erhebung demografischer Daten ergab sich eine Gesamtdauer des Versuchs zwischen 90 und 130 Minuten pro Versuchsperson.

Versuchsauswertung

Die untersuchte Hypothese der Hauptstudie ist der signifikante Zusammenhang zwischen dem aus der Vorstudie abgeleiteten objektiven Dynamikfaktor f_{dyn} und den abgegenenen Subjektivurteilen der Versuchspersonen. Das Streudiagramm 5.5 zeigt die resultierenden Wertepaare der Hauptstudie. Der empirische Korrelationskoeffizient r nach BRAVAIS und PEARSON [12, 85] in Höhe von $r = 0{,}71$ bestätigt einen gleichsinnigen linearen Zusammenhang mittlerer Stärke, der aufgrund einer Irrtumswahrscheinlichkeit von $\alpha < 0{,}001$ als höchstsignifikant zu beurteilen ist.

Neben der gleichsinnigen Korrelation zeigt das Streudiagramm die hohe Varianz der Subjektivurteile, die auf die starke Streuung der subjektiven Dynamikwahrnehmung bei Anwendung eines identischen Geschwindigkeitsprofils auf

---

[4]Die relativ niedrige obere Grenze des angewandten Dynamikspektrums resultiert aus der Einhaltung zulässiger Höchstgeschwindigkeiten sowie aus den technischen Einschränkungen der Längsdynamikregelung im Versuchsfahrzeug CARRERA S.

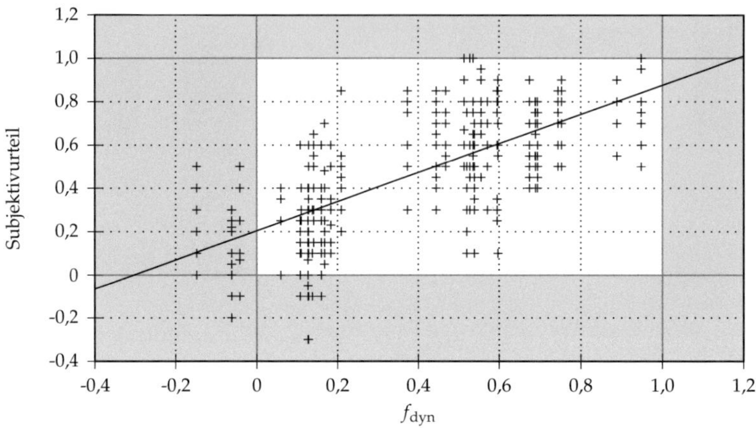

Abb. 5.5: Korrelation der Subjektivurteile mit dem Dynamikfaktor

einem identischen Streckenabschnitt hinweist. Um diese zu erklären, wurde der
reguläre Versuchsablauf durch einen Retest ergänzt, in dem jede Versuchsperson – ohne weitergehende Erklärung – einen Streckenabschnitt mit demselben
Geschwindigkeitsprofil absolvierte wie bereits im regulären Versuchsablauf. Obwohl identische Geschwindigkeitsprofile zur Anwendung kamen, beträgt der
Korrelationskoeffizient des Retests – die Intrarater-Reliabilität [33] – lediglich
$r = 0{,}67$ ($p < 0{,}01$) und zeigt einen geringfügig schwächeren Zusammenhang
zwischen den Urteilen des Retests und des regulären Versuchs als zwischen dem
Dynamikfaktor und den regulären Subjektivurteilen. Dieser Vergleich legt zwar
die Eignung des Dynamikfaktors zur Vorhersage des subjektiven Dynamikempfindens nahe, verdeutlicht aber auch die erhebliche Streuung der Subjektivurteile bei übereinstimmenden Fahrstilen. Im Übrigen muss beachtet werden, dass
der Retest bei etwa der Hälfte der Versuchspersonen bereits in den regulären
Versuchsablauf integriert wurde. Die verbleibende Hälfte absolvierte diesen etwa
25 Tage nach dem regulären Versuch, sodass eine Veränderung der subjektiven
Wahrnehmung bei den Versuchspersonen in der Zwischenzeit – etwa durch einen
Lerneffekt – durchaus möglich war. Daraus wird ersichtlich, dass sich die diskutierten Resultate lediglich auf die objektiv messbaren Fahrdynamikgrößen als
kontrollierte Einflussgrößen [33] des Dynamikfaktors beziehen. Darüber hinaus
wirken jedoch weitere nicht kontrollierbare Einflussgrößen – einerseits undoku-
mentierte Einflussgrößen wie etwa die physische und emotionale Verfassung der
Versuchspersonen, deren Erfassung meist einen erheblichen Aufwand bedeutet

und nur vage Anhaltspunkte liefert, andererseits dokumentierte Einflussgrößen wie etwa Verkehrslage und Wetterbedingungen, die in der Folge noch genauer untersucht werden sollen.

Eine Analyse des Einflusses der demografischen Daten der Versuchspersonen auf die Versuchsergebnisse ergibt lediglich einen signifikanten Einfluss des Geschlechts auf die subjektive Dynamikwahrnehmung: Weibliche Teilnehmer bewerteten die Dynamik identischer Geschwindigkeitsprofile signifikant höher als männliche. Interessante Ergebnisse zeigen sich in der Korrelation der Merkmale untereinander. So ist eine schwache bis mittlere gegensinnige ($r = -0{,}35$) und signifikante ($p < 0{,}05$) Korrelation zwischen dem Alter und der Selbsteinschätzung der Teilnehmer zu beobachten, die auf eine nachlassende Dynamik des Fahrstils mit zunehmendem Alter oder eine defensivere Selbsteinschätzung schließen lässt. Außerdem ist eine signifikante ($p < 0{,}01$) gegensinnige Korrelation mittlerer Stärke ($r = -0{,}47$) zwischen jährlicher Fahrleistung und Wohlbefinden als Beifahrer nachzuweisen, die auf ein verringertes Wohlbefinden von Vielfahrern in der Beifahrerrolle hinweist.

Weitere unkontrollierte Einflussgrößen sind die Sichtweite und die Streckenkenntnis, die beide maßgeblich die visuelle Beanspruchung des Fahrers in der Bewältigung der Fahraufgabe beeinträchtigen. Die Sichtweite wurde durch drei Experten abgeschätzt und zeigt in der univariaten Varianzanalyse einen höchstsignifikanten Einfluss ($p < 0{,}001$) auf die subjektive Dynamikwahrnehmung: Je geringer die Sichtweite auf dem jeweiligen Streckenabschnitt, desto höher die wahrgenommene Dynamik. Die von den Versuchsteilnehmern erfragte Kenntnis der Streckenabschnitte zeigt einen ähnlich signifikanten Einfluss ($p < 0{,}001$) auf die subjektive Wahrnehmung und trägt wesentlich zur Erklärung der interindividuellen Varianz bei: Je besser die individuelle Streckenkenntnis des Versuchsteilnehmers, desto niedriger sein Subjektivurteil der Dynamikwahrnehmung. Beide Ergebnisse decken sich mit der Experteneinschätzung, dass der visuelle Anteil der Informationsaufnahme und -verarbeitung bei der Fahrzeugführung etwa 90 % beträgt [111, 227, 240] und maßgeblich die Bewältigung der Fahraufgabe durch den Fahrer beeinflusst [225].

Ein weiterer unkontrollierter Einfluss der Fahrumgebung auf die subjektive Wahrnehmung des Fahrers entsteht aufgrund des Verkehrsaufkommens. Um diesen Einfluss zu erörtern, wurden die Fahrten der Versuchsteilnehmer mit einer Videokamera aufgezeichnet und nachträglich durch eine Zählung und Kategorisierung der entgegenkommenden Fahrzeuge ausgewertet. Univariate Varianzanalysen zeigten zwar keinen signifikanten Einfluss der durchschnittlichen Anzahl oder Kategorie der entgegenkommenden Fahrzeuge, bei ausschließlicher Berücksichtigung der Begegnungen in Kurven konnte jedoch ein signifikanter

Einfluss ($p < 0{,}05$) der Anzahl entgegenkommender Fahrzeuge auf die subjektive Dynamikwahrnehmung nachgewiesen werden. Dieses Resultat deckt sich wiederum mit dem in [46] nachgewiesenen Phänomen eines wesentlichen Anstiegs der visuellen Beanspruchung beim Durchfahren einer Engstelle, das offensichtlich auf den automatisiert längsgeführten Fahrbetrieb übertragbar ist.

5.2.4 Validierung der Hypothese

Der lineare Korrelationskoeffizient von $r = 0{,}71$ bestätigt mit einer Irrtumswahrscheinlichkeit von $\alpha < 0{,}001$ einen höchstsignifikanten Zusammenhang des Dynamikfaktors mit den Subjektivurteilen der Versuchspersonen und somit die Eignung des Dynamikfaktors zur Vorhersage der subjektiven Dynamikwahrnehmung im automatisiert längsgeführten Fahrzeugbetrieb.

Über das in Gleichung 5.1 angewandte arithmetische Mittel hinaus ist selbstverständlich auch die individuelle Gewichtung der einzelnen Perzentile möglich, die unter Umständen einen noch stärkeren Zusammenhang des in Abbildung 5.5 gezeigten Urteilskollektivs der Hauptstudie offenbart. Zur Prüfung dieser Vermutung werden die individuellen Gewichtungsfaktoren λ_i des allgemeinen linearen Regressionsmodells mit einer abhängigen Variablen ohne Wechselwirkungen [85, 171]

$$y = f(x_i) = \lambda_0 + \sum_{i>0} \lambda_i \cdot x_i + e \qquad [5.3]$$

durch eine multiple lineare Regression bestimmt. Daraus resultiert ein lineares Regressionsmodell mit einem Bestimmheitsmaß von $R^2 = 0{,}552$ ($R = 0{,}743$), das den Zusammenhang zwischen Dynamikfaktor und Subjektivurteilen nur geringfügig besser approximiert als die Gleichgewichtung der normierten Einzelperzentile. Die individuelle Gewichtung der linearen multiplen Regression führt jedoch zu einer exzessiven Gewichtung der Querbeschleunigung $Q_{.95}(|a|)$ und einer Vernachlässigung der übrigen Größen, die durch die hohe Übereinstimmung der Querbeschleunigung mit den Subjektivurteilen zwar mathematisch erklärbar, inhaltlich jedoch nicht vertretbar ist: Ein subjektiv ausgesprochen undynamischer Fahrstil würde unter Anwendung dieser exzessiven Gewichtung durch den Dynamikfaktor bereits als sehr dynamisch bewertet, wenn er nur eine einzige querdynamisch stark ausgeprägte Kurvenfahrt enthält, die in der Lage ist, das 95. Perzentil maßgeblich zu beeinflussen. Die als „Homogenität" zu interpretierende Gleichmäßigkeit der fahrdynamischen Ausprägung des Fahrstils würde in diesem Fall vernachlässigt. Die angestrebte Vorhersagbarkeit der subjektiven Dynamikwahrnehmung auf Basis objektiver fahrdynamischer Messgrößen wäre verfehlt. Diese Analyse bestätigt die Anwendung des arithmetischen Mittels der normierten Perzentile zur Definition des Dynamikfaktors nach Gleichung 5.1

und mahnt gleichzeitig zur Beschreibung der fahrdynamischen Ausprägung eines Fahrstils durch möglichst viele möglichst unkorrelierte Einzelgrößen zur Gewährleistung der angesprochenen Homogenität.

Nichtlineare Regressionsmodelle sind potenziell in der Lage, eine noch stärkere Korrelation zwischen Dynamikfaktor und Subjektivurteilen zu finden als das lineare Regressionsmodell nach Gleichung 5.3. Darum wurden auch quadratische und kubische Regressionsmodelle mit einer abhängigen Variablen ohne Wechselwirkungen nach der allgemeinen Form [171]

$$y = f(x_i) = \lambda_0 + \sum_{i>0} \sum_{j\geq0} \lambda_{ij} \cdot (x_i)^j + e, \quad j = \{2,3\} \tag{5.4}$$

angewandt. Das quadratische Regressionsmodell liefert ein Bestimmtheitsmaß von $R^2 = 0{,}503$ ($R = 0{,}709$) – marginal höher als in der linearen Regression – und stimmt auch in den Gewichtungsfaktoren nahezu mit dem linearen Regressionsmodell überein. Das kubische Regressionsmodell gelangt zu einem Bestimmtheitsmaß von $R^2 = 0{,}515$ ($R = 0{,}718$) – ebenfalls nur unwesentlich höher als das lineare Regressionsmodell. Die kubische Approximation konvergiert jedoch für $f_{\mathrm{dyn}} \to -\infty$ gegen ∞ und für $f_{\mathrm{dyn}} \to \infty$ gegen $-\infty$. Diese Charakteristik scheint zwar aufgrund der im Streudiagramm 5.5 gezeigten Daten mathematisch korrekt, entbehrt jedoch jeder praktischen Begründung. Nach Prüfung der verschiedenen Regressionsmodelle verbleibt deshalb die Definition des Dynamikfaktors nach Gleichung 5.1 als arithmetisches Mittel der auf die Clusterzentren normierten Perzentile.

Definition 5.1 erlaubt die Festlegung des konstanten Offsets λ_0. Dieser ergibt sich aufgrund der in Abbildung 5.5 ersichtlichen linearen Regression als

$$\lambda_0 = 0{,}204. \tag{5.5}$$

Er besitzt eine Standardabweichung von $S = 0{,}017$, ist aufgrund einer Irrtumswahrscheinlichkeit von $p < 0{,}001$ höchstsignifikant und bedeutet eine um durchschnittlich +20,4 % gesteigerte subjektive Dynamikwahrnehmung der Versuchsteilnehmer bei Anwendung einer durch die Vorstudienteilnehmer eigens gewählten maximal undynamischen Ausprägung des Fahrstils. Erklärbar ist dieses Phänomen aufgrund der gewählten Vorgehensweise: Während die zur Skalierung des Dynamikfaktors verwendeten Clusterzentren auf Basis der manuellen Fahrten der Vorstudienteilnehmer gebildet wurden, ergeben sich die Subjektivurteile der Hauptstudienteilnehmer unter Anwendung der automatisierten Fahrzeuglängsführung. Diese Veränderung der subjektiven Wahrnehmung des Fahrgeschehens wird im Rahmen des automatisierten Fahrens als „Beifahrer-Effekt" bezeichnet und als wesentlicher Einflussfaktor auf die Akzeptanz teilautonomer Fahrzeugfunktionen bewertet [120, 274]. Der empirisch ermittelte

Parameter λ_0 stellt eine erste Quantifizierung des Effekts dar und ermöglicht eine darauf aufbauende Parametrierung von Fahrerassistenzsystemen der automatisierten Längsführung.

5.2.5 Einsatz des Dynamikfaktors in der Funktionsapplikation

Die gewonnenen Erkenntnisse über die Korrelation der subjektiven Dynamikwahrnehmung mit objektiven fahrdynamischen Messgrößen schaffen die Basis zur geeigneten Parametrierung der energieoptimalen vorausschauenden Längsführung für den Einsatz im realen Fahrbetrieb bis hin zu einer möglichen kontinuierlichen Adaption auf den aktuellen Fahrerwunsch während des Fahrbetriebs [211, 212]. Wenngleich seine Eignung lediglich für den untersuchten Strecken- und Fahrzeugtyp nachgewiesen ist, ermöglicht der resultierende Dynamikfaktor f_{dyn} jedenfalls die Bewertung und Gegenüberstellung verschiedener Fahrstrategien hinsichtlich ihrer fahrdynamischen Ausprägung und subjektiven Wahrnehmung durch den Fahrer.

So wurden zur Demonstration der Assistenzfunktion drei verschiedene Ausprägungen „Komfort", „Dynamik" und „Dynamik Plus" appliziert mit dem Ziel, die technisch mögliche fahrdynamische Spreizung auf der Versuchsstrecke exemplarisch erlebbar zu machen [103, 104]. Der entwickelte Dynamikfaktor f_{dyn} erwies sich darin als geeignetes stetiges Maß, um mögliche Ausprägungen vor der subjektiven Beurteilung „online" im realen Fahrbetrieb bereits „offline" auf Basis der objektiven fahrdynamischen Kenngrößen in der Simulation zu beurteilen und zu vergleichen. Abbildung 5.6 zeigt die entstandenen, im Versuchsfahrzeug PANAMERA S applizierten Ausprägungen sowie ihre resultierenden Anteile $f_{\mathrm{dyn},v}$, $f_{\mathrm{dyn},ax}$, $f_{\mathrm{dyn},ay}$ und $f_{\mathrm{dyn},n}$ am Dynamikfaktor f_{dyn}. Ersichtlich ist daraus die primäre Zielsetzung einer wahrnehmbaren Spreizung zwischen den Ausprägungen „Komfort" und „Dynamik". Die Variante „Dynamik Plus" stellt, wie anhand des Querbeschleunigungsanteils $f_{\mathrm{dyn},ay}$ zu erkennen ist, eine unter Sicherheitsaspekten verantwortbare fahrdynamische Extremalausprägung dar, die erfahrenen Testfahrern vorbehalten bleibt. Die auffällig große Differenz von Querbeschleunigungsanteil $f_{\mathrm{dyn},ay}$ und Drehzahlanteil $f_{\mathrm{dyn},n}$ ermöglicht maximale Effizienz im Sinne des Verhältnisses zwischen Durchschnittsgeschwindigkeit und Kraftstoffverbrauch, die auch unter den verschiedensten Verkehrsbedingungen des realen Fahrbetriebs meist deutliche Verbrauchseinsparungen gegenüber der manuellen Fahrzeuglängsführung erzielt [8, 103, 104].

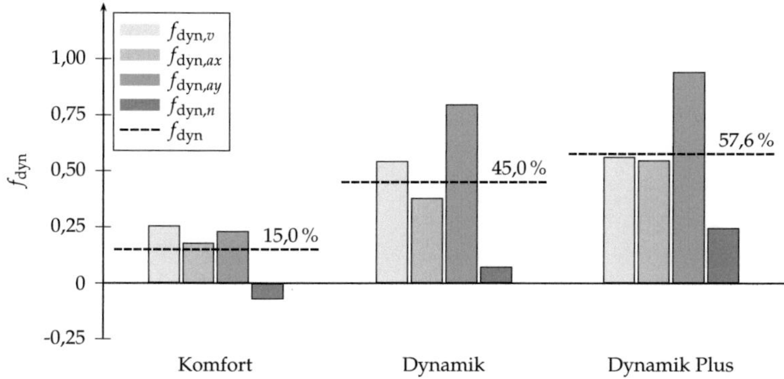

Abb. 5.6: Applizierte Dynamikausprägungen im Versuchsfahrzeug PANAMERA S

5.3 Prädiktion des vorausfahrenden Verkehrs

Die entscheidende Stärke des menschlichen Fahrers bei der Bewältigung der Fahraufgabe liegt ohne Zweifel in seinen antizipatorischen Fähigkeiten, die er insbesondere in übersichtlichen Fahrsituationen effektiv einsetzen kann, um gewünschte Ausprägungen des Fahrstils hinsichtlich der Fahrdynamik, des Fahrkomforts, der Fahrsicherheit und der Energieeffizienz umzusetzen [65, 222]. Über die unmittelbare visuelle Wahrnehmung des Fahrzeugumfelds hinaus bezieht er die vorhandene Streckenkenntnis ebenso mit ein wie antrainierte Wissens- und Verhaltensmuster, wie etwa fahrzeugspezifische oder witterungsabhängige Fahrdynamikeinflüsse [225]. Die Akzeptanz automatisierter Fahrerassistenzfunktionen ist aus diesem Grund maßgeblich geprägt durch ihre Anpassungsfähigkeit auf die subjektive Wahrnehmung und individuelle Erwartungshaltung des Fahrers [34, 87, 125], die bereits Inhalt umfangreicher Studien sind [2, 58, 126, 170]. Im Verkehr ist die individuelle Wahrnehmung und Erwartungshaltung des Fahrers natürlich wesentlich durch die Interaktion mit anderen Verkehrsteilnehmern geprägt [263]. Die Erwartung gegenüber einer energieoptimalen vorausschauenden Längsführungsassistenz schließt eine energieeffiziente Folgefahrt hinter vorausfahrenden Fahrzeugen mit ein, die durch starre Einhaltung eines konstanten Sicherheitsabstands nicht mehr darstellbar ist. Notwendig ist eine ebenfalls vorausschauende Folgestrategie, die analog zum menschlichen Antizipationsvermögen sowohl das Fahrverhalten des vorausfahrenden Verkehrsteilnehmers als auch bekannte prädiktive Streckendaten mit in die Längsdynamikregelung des eigenen Fahrzeugs einbezieht.

Begriffsbestimmung

Zur Beschreibung der Handlungen des Fahrers zur Bewältigung der Fahraufgabe werden in der Literatur eine Reihe von Begriffen weitgehend synonym verwendet, deren folgende grobe Abgrenzung zum einheitlichen Verständnis des Untersuchungsgegenstands beitragen soll.

Der Begriff des „Fahrverhaltens" wird in der Literatur in zweierlei Hinsicht verwendet: einerseits im Sinne des „Fahrzeugverhaltens" als physikalische Reaktion des Fahrzeugs auf fahrdynamische Anregungen, andererseits im Sinne des Gesamtverhaltens – im vorliegenden Fall insbesondere des „Fahrerverhaltens" – im Wirkzusammenhang zwischen Fahrer, Fahrzeug und Umwelt [239]. Der Begriff des „Fahrstils" wird im Wesentlichen als sprachliches Synonym des Fahrerverhaltens verwendet und in [97] aufgrund seiner langsfristig entwickelten Ausprägung noch von der eher kurzfristig wirkenden „Fahrweise" unterschieden. Der „Fahrertyp" wird meist durch subjektive und emotionale Attribute bezüglich Motivation, Risikobereitschaft und Fahrkönnen des Fahrers kategorisiert [58] wie beispielsweise in [3] als „unauffälliger Durchschnittsfahrer", „wenig routinierter-unentschlossener Fahrer", „sportlich-ambitionierter Fahrer" oder „risikofreudig-aggressiver Fahrer".

Die folgenden Ausführungen beschränken sich auf die Prädiktion des Fahrstils des vorausfahrenden Verkehrsteilnehmers, der als Zusammenfassung der unmittelbaren Fahrerhandlungen zur Längs- und Querführung des Fahrzeugs verstanden wird und sich folglich auf die in Abschnitt 5.1.2 definierten Ebenen der Bahnführung und Stabilisierung beschränkt. Aufgrund seines individuellen Fahrstils wird ein vorausfahrender Verkehrsteilnehmer einem Fahrertyp zugeordnet, dessen Grenzen jedoch nicht als konstant vorgegeben sind und eine variable Anzahl ähnlicher Fahrstile zusammenfasst.

5.3.1 Zielsetzung der Fahrstilprädiktion

Die definitionsgemäße Objektivierung und Erfassung des individuellen Fahrstils wird in der Praxis durch viele Einflussgrößen erschwert. Im vorliegenden Fall ist aufgrund der Betrachtung des vorausfahrenden Verkehrsteilnehmers – im Vergleich zur Messung im eigenen Fahrzeug, wie etwa in [58], [95] oder [170] – die Bandbreite physikalisch geeigneter Fahrdynamikgrößen einzig auf die mithilfe des Abstandsradars gemessene Fahrgeschwindigkeit v_{TO} begrenzt. Die Kombination der Fahrgeschwindigkeit mit prädiktiven Streckendaten – insbesondere der Fahrbahnsteigung α und der Kurvenkrümmung κ – bietet allerdings bemerkenswerte Möglichkeiten zur Erkennung des Fahrstils vorausfahrender Verkehrsteilnehmer. So nennt bereits [153] die Fahrgeschwindigkeit als repräsentative Größe des Fahrstils und gibt als ihre streckencharakteristischen Einflussparameter die durchschnittliche Streckenkurvigkeit, die Kurvenkrümmung und die Sichtweite an, die gerade bei kleinen Kurvenradien kaum voneinander zu trennen sind. [58] und [77] bestätigen, dass meist die Fahrgeschwindigkeit bei Geradeausfahrt, die Querbeschleunigung in Kurven sowie die angewandte Längsbeschleunigung und Längsverzögerung zur Charakterisierung des Fahrstils herangezogen werden – Größen, die allesamt durch Verknüpfung der Fahrgeschwindigkeit mit prädiktiven Streckendaten messbar sind.

Zielsetzung der Fahrstilprädiktion ist es, vorausfahrende Fahrzeuge bei der Erzeugung der eigenen Fahrstrategie zu berücksichtigen. Dies erfordert prinzipiell zwei Anpassungen, die in der Übersichtsdarstellung 4.5 bereits enthalten sind:

1. Der Fahrschlauch muss in Abhängigkeit von der Geschwindigkeitswahl des vorausfahrendenen Verkehrsteilnehmers auf einen angemessenen Geschwindigkeitsbereich eingrenzt werden.

2. Die eigentliche Fahrstrategie muss durch Variation des Gütefunktionals J auf die Einhaltung eines energetisch günstigen und sicherheitsunkritischen Abstands zum vorausfahrenden Fahrzeug eingestellt werden.

Der Fahrstil des vorausfahrenden Verkehrsteilnehmers wird einzig durch die Wahl seiner Fahrgeschwindigkeit v_{TO} über der Fahrtstrecke s repräsentiert, die die Ort-Zeit-Trajektorie seiner Aufenthaltsposition vollständig repräsentiert. Als optimal gilt die Prädiktion also, wenn der prädizierte Geschwindigkeitsverlauf mit dem gemessenen Geschwindigkeitsverlauf übereinstimmt:

$$v_{\mathrm{Pr}}^{*}(s) = v_{\mathrm{TO}}(s) \qquad\qquad [5.6]$$

Selbstverständlich wird dieser Optimalfall in der Praxis nie eintreten. Darum sind die wichtigsten Zielkriterien der Fahrstilprädiktion:

- Schnelle Konvergenz, also ein schneller Lernvorgang

- Hohe Prognosegenauigkeit, also ein präziser Lernvorgang

- Geringe Schwankungsbreite, also ein robuster Lernvorgang

Diese gilt es bestmöglich zu erreichen. In jedem Fall muss dazu der Fahrstil des vorausfahrenden Fahrers in der Folgefahrt sukzessive erlernt werden. Dieser maschinelle Lernprozess geht mit dem menschlichen Lernprozess konform. Letzterer bringt in Anbetracht der leistungsfähigen visuellen menschlichen Wahrnehmung jedoch erhebliche sensorische und kognitive Vorteile mit sich.

Repräsentation des individuellen Fahrstils

In Anbetracht der begrenzten Ressourcen im Fahrzeug ist es sinnvoll, jeden Fahrstil durch einzelne möglichst aussagekräftige fahrdynamische Kenngrößen zu charakterisieren. Aufgrund der vielversprechenden Resultate vorangegangener Studien, darunter insbesondere [58] und [77], werden zur Charakterisierung des individuellen Fahrstils die folgenden physikalischen Größen angesetzt:

- Fahrgeschwindigkeit bei Geradeausfahrt

- Querbeschleunigung in Kurven

- Längsbeschleunigung

- Längsverzögerung

Sie werden in Form ihres 90. Perzentils $Q_{.90}$ aggregiert, das verbreitet Anwendung findet, um Ausreißer in Zeitreihenmessungen zu eliminieren [85].

In einer Test-Retest-Studie wurde abgeschätzt, inwieweit die genannten Kenngrößen in der Lage sind, die individuelle Geschwindigkeitswahl eines Fahrers zu charakterisieren [286]. Dazu wurden zwei im Umgang mit den Fahrzeugen geübte Versuchspersonen (0 weiblich, 2 männlich, durchschnittliches Alter: 29 Jahre) angewiesen, den Streckenabschnitt zwischen Iptingen und Mönsheim der einleitend beschriebenen Versuchsstrecke zweimal in beiden Richtungen unter Anwendung eines als durchschnittlich empfundenen Fahrstils zu absolvieren. Um die Einwirkung unkontrollierter Einflussgrößen zu reduzieren, wurden die Fahrten ohne Verkehrsbeeinflussung direkt nacheinander unter gleichen Umgebungsbedingungen durchgeführt. Die Differenzen der gewählten Geschwindigkeiten zwischen erster und zweiter Fahrt in Abhängigkeit von der Streckenposition wurden anhand ihrer Summenhäufigkeit bewertet. Sie dient – so die Annahme – als Maß für die intraindividuelle Reliabilität und stellt die bestmögliche Referenz in der Praxis dar.

Im Vergleich zu den Wiederholungsfahrten wurden 30 auf verschiedenen Streckenabschnitten der Versuchsstrecke in Folgefahrt aufgezeichnete Fahrprofile zufällig ausgewählter Fahrer ausgewertet. Für jede der Folgefahrten wurden die angesprochenen Kenngrößen berechnet und der Verlauf der durch die Kenngrößen bestimmten ortsabhängigen Maximalgeschwindigkeit künstlich nachgebildet. Die Differenzen zwischen real gemessener und nachgebildeter Geschwindigkeit in Abhängigkeit von der Streckenposition wurden wiederum zu einer Summenhäufigkeit aggregiert.

Eine Gegenüberstellung der ermittelten Summenhäufigkeiten zeigt, dass die anhand der Kenngrößen nachgebildeten Fahrprofile den Streubereich der Wiederholungsfahrten bereits nahezu treffen: Etwa 80 % der nachgebildeten Fahrprofile stimmen auf maximal $\pm 10\,\mathrm{km/h}$ mit den gemessenen Fahrgeschwindigkeiten überein. Die Wiederholungsfahrten streuen in diesem Bereich um etwa $\pm 9\,\mathrm{km/h}$. Die geringe Abweichung der Streuungen bestätigt die Eignung der gewählten Kenngrößen zur Repräsentation des Fahrstils.

5.3.2 Funktionsweise der Fahrstilprädiktion

Die Fahrstilprädiktion basiert auf der Aufzeichnung und Auswertung der ortsbezogenen Geschwindigkeitswahl $v_{\mathrm{TO}}(s)$ des vorausfahrenden Fahrers mithilfe des Abstandsradars, der Repräsentation seines Fahrstils mithilfe charakteristischer Kennwerte und der Extrapolation seines Fahrstils auf den vorausschauend bekannten Streckenabschnitt. Dabei ist im Prinzip jede Beeinflussung seines Fahrstils, etwa aufgrund des Fahrzeugtyps, der Witterungsbedingungen, der Beladung oder der Behinderung durch ein vorvorausfahrendes Fahrzeug, unerheblich, solange seine Geschwindigkeitswahl eine langfristig sinnvolle Zuordnung zu einem geeigneten Fahrertyp zulässt.

Die Ermittlung der charakteristischen Kennwerte erscheint einfach, sobald eine ausreichend große und repräsentative Datenmenge zur Charakterisierung des vorausfahrenden Fahrers vorliegt. Wie bereits diskutiert, ist diese Voraussetzung jedoch in der Praxis selten gegeben. Entscheidend ist darum vor allem eine schnelle, präzise und robuste Charakterisierung auf Basis einer geringen Datenmenge bereits kurz nach dem Erstkontakt. In dieser Situation lassen sich zwei Vorgehensweisen unterscheiden:

- Aus einer abgespeicherten Menge repräsentativer Fahrertypen wird derjenige Fahrertyp ausgewählt, dessen charakteristische Kennwerte den Geschwindigkeitsverlauf mit der besten Übereinstimmung zur bisherigen Aufzeichnung erzeugen.

- Durch erschöpfende Suche wird diejenige Variation der Kennwerte ermittelt, die den aufgezeichneten Geschwindigkeitsverlauf am besten repräsentiert. Lediglich die Extremalausprägungen der Kennwerte werden durch Erfahrungswerte begrenzt.

Erstgenanntes Verfahren greift auf bereits abgespeicherte Fahrertypen zurück, deren Vorteil in der statistischen Absicherung auf Basis umfangreicher Messungen liegt. Es ist davon auszugehen, dass ihre Verwendung im Lernprozess zu einer geringen Schwankungsbreite führt, der reale Fahrertyp aufgrund der zugrunde liegenden Gruppierung jedoch nicht exakt getroffen wird.

Letztgenanntes Verfahren repräsentiert den aufgezeichneten Geschwindigkeitsverlauf bereits nach der ersten Anwendung optimal und führt folglich zum präzisesten Lernprozess. Allerdings ist keine statistische Absicherung der Kennwerte gewährleistet und gerade am Anfang des Lernprozesses sind große Ausreißer zu erwarten, die den Fahrstil des vorausfahrenden Fahrers nur kurzfristig repräsentieren und häufig korrigiert werden müssen.

Beide Vorgehensweisen sind aus der Literatur bereits prinzipiell bekannt. So fasst [58] zusammen, dass die Anzahl unterschiedener Fahrstile je nach Studie zwischen zwei und acht variiert und darüber hinaus auch stetige Maße eingesetzt werden, die mit dem beschriebenen Vorgehen der erschöpfenden Suche vergleichbar sind. Die folgenden Ausführungen beschäftigen sich darum zunächst mit der Festlegung einer optimalen Anzahl der Fahrertypen, die im Gegensatz zu bekannten subjektiven Kategorisierungsverfahren auf einer objektiven Festlegung mithilfe der Clusteranalyse basiert.

Fahrertypfestlegung auf Basis der Clusteranalyse

Die Clusteranalyse ist ein Verfahren der multivariaten Datenanalyse mit dem Ziel, Untersuchungsobjekte so zu gruppieren, dass sich hinsichtlich ihrer relevanten Merkmale innerhalb jeder Gruppe eine möglichst homogene, zwischen den Gruppen hingegen eine möglichst heterogene Verteilung einstellt [12]. Sie bietet sich für die explorative Festlegung der Fahrertypen an und zeigt gegenüber Künstlichen Neuronalen Netzen (KNN) Vorteile hinsichtlich der Nachvollziehbarkeit aufgedeckter Zusammenhänge.

Zur Erzeugung einer repräsentativen Trainingsmenge für die Clusteranalyse werden 130 Messungen herangezogen, die aus Folgefahrten mit dem Versuchsfahrzeug PANAMERA S auf der gesamten Versuchsstrecke resultieren [286]. Aufgrund der zufälligen Auswahl vorausfahrender Fahrzeuge sowie Witterungsbedingungen und Tageszeiten kann von der Repräsentativität der Stichprobenmenge im Rahmen der örtlichen und jahreszeitlichen Gegebenheiten ausgegangen werden, wenngleich aufgrund sehr konstanter Wetterbedingungen deren Einfluss anhand der Messungen nicht identifizierbar ist.

Zur Clusterbildung der Fahrertypen dienen die bereits bestätigten Kenngrößen der Fahrgeschwindigkeit bei Geradeausfahrt, der Querbeschleunigung in Kurven sowie der Längsbeschleunigung und der Längsverzögerung des Fahrzeugs in Form des 90. Perzentils $Q_{.90}$. Aufgrund ihrer unterschiedlichen Wertebereiche werden die einzelnen Ausprägungen x_{ij} der j Merkmale durch Anwendung der z-Transformation [32]

$$z_{ij} = \frac{x_{ij} - \bar{x}_j}{S_j} \tag{5.7}$$

skaliert. Zur Festlegung der Fahrertypen werden im ersten Schritt der hierarchischen Clusteranalyse Ausreißer mithilfe des Single-Linkage-Verfahrens [12] eliminiert, in dem das euklidische Distanzmaß $d_{k,l}$ eingesetzt wird, um die Ähnlichkeit jeweils zweier Ausprägungen k und l des Merkmals j zu objektivieren:

$$d_{k,l} = \sqrt{\sum_j \left(x_{kj} - x_{lj}\right)^2} \qquad [5.8]$$

Im zweiten Schritt werden mithilfe des WARD-Verfahrens möglichst homogene Cluster gebildet. Als Varianzkriterium jedes Clusters dient in diesem Fall die Fehlerquadratsumme aller Ausprägungen i des Merkmals j [12]:

$$V = \sum_j \sum_i \left(x_{ij} - \bar{x}_j\right)^2 \qquad [5.9]$$

Resultat der Clusteranalyse ist eine Clustermenge $\mathcal{C}$ der verschiedenen Fahrertypen, die eine Simulation des beschriebenen Lernprozesses ermöglicht.

Validierung der Clustermengen

Zur Validierung der möglichen Clustermengen $\mathcal{C}_i$ wurden durch Folgefahrt mit dem Versuchsfahrzeug PANAMERA S weitere 12 Geschwindigkeitsprofile auf dem Streckenabschnitt von Iptingen nach Nußdorf aufgezeichnet [272]. Dieser gilt aufgrund seiner variantenreichen Streckencharakteristik als fahrdynamisch aussagekräftig und garantiert aufgrund seiner baulichen Gegebenheiten eine zuverlässige Erfassung des vorausfahrenden Fahrzeugs. Zur Steigerung der Repräsentativität wurden bewusst unterschiedliche Fahrzeugtypen wie Kleinwagen, Mittelklassewagen, Sportwagen, Lastwagen und Linienbusse beobachtet.

Mithilfe der gewonnenen Validierungsmenge an Messdaten lässt sich der beschriebene Lernprozess der Fahrstilprädiktion simulieren. Abbildung 5.7 zeigt eine beispielhafte Approximation des Fahrertyps mit fortschreitender Wegstrecke s in Wegschritten der Länge 10 m. Darin ist der fortschreitende Lernprozess durch Wechsel des Fahrertyps gut zu erkennen, der zwar lediglich auf dem als zurückgelegt interpretierten Teilabschnitt basiert, jedoch in den meisten Fällen eine robuste Annäherung an den optimalen Fahrertyp für die gesamte Fahrtstrecke schafft. Als geeignetes Gütemaß zur Bewertung der Fahrstilprädiktion erweist sich das arithmetische Mittel der relativen streckenabhängigen Abweichung zwischen gemessener und prognostizierter Fahrgeschwindigkeit des vorausfahrenden Fahrzeugs:

$$\Delta \bar{v}_{\mathrm{Pr}} = \frac{1}{s_{\mathrm{ges}}} \cdot \frac{|v_{\mathrm{TO}}(s) - v_{\mathrm{Pr}}(s)|}{v_{\mathrm{TO}}(s)} \qquad [5.10]$$

Dieses betragslineare Gütemaß bildet das in Gleichung 5.6 definierte Optimum ab und ist inhaltlich nachvollziehbar. Eine exponentielle Gewichtung der Ge-

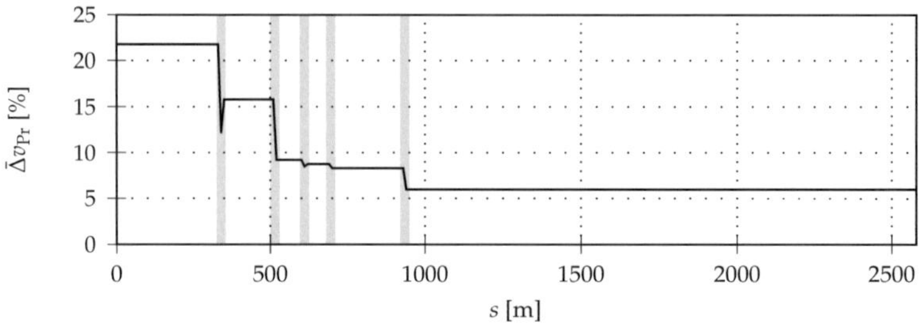

Abb. 5.7: Beispielhafte Approximation des Fahrertyps nach [272]

schwindigkeitsabweichung zeigt keine signifikante Verbesserung hinsichtlich der Konvergenz des Lernprozesses [272].

Festlegung der optimalen Anzahl von Fahrertypen

Die Anzahl der Elemente der Clustermenge $|\mathcal{C}|$ ergibt sich entsprechend einer maximal tolerierten Fehlerquadratsumme $V_{\max}$ meist aufgrund subjektiver Kriterien aus dem sogenannten „Ellbogendiagramm" [286], in dem die Fehlerquadratsumme über der Clusteranzahl aufgetragen wird. Im vorliegenden Fall lässt sich jede Clustermenge jedoch auch simulatorisch validieren. Dazu wird die prozentuale Geschwindigkeitsabweichung der Fahrstilprädiktion wie bereits in Abbildung 5.7 über der Strecke aufgetragen, diesmal jedoch für das arithmetische Mittel aller 12 Validierungsmessungen. Es ergibt sich der in Abbildung 5.8 gezeigte Verlauf der mittleren prozentualen Geschwindigkeitsabweichung in Abhängigkeit von der angewandten Clustermenge $\mathcal{C}_{|\mathcal{C}|}$ im Vergleich zur erschöpfenden Suche. Wie bereits vermutet, erzeugt die erschöpfende Suche im ersten Abschnitt des Lernprozesses große Ausreißer, deren Ursache im kurzen Auswertungshorizont und der fehlenden statistischen Absicherung liegt. Erst ab etwa 1700 m entwickelt sich die erschöpfende Suche zum präzisesten Lernverfahren, jedoch nur mit marginalem Vorteil gegenüber einer ausreichend großen Clusteranzahl. Eine geringe Clusteranzahl ist jedoch nicht in der Lage, die realen Fahrtypen genau zu treffen und erzeugt eine bleibende Abweichung gegenüber den Vergleichsalternativen. Die tendenzielle Eignung großer Clustermengen wird schließlich durch Abbildung 5.9 bestätigt, in der die empirische Verteilungsfunktion F [85] der beschriebenen Vergleichsalternativen hinsichtlich der Geschwindigkeitsabweichung und der Fahrtzeitabweichung dargestellt ist. Auch hier zeigt sich die tendenzielle Eignung einer möglichst großen Clusteranzahl zur Repräsentation der Fahrertypen. Allerdings bleibt zu beachten, dass der allgemeine Vorteil

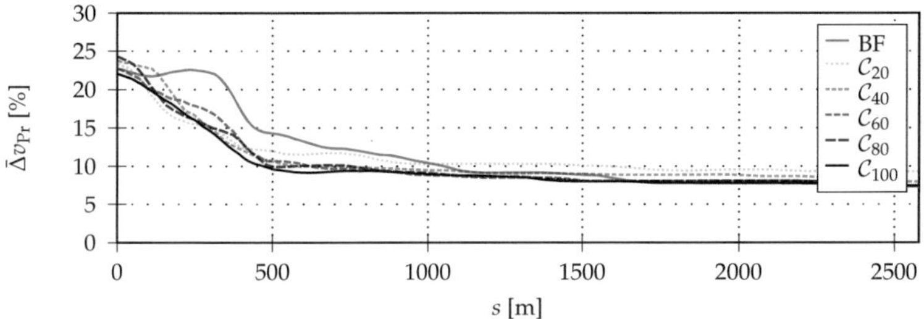

Abb. 5.8: Vergleich der Lernverfahren der Fahrstilprädiktion nach [272]

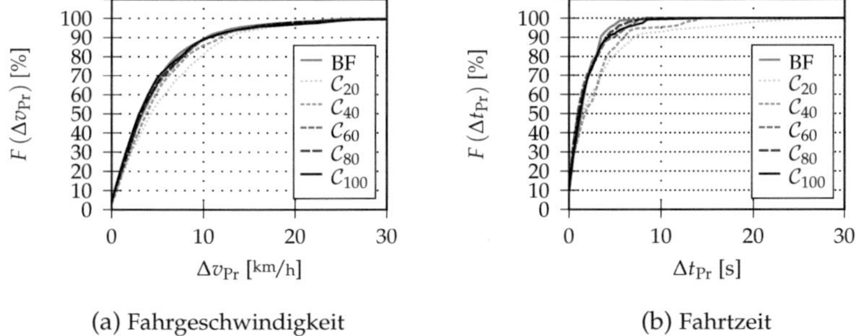

(a) Fahrgeschwindigkeit

(b) Fahrtzeit

Abb. 5.9: Vergleich der Clustermengen der Fahrstilprädiktion nach [272]

der Clustermengen in der statistischen Absicherung liegt, die mit steigender Clusteranzahl abnimmt. Die statistische Absicherung schlägt sich schließlich in der in Abbildung 5.10 beispielhaft gezeigten maximalen Fahrtzeitabweichung nieder als maximale Schwankungsbreite des Lernprozesses, die neben Konvergenz und Präzision als qualitatives Gütekriterium festgehalten wurde und für einen robusten Lernprozess und die resultierende Erzeugung einer optimalen Fahrstrategie ebenfalls essenziell ist. Die Abbildung zeigt, dass die maximale

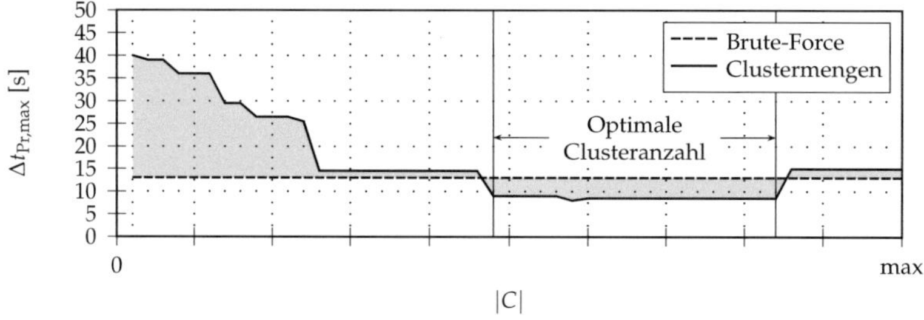

Abb. 5.10: Einfluss der Clusteranzahl auf die Prädiktionsabweichung nach [272]

Prognoseabweichung der Fahrtzeit sich mit steigender Clusteranzahl zuerst verringert, dann ein ausgeprägtes Minimum erreicht und zuletzt wieder ansteigt. Nur im markierten mittleren Bereich ist die maximale Abweichung der Clustermengen geringer als die der erschöpfenden Suche. Darin bestätigt sich die statistische Absicherung, die bei größeren Clustermengen auf Kosten der Flexibilität eingebüßt wird. Eine nach den festgehaltenen Gütekriterien optimale Anzahl der Fahrertypen für die Fahrstilprädiktion ist folglich im markierten Bereich zu finden, der die diskutierten Vorteile der statistischen Absicherung und der flexiblen Fahrertyprepräsentation vereint.

5.3.3 Prädiktive Berücksichtigung vorausfahrender Fahrzeuge

Mithilfe der entwickelten Fahrstilprädiktion lässt sich die Geschwindigkeitswahl des vorausfahrenden Verkehrsteilnehmers in die eigene Fahrstrategie mit einbeziehen. Die Fahrstilprädiktion liefert dazu den in Abbildung 5.11 beispielhaft gezeigten prädizierten Geschwindigkeitsverlauf $v_{Pr}(s)$. Dieser beschreibt die Ort-Zeit-Trajektorie des vorausfahrenden Fahrzeugs vollständig und ermöglicht die Ableitung des prädizierten Zeitabstands d_{Pr} zum eigenen Fahrzeug. Durch

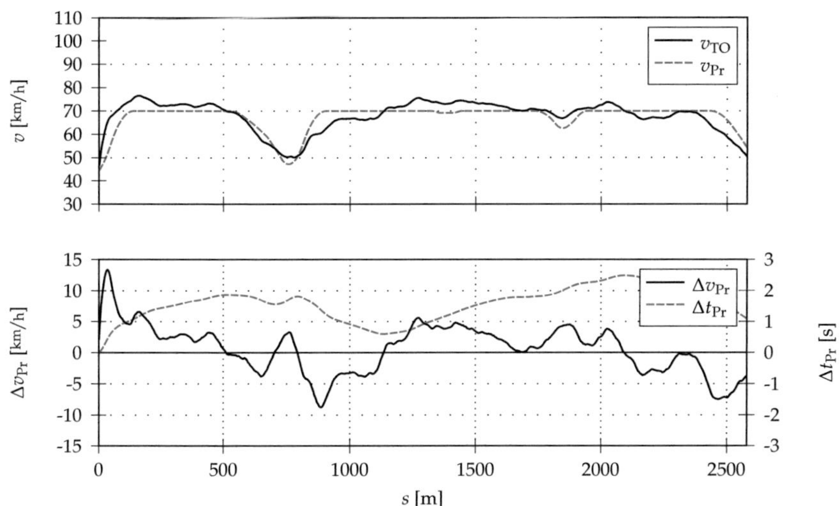

Abb. 5.11: Beispielhafte Fahrstilprädiktion nach [272]

Bewertung dieses Zeitabstands im Gütefunktional J können verschiedenste subjektive Komfortschwellwerte sowie ein sicherheitskritischer Mindestabstand $d_{\min}$ zum vorausfahrenden Fahrzeug in der Erzeugung der optimalen Sollwerttrajektorien berücksichtigt werden.

Abbildung 5.12 zeigt das Resultat einer beispielhaften Fahrstilprädiktion auf dem Streckenabschnitt zwischen Iptingen und Nußdorf. Darin wird ein vorausfahrendes Fahrzeug simuliert und dessen Fahrgeschwindigkeit $v_{\mathrm{Pr}} = v_{\mathrm{TO}}$ in der Optimierung der eigenen Fahrtstrategie berücksichtigt. Der Startwert der Simulation wird mit $d_{\mathrm{Pr}}(0) = d_{\mathrm{TO}}(0) = 4\,\mathrm{s}$, der sicherheitskritische Mindestabstand mit $d_{\min} = 2\,\mathrm{s}$ angesetzt. Zu erkennen ist, dass der Abstand zum vorausfahrenden Fahrzeug – im Gegensatz zur starren Einhaltung eines konstanten Abstands – variiert, um eine effiziente Folgefahrt zu realisieren. Die im eigenen Fahrzeug höher tolerierte Querbeschleunigung wird in den Kurven bei etwa 750 m und bei etwa 1800 m ausgenutzt, um das eigene Fahrzeug weniger stark zu verzögern und weniger stark zu beschleunigen und dadurch die gewünschte Kraftstoffersparnis zu erzielen, die gleichzeitig einer aus Fahrersicht nachvollziehbaren Abstandsvariation in der Folgefahrt entspricht.

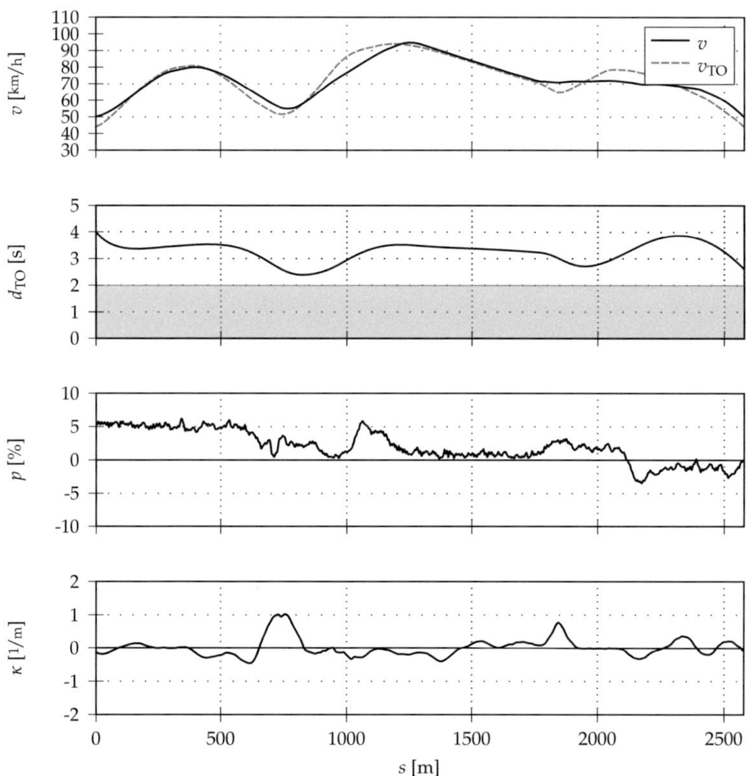

Abb. 5.12: Beispielhafte Folgefahrtsimulation mit Fahrstilprädiktion

Kapitel 6

Der Zielkonflikt zwischen Kraftstoffverbrauch und Fahrdynamik

In Kapitel 4 wurde die Einsatzfähigkeit des entwickelten Fahrerassistenzsystems sowie die Reproduzierbarkeit der erzeugten Fahrstrategie unter realen Umgebungsbedingungen nachgewiesen. Die Korrelation der Simulationsresultate mit den aufgezeichneten Messungen dient als exemplarischer Nachweis ihrer Aussagekraft und bildet die Grundlage weiterführender Analysen, mit denen sich das folgende Kapitel beschäftigt.

Das in Kapitel 3 definierte Gütefunktional des Optimierungsalgorithmus bietet die Möglichkeit, die verschiedenen Zielkriterien der Optimierung zu gewichten und somit ihre Abhängigkeiten allgemeingültig darzustellen. Im ersten Abschnitt des folgenden Kapitels wird diese Eigenschaft ausgenutzt, um den immanenten Zielkonflikt zwischen Kraftstoffverbrauch und Fahrdynamik zu veranschaulichen. Seine bestmögliche Auflösung – unabhängig von der betrachteten Versuchskonfiguration – kann durch das Optimierungsprinzip der Dynamischen Programmierung erzielt werden.

Im zweiten Abschnitt des Kapitels werden ausgewählte Einflussparameter der Optimierung – die tolerierte Querbeschleunigung, die zugelassene Geschwindigkeitsvariation, die Gesamtmasse des Fahrzeugs sowie der Leerlaufverbrauch des Verbrennungsmotors – in einer exemplarischen Sensitivitätsanalyse untersucht. Nach wie vor wird darin der Zielkonflikt zwischen Kraftstoffverbrauch und Fahrdynamik abgebildet und dadurch die Übertragbarkeit der ermittelten Sensitivitäten über verschiedenste fahrdynamische Ausprägungen der Fahrstrategie hinweg ermöglicht.

Nach der exemplarischen Beurteilung ausgewählter Einflussparameter wird im dritten Abschnitt des Kapitels eine Verallgemeinerung der angewandten Vorgehensweise diskutiert, die auf der Erzeugung eines fahrzeugspezifischen Metamodells der Optimierung mithilfe Statistischer Versuchsplanung beruht. Dieses Metamodell ermöglicht die Vorhersage von Durchschnittsgeschwindigkeit und Streckenverbrauch, berücksichtigt Einflussparameter sowohl des Fahrzeugs als auch des Fahrerwunsches als auch der Fahrtroute und ist einsetzbar zur kurzfristigen Information des Fahrers sowie zur Optimierung applizierter Ausprägungen der Fahrstrategie in geschlossener Form.

6.1 Dialogfähigkeit der optimalen Fahrstrategie

Durch die in Abschnitt 3.6.5 erläuterte Definition des LAGRANGEschen Gütefunktionals J als gewichtete Summe der Kostenkriterien wurde die Voraussetzung zur Anpassung der Optimallösung durch den Entscheidungsträger geschaffen, die als Dialogfähigkeit bezeichnet wird. Mit den Gewichtungsfaktoren λ_i stehen in weiterer Folge Applikationsparameter zur Verfügung, die die Erzeugung verschiedenster Ausprägungen der resultierenden Fahrstrategie und die Anpassung an den individuellen Fahrerwunsch ermöglichen.

Der systemimmanente Zielkonflikt zwischen Energieeffizienz und Fahrdynamik tritt zutage in Form des Gewichtungsfaktors der Fahrgeschwindigkeit, der – wie in Kapitel 5 diskutiert – maßgeblich auf dem individuellen und subjektiven Dynamikwunsch des Fahrers beruht. Gleichzeitig leistet er den entscheidenden Beitrag zur Dialogfähigkeit des implementierten Fahrerassistenzsystems und damit zur Akzeptanz der energieoptimalen vorausschauenden Längsführung im realen Fahrbetrieb.

Um einen objektiven Vergleich zwischen alternativen Optimallösungen zu schaffen, wird der Kompromiss zwischen Energieeffizienz und Fahrdynamik durch Erzeugung einer repräsentativen Lösungsmenge veranschaulicht. Die Variation des Gewichtungsfaktors der Fahrgeschwindigkeit gegenüber fixierten Gewichtungsfaktoren der restlichen Kostenterme erzeugt dabei die nichtdominierten Optimallösungen des mehrkriteriellen Optimierungsproblems. Diese bilden eine konvexe PARETO-Front im Lösungsraum des Optimierungsproblems [150, 236], der im vorliegenden Fall von der Durchschnittsgeschwindigkeit $\bar{v}$ und dem Streckenverbrauch B_s aufgespannt wird. Abbildung 6.1 zeigt eine beispielhafte Lösungsmenge für den Streckenabschnitt von Eberdingen nach Weissach sowie die exponentielle Approximation der PARETO-Front. Die nichtdominierte Lösungsmenge befindet sich innerhalb eines engen Streubereichs und kann durch exponentielle Approximation nach der allgemeinen Form

$$y = f(x) = \lambda_0 + \lambda_1 \cdot \lambda_2^x \qquad [6.1]$$

modelliert werden. Die exponentielle Form der PARETO-Front erklärt sich wie folgt: Wie aus Gleichung [2.20] ersichtlich, ist der Streckenverbrauch B_s maßgeblich geprägt durch die Fahrwiderstände F_W, die in Summe exponentiell von der Fahrgeschwindigkeit v abhängen. Bei hohen Durchschnittsgeschwindigkeiten $\bar{v}$ auf kurvenreichen Strecken fällt vor allem der erforderliche Leistungsbedarf zur Beschleunigung des Fahrzeugs ins Gewicht, der während der Bremsverzögerung in Form von Wärme verloren geht. Der Kraftstoffverbrauch zur Überwindung der Fahrwiderstände kann nach WILLANS prinzipiell in guter Näherung als

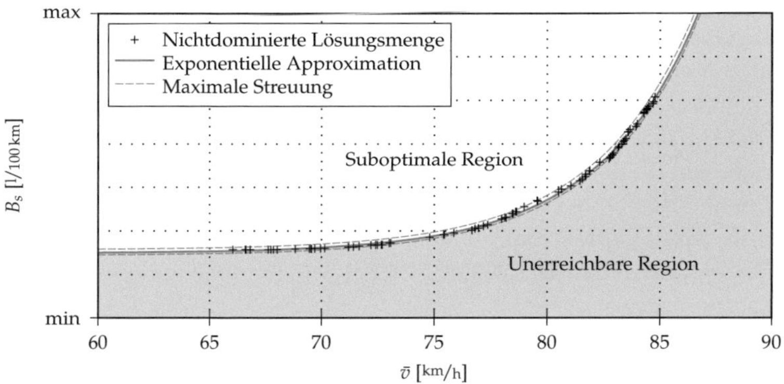

Abb. 6.1: Beispiel einer PARETO-Front der nichtdominierten Lösungsmenge

Summe eines Leerlaufverbrauchs, dessen Massenstrom exponentiell von der Motordrehzahl abhängt, und eines Effektivleistungsverbrauchs, dessen Massenstrom linear von der abgegebenen Effektivleistung abhängt, ausgedrückt werden [228]. Aufgrund der exponentiellen Charakteristik der Fahrwiderstände ergibt sich daraus in Summe für Fahrgeschwindigkeiten oberhalb von etwa 50 km/h eine ebenfalls exponentielle Abhängigkeit des gesamten Streckenverbrauchs B_s von der Fahrgeschwindigkeit v. In niedrigen Geschwindigkeitsbereichen verursachen zeitlich konstante Leistungsaufwände wie der Leistungsbedarf der Nebenaggregate P_{Agg} und der Leerlaufverbrauch $\dot{m}_{\mathrm{Kr,LL}}$ einen ebenfalls exponentiellen Anstieg des Streckenverbrauchs; dieser wird jedoch aufgrund der PARETO-Optimalität nach Gleichung [3.48] nicht durch die Lösungsmenge abgebildet, solange für die Gewichtungsfaktoren λ_i im Gütefunktional J gilt:

$$\begin{aligned} \lambda_i \geq 0, \quad &\text{für alle } i = 1,2,\ldots,K \\ \lambda_i > 0, \quad &\text{für mindestens ein } i \end{aligned} \qquad [6.2]$$

Die exponentielle Approximation der PARETO-Front ermöglicht eine Sensitivitätsanalyse verbrauchsreduzierender Gesamtfahrzeugmaßnahmen im realen Fahrbetrieb in geschlossener Form, ohne eine Einschränkung auf einzelne fahrdynamische Ausprägungen vornehmen zu müssen. Vor dem Hintergrund alternativer Bewertungsmethoden erscheint diese Eigenschaft als erwähnenswert:

Die geläufigste Methode zur Beurteilung von Gesamtfahrzeugmaßnahmen zur Verbrauchsreduzierung im realen Fahrbetrieb ist die Durchführung vergleichender Messungen mit speziell ausgerüsteten Versuchsfahrzeugen. Zur Gewährleistung ihrer Aussagekraft werden darin möglichst umfangreiche Probandenkollektive eingesetzt, deren Varianz aufgrund des individuellen Fahrstils durch Aggregation der Messdatenkollektive bewältigt wird. Diese Vorgehensweise ist jedoch mit einem enormen Aufwand verbunden, einerseits aufgrund der erforderlichen Ausrüstung der Versuchsfahrzeuge, andererseits aufgrund der erforderlichen Anzahl an Probanden und an durchzuführenden Messungen im realen Fahrbetrieb. Schließlich hängt die statistische Aussagekraft und Präzision der gewonnenen Resultate entscheidend von der Anzahl der teilnehmenden Probanden ab, deren Repräsentativität jedoch allein aufgrund ihrer in Kapitel 5 angesprochenen wechselhaften intraindividuellen Reliabilität äußerst schwierig abzusichern und nachzuweisen ist.

Aufgrund der in Abschnitt 4.5 exemplarisch überprüften Korrelation von Simulation und Messung hinsichtlich der Fahrgeschwindigkeit $\bar{v}$ und des Kraftstoffverbrauchs B_s kann von der Reproduzierbarkeit der simulatorisch erzeugten Optimallösungen im realen Fahrbetrieb ausgegangen werden. Die exponentielle Approximation der nichtdominierten Lösungsmenge repräsentiert folglich die Grenzkurve des im realen Fahrbetrieb darstellbaren Zielkonflikts zwischen Energieeffizienz und Fahrdynamik im Fall der vorliegenden Versuchskonfiguration durch Einsatz des implementierten Assistenzsystems. Gegenüber der Analyse varianzbehafteter Messdatenkollektive ist die approximierte PARETO-Front auf eine in jeder fahrdynamischen Ausprägung eindeutige Lösung in Form der Exponentialfunktion $B_s(\bar{v})$ in Abhängigkeit von zugrunde gelegtem Streckenprofil sowie abgeleitetem Fahrschlauch präzisiert. Aufgrund des engen Streubereichs der nichtdominierten Lösungsmenge sind bereits geringe Änderungen an der Konfiguration des untersuchten Fahrzeugsystems hinsichtlich ihres Einflusses auf den Kraftstoffverbrauch im realen Fahrbetrieb statistisch signifikant bewertbar – mit folgenden Vorteilen im Vergleich zu Normzyklen wie etwa dem MNEFZ:

- Unter Voraussetzung der im vorliegenden Fall nachgewiesenen Korrelation von Simulation und Messung repräsentiert die approximierte PARETO-Front den Kraftstoffverbrauch im realen Fahrbetrieb – zwangsläufig ohne Einbeziehung von Verkehr, jedoch unter Einbeziehung realer Umgebungsbedingungen und Streckencharakteristika, die simulatorisch variierbar sind.

- Durch Abdeckung des gesamten Bereichs realisierbarer Durchschnittsgeschwindigkeiten wird die Festlegung auf eine vorgegebene fahrdynamische Ausprägung vermieden, die die Übertragbarkeit der in Normzyklen ermittelten Resultate auf den realen Fahrbetrieb deutlich einschränkt[1].

---

[1]Selbstverständlich ist die Durchschnittsgeschwindigkeit allein nicht in der Lage, den Fahrstil vollständig zu charakterisieren. In der Praxis steigern weitere Einflussfaktoren die Varianz des Kraftstoffverbrauchs. Handelt es sich um festgelegte Zielkriterien, etwa hinsichtlich des Fahrkomforts, sind diese in der optimierten Fahrstrategie zu berücksichtigen.

6.2 Sensitivität der optimalen Fahrstrategie

In den folgenden Abschnitten soll die vorgeschlagene Methodik der Potenzialabschätzung eingesetzt werden, um den Einfluss exemplarischer Variationsparameter der energieoptimalen vorausschauenden Fahrzeuglängsführung auf den Kraftstoffverbrauch des Versuchsfahrzeugs PANAMERA S zu quantifizieren [242]. Als Variationsparameter werden beispielhaft die aus Abschnitt 4.3.4 bekannten Grenzwerte hinsichtlich der maximalen Querbeschleunigung und der maximalen Abweichung von der oberen Geschwindigkeitsgrenze sowie die technischen Fahrzeugparameter des Leerlaufverbrauchs und der Gesamtfahrzeugmasse ausgewählt. Um trotz der Abdeckung des gesamten Bereichs möglicher Durchschnittsgeschwindigkeiten $\bar{v}$ eindeutige Vergleichswerte des resultierenden Streckenverbrauchs B_S ausweisen zu können, wird als Vergleichsbasis die in Abschnitt 5.2.5 erläuterte und in Abschnitt 4.5 validierte Ausprägung „Komfort" mit einer Durchschnittsgeschwindigkeit von $\bar{v} = 75{,}37\,\mathrm{km/h}$ und einem Streckenverbrauch von $B_S = 8{,}57\,\mathrm{l/100km}$ als Referenz gewählt.

6.2.1 Einfluss der tolerierten Querbeschleunigung

Abbildung 6.2 zeigt die Variation der aus Abschnitt 4.3.4 bekannten und zur Erzeugung des zulässigen Fahrschlauchs angewandten maximalen Querbeschleunigung in fünf Stufen zwischen $2{,}5\,\mathrm{m/s^2}$ und $4{,}5\,\mathrm{m/s^2}$. Darin zeigt sich, dass die

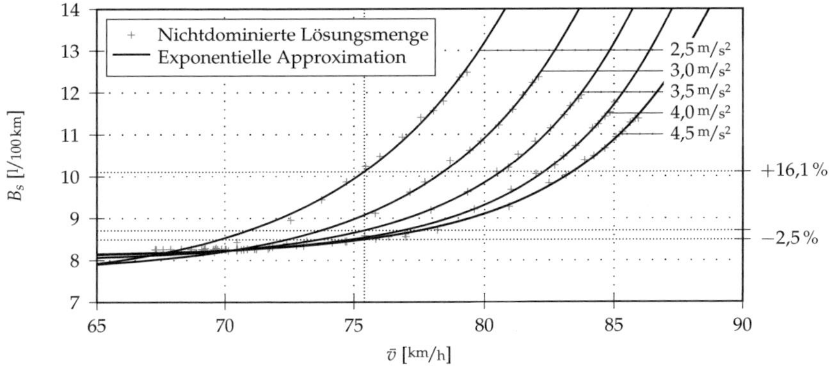

Abb. 6.2: Sensitivität der Optimallösung hinsichtlich der tolerierten Querbeschleunigung

maximal vom Fahrer tolerierte Querbeschleunigung einen erheblichen Einfluss auf das Verhältnis zwischen Durchschnittsgeschwindigkeit und Streckenverbrauch hat. In Anbetracht eines fest vorgegebenen Fahrschlauchs kann eine Steigerung der Durchschnittsgeschwindigkeit selbstverständlich nur durch höhere Werte der Längsbeschleunigung und -verzögerung erzielt werden, die eine deutliche Erhöhung des Kraftstoffverbrauchs zwangsläufig zur Folge haben. Eine Senkung der maximalen Querbeschleunigung in der zugrunde gelegten Ausprägung „Komfort" um $1{,}0\,\mathrm{m/s^2}$ hätte eine Erhöhung des Kraftstoffverbrauchs um $16{,}1\,\%$ zur Folge. Eine weitere Steigerung der maximalen Querbeschleunigung um $1{,}0\,\mathrm{m/s^2}$ hingegen würde eine weitere Verbrauchssenkung um lediglich $2{,}5\,\%$ erzielen.

6.2.2 Einfluss der Geschwindigkeitstoleranz

Abbildung 6.3 veranschaulicht die Sensitivität der optimalen Fahrstrategie hinsichtlich der in Abschnitt 4.3.4 erläuterten, vom Fahrer tolerierten maximalen Abweichung der unteren Geschwindigkeitsgrenze $v_{\min}(s)$ von der oberen Geschwindigkeitsgrenze $v_{\max}(s)$ des generierten Fahrschlauchs. Die Abhängigkeit

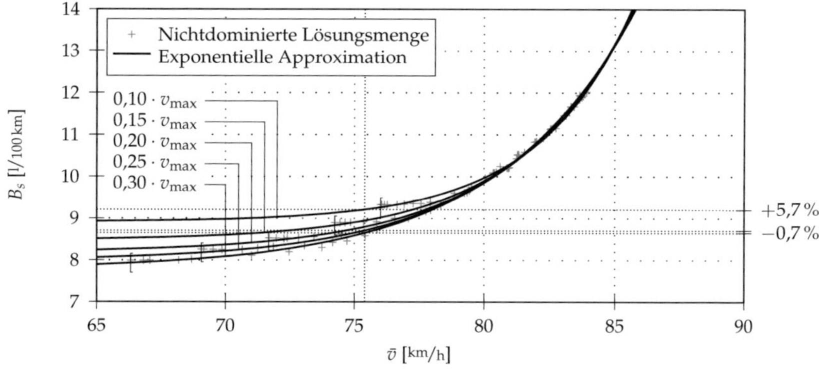

Abb. 6.3: Sensitivität der Optimallösung hinsichtlich der Geschwindigkeitstoleranz

des Kraftstoffverbrauchs zeigt sich darin lediglich im Bereich niedriger Durchschnittsgeschwindigkeiten und wird im Bereich hoher Durchschnittsgeschwindigkeiten durch den Kostenterm der Fahrgeschwindigkeit im LAGRANGEschen

Gütefunktional J dominiert. Erwartungsgemäß verändert sich die untere Grenze des darstellbaren Geschwindigkeitsbereichs – in Abbildung 6.3 jeweils durch einen senkrechten Strich markiert – deutlich mit der gewählten Geschwindigkeitstoleranz, sodass eine niedrige Toleranzvorgabe bereits unabhängig vom gewählten Gewichtungsfaktor der Fahrgeschwindigkeit eine hohe minimale Durchschnittsgeschwindigkeit erzwingt. Durch weitere Vergrößerung der Geschwindigkeitstoleranz von 25 % auf 30 % kann gegenüber der Ausprägung „Komfort" lediglich eine Kraftstoffersparnis von weiteren 0,7 % erzielt werden. Eine Reduzierung der Geschwindigkeitstoleranz auf 10 % führt bei gleicher Durchschnittsgeschwindigkeit zu einer Erhöhung des Kraftstoffverbrauchs um 5,7 %, die vergleichsweise gering erscheint und somit einen möglichen Ansatzpunkt zur weiteren Steigerung der Fahrerakzeptanz bei gleichzeitiger Gewährleistung der Energieeffizienz bietet.

6.2.3 Einfluss der Fahrzeugmasse

Abbildung 6.4 zeigt den Einfluss der Fahrzeugmasse m auf den resultierenden Kraftstoffverbrauch, der sich in grober Näherung als linearer Zusammenhang darstellt. Die deutliche Zunahme des Masseneinflusses mit steigender Durch-

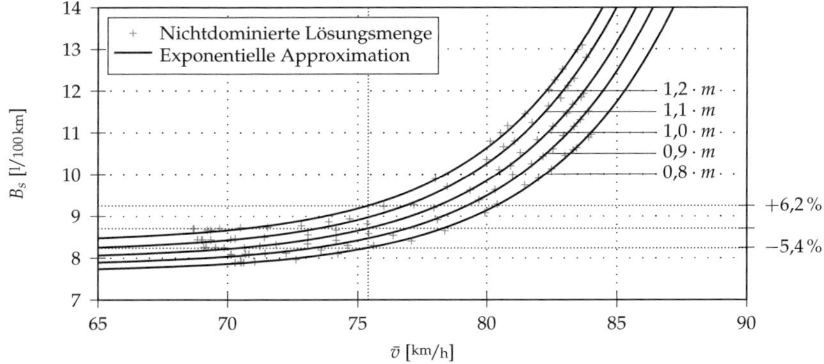

Abb. 6.4: Sensitivität der Optimallösung hinsichtlich der Fahrzeugmasse

schnittsgeschwindigkeit ist aufgrund der ebenso steigenden Längsdynamik in Anbetracht eines fest vorgegebenen Fahrschlauchs offensichtlich. Auf dem Geschwindigkeitsniveau der Ausprägung „Komfort" ergibt sich aufgrund einer

Erhöhung der ursprünglichen Fahrzeugmasse von 2053 kg um 20,0 % eine Erhöhung des Kraftstoffverbrauchs von 8,71 l/100 km auf 9,25 l/100 km um 6,2 %. Eine Massereduzierung um 20,0 % erzielt demgegenüber eine weitere Verbrauchssenkung um 5,4 % auf 8,24 l/100 km. Die beobachtete Sensitivität entspricht nach linearer Interpolation einem Mehrverbrauch von etwa 0,12 l/100 km pro 100 kg Mehrgewicht. Diese erscheint in Relation zur weit verbreiteten Faustformel [56, 267] von grob 0,50 l/100 km pro 100 kg Mehrgewicht als sehr gering. Die differenzierte analytische Betrachtung [146] zeigt jedoch, dass bei der Untersuchung gewichtsreduzierender Gesamtfahrzeugmaßnahmen die dadurch ermöglichten Folgemaßnahmen auf Komponentenebene wie etwa die Anpassung von Getriebeübersetzung und Motorhubraum unter Einhaltung gleicher Fahrleistungswerte nicht vernachlässigt werden dürfen. Für die im vorliegenden Fall untersuchte Sensitivität hinsichtlich der Fahrzeugmasse eines ottomotorisch betriebenen Fahrzeugs ohne weitere Anpassung der Antriebsstrangkomponenten wird ein Mehrverbrauch im MNEFZ von 0,15 l/100 km pro 100 kg Mehrgewicht prognostiziert. Diese Prognose bestätigt die beobachtete Sensitivität der energieoptimalen Längsführung, wobei die geringfügige Differenz aufgrund der Ausnutzung der im Fahrschlauch ermöglichten Geschwindigkeitstoleranzen im Gegensatz zum längsdynamisch eingeschränkten MNEFZ plausibel erscheint.

6.2.4 Einfluss des Leerlaufverbrauchs

Zentraler Bestandteil der energieoptimalen vorausschauenden Längsführung im untersuchten Fall einer rein verbrennungsmotorischen Triebstrangarchitektur ist die Nutzung der automatisierten Freilauffunktion, die die in der Fahrzeugmasse gespeicherte kinetische Energie effizient nutzt, um die Fahrwiderstände im realen Fahrbetrieb zu überwinden. Der Leerlaufverbrauch des Verbrennungsmotors $\dot{m}_{\mathrm{Kr,LL}}$ beeinflusst dabei augenscheinlich die Effizienz der Freilauffunktion und damit die gesamte resultierende Fahrstrategie.

Abbildung 6.5 zeigt die Sensitivität des Streckenverbrauchs B_s hinsichtlich einer Variation des Leerlaufverbrauchs $\dot{m}_{\mathrm{Kr,LL}}$ in fünf Stufen – ausgehend vom Nullverbrauch, für den der Verbrennungsmotor während der Freilaufphase abgeschaltet wird[2] bis zu einer Erhöhung um 100 %. Zusätzlich ist die Grenzkurve des Streckenverbrauchs ohne Freilauffunktion aufgetragen, die aus der effizienten Lösungsmenge mit gänzlicher Verhinderung von Freilaufphasen resultiert. Auf den

---

[2]Dieser simulatorische Vergleich beruht auf der theoretischen Annahme des Nullverbrauchs in Freilaufphasen. Das dynamische Verhalten beim Starten und Abschalten des Motors – insbesondere der resultierende Kraftstoffbedarf – ist darin nicht enthalten und muss zur realitätsgetreuen Berücksichtigung analog zu der in Abschnitt 3.6.4 erläuterten Modellierung der dynamischen Vorgänge im Optimierungsalgorithmus abgebildet werden.

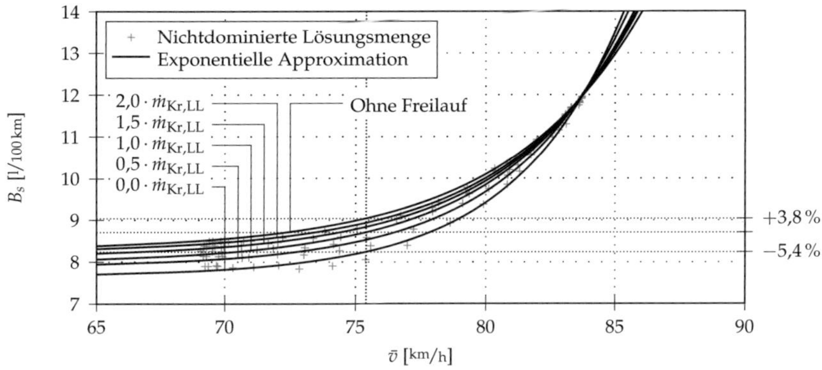

Abb. 6.5: Sensitivität der Optimallösung hinsichtlich des Leerlaufverbrauchs

ersten Blick ist zu erkennen, dass der Einfluss des Leerlaufverbrauchs sich grundsätzlich – ähnlich wie im Fall der Geschwindigkeitstoleranz in Abbildung 6.3 –
lediglich auf den Bereich niedriger Durchschnittsgeschwindigkeiten beschränkt.
Offensichtlich wird ab der Überschneidung der Grenzkurven bei etwa 83,5 km/h
die Freilauffunktion nicht mehr genutzt, da bereits allein der entsprechende
Gewichtungsfaktor im Gütefunktional J den Verlauf der Fahrgeschwindigkeit
vollständig dominiert. Im Bereich der Ausprägung „Komfort" scheint die Sensitivität hinsichtlich des Leerlaufverbrauchs relativ gering. Eine Variation um ±50 %
etwa beeinflusst den resultierenden Streckenverbrauch lediglich im Bereich weniger Zehntel. Bemerkenswert erscheint dagegen die weitere Verbrauchsreduzierung um 5,4 % durch Ausschalten des Motors in Freilaufphasen, derer es zwar
aufgrund des Zeitverhaltens und des Kraftstoffverbrauchs beim Starten und
Abschalten des Verbrennungsmotors und den damit einhergehenden Komfort-
auswirkungen einer differenzierten Untersuchung bedarf, die aber jedenfalls das
Potenzial zukünftiger Weiterentwicklungen der energieoptimalen vorausschauenden Längsführung aufzeigt. Aus dem Vergleich der Ausprägung „Komfort"
mit der Ausprägung ohne Freilauffunktion geht schließlich hervor, dass die Freilauffunktion selbst eine Reduzierung des Kraftstoffverbrauchs von 3,8 % erzielt
und somit einen Anteil von 37,3 % an dem gesamten in Abschnitt 4.6 nachgewiesenen Einsparpotenzial der energieoptimalen vorausschauenden Längsführung
gegenüber der manuellen Fahrzeuglängsführung hat. Der verbleibende Anteil
von 63,7 % resultiert folglich aus der optimalen und vorausschauenden Wahl

von Fahrgeschwindigkeit und Gang und bestätigt das allgemeine Potenzial zur Kraftstoffersparnis durch Nutzung prädiktiver Streckendaten[3].

6.3 Metamodellierung der optimalen Fahrstrategie

Nach der erfolgreichen Approximation einzelner nichtdominierter Lösungsmengen in den vorangegangenen Analysen erscheint es plausibel, auch deren Gesamtheit mithilfe einer nichtlinearen Regression zu modellieren. Das resultierende Metamodell [144, 251] repräsentiert die Zielgrößen der Durchnittsgeschwindigkeit $\bar{v}$ und des Streckenverbrauchs B_s als stetige Funktionen ihrer K Einflussfaktoren:

$$\bar{v}, B_s = f(x_1, x_2, \ldots, x_K) \tag{6.3}$$

Gegenüber den vorangegangenen Untersuchungen einzelner Einflussfaktoren[4] werden darin alle Wechselwirkungen der Einflussfaktoren abgebildet und die Anwendung analytischer Methoden in geschlossener Form ermöglicht.

Die Erzeugung des Metamodells erfolgt unter Einsatz der Software AVL CAMEO durch iterative Ausführung des implementierten Lösungsalgorithmus der Dynamischen Programmierung [242] unter Anwendung eines D-optimalen statistischen Versuchsplans [143, 251]. Dieser ist aufgrund seiner effizienten Berechnung weit verbreitet [143] und unterstützt sowohl die Verwendung verschiedener Faktorstufenanzahlen wie auch die Beschränkung von Faktorstufenkombinationen, die im vorliegenden Fall genutzt wird, um den Versuchsplan auf Basis empirischer Erfahrungswerte auf sinnvolle Wertebereiche einzugrenzen.

Während die Vielzahl verschiedener Einflussfaktoren den Umfang des Versuchsplans erhöht, kann aufgrund des Determinismus des eingesetzten Lösungsalgorithmus die Versuchsreihenfolge willkürlich gewählt werden, ohne der ansonsten erforderlichen Randomisierung, Reproduzierung oder Blockbildung der Faktorstufenkombinationen Aufmerksamkeit schenken zu müssen. Aus demselben Grund wird auf die Eliminierung von Ausreißern sowohl in der Rohdaten- als auch in der Residuenanalyse verzichtet.

Auf Basis von jeweils 1000 Messungen werden zunächst unabhängige Modelle für jeden einzelnen Streckenabschnitt der Versuchsstrecke approximiert [242]. Danach wird aus allen Einzelmessungen ein gemeinsames Modell für die gesamte Versuchsstrecke erzeugt. Es ist jedoch nachvollziehbar, dass die resultierenden

---

[3]Selbstverständlich muss beachtet werden, dass sich die genannten Potenziale auf die eingesetzte Versuchsumgebung beziehen und erheblichen Schwankungen – insbesondere aufgrund der Charakteristik des untersuchten Fahrzeugs und der untersuchten Fahrtstrecke sowie aufgrund der variablen Umwelteinflüsse im realen Fahrbetrieb – unterliegen.

[4]engl.: One-Factor-at-a-Time (OFAT)

Optimallösungen der einzelnen Streckenabschnitte nicht ohne Weiteres zu einem Gesamtmodell aggregiert werden können. Die Charakteristik der einzelnen Streckenabschnitte wird aus diesem Grund unter Berücksichtigung der für die Zielkriterien relevanten Fahrwiderstände durch folgende normierte charakteristische Kennwerte qualitativ abgebildet, die in multiplizierter und potenzierter Form in die nichtlineare Regression eingehen [242]:

Der Luft- und Rollwiderstand im Bereich der durchschnittlich erzielbaren Fahrgeschwindigkeit wird durch das arithmetische Mittel der zulässigen Höchstgeschwindigkeit repräsentiert:

$$C_v = \frac{1}{s_\mathrm{ges}} \cdot \int_0^{s_\mathrm{ges}} v_\mathrm{lim}(s) \cdot \mathrm{d}s \qquad [6.4]$$

Der durchschnittlich zu überwindende Steigungswiderstand wird durch das arithmetische Mittel der Steigung ausgedrückt:

$$C_{\alpha+} = \frac{1}{s_\mathrm{ges}} \cdot \int_0^{s_\mathrm{ges}} \alpha(s) \cdot \mathrm{d}s, \quad \alpha(s) \geq 0 \qquad [6.5]$$

Analog wird die nutzbare potenzielle Energie aufgrund von Gefälleabschnitten in Form des arithmetischen Mittels des Gefälles berücksichtigt:

$$C_{\alpha-} = \frac{1}{s_\mathrm{ges}} \cdot \int_0^{s_\mathrm{ges}} \alpha(s) \cdot \mathrm{d}s, \quad \alpha(s) < 0 \qquad [6.6]$$

Der durch die Streckenkurvigkeit erhöhte Kurvenwiderstand sowie der resultierende Widerstand zur Beschleunigung des Fahrzeugs nach Kurven wird durch das arithmetische Mittel des Betrags der Kurvenkrümmung ausgedrückt:

$$C_\kappa = \frac{1}{s_\mathrm{ges}} \cdot \int_0^{s_\mathrm{ges}} |\kappa(s)| \cdot \mathrm{d}s \qquad [6.7]$$

Alle vorausschauend bekannten Streckendaten – die zulässige Höchstgeschwindigkeit v_lim, die Fahrbahnsteigung α und die Kurvenkrümmung κ – sind somit durch die aggregierten charakteristischen Kennwerte C_v, $C_{\alpha+}$, $C_{\alpha-}$ und C_κ zumindest qualitativ repräsentiert und stehen in der nichtlinearen Regression als weitere Einflussfaktoren auf die Zielgrößen der Durchschnittsgeschwindigkeit $\bar{v}$ und des Streckenverbrauchs B_s zur Verfügung.

Es zeigt sich, dass die generierten Metamodelle in der Lage sind, die ursprünglichen Optimierungsergebnisse sehr gut abzubilden. Alle Modelle zeichnen sich durch eine sehr hohe Modellgüte hinsichtlich einer Normalverteilung der Residuen, keinen Trends innerhalb der Residuen, der statistischen Signifikanz des F-Tests sowie einer sehr geringen Hebelwirkung aus [242]. Abbildung 6.6 zeigt die empirischen Verteilungsfunktionen der Einzelmodelle und der Gesamtmodelle für die Zielgrößen der Durchschnittsgeschwindigkeit $\bar{v}$ und des Streckenverbrauchs B_s. Im Fall der Einzelmodelle stimmen 90 % aller prognostizierten

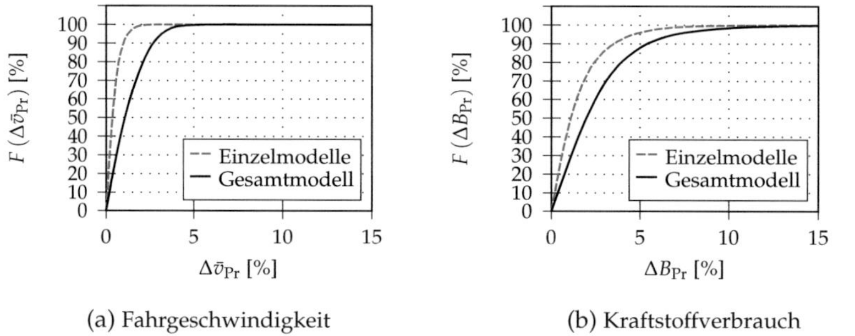

(a) Fahrgeschwindigkeit

(b) Kraftstoffverbrauch

Abb. 6.6: Empirische Verteilungsfunktion der polynomialen Metamodelle nach [242]

Durchschnittsgeschwindigkeiten auf ±1 % mit den Optimierungsergebnissen überein. Der Streckenverbrauch, der in ausgeprägten Gefällestrecken sehr niedrige Absolutwerte annimmt, ist zu 90 % mit einer Abweichung von unter 3,6 % vorhersagbar. Durch Anwendung des erzeugten Gesamtmodells kann schließlich auf allen Streckenabschnitten in 90 % der Fälle die Durchschnittsgeschwindigkeit mit einer Abweichung von unter 2,7 % und der Streckenverbrauch mit einer Abweichung von unter 5,5 % vorhergesagt werden.

Das Gesamtmodell kann zur kurzfristigen Vorhersage der zu erwartenden Durchschnittsgeschwindigkeit und des zu erwartenden Streckenverbrauchs eingesetzt und dem Fahrer als Zusatzinformation zur Verfügung gestellt werden, um seine subjektive Wahl einer fahrdynamischen Ausprägung durch die objektive Darstellung des Zielkonflikts zwischen Energieeffizienz und Fahrdynamik zu unterstützen. Darüber hinaus bietet es die Möglichkeit zur Anwendung analytischer Methoden in geschlossener Form und zur lokalen Optimierung applizierter Ausprägungen durch Variation der relevanten Einflussfaktoren.

Kapitel 7

Zusammenfassung und Ausblick

Vor dem Hintergrund der gesellschaftspolitischen Folgen der globalen Erwärmung wurde die energieoptimale vorausschauende Längsführung des Kraftfahrzeugs als zielführende Maßnahme zur kurzfristigen Senkung von Kraftstoffverbrauch und CO_2-Emissionen im realen Fahrbetrieb identifiziert und in der vorliegenden Arbeit untersucht. Es wurde ein effizienter Optimierungsalgorithmus auf Basis der Dynamischen Programmierung entwickelt, der in der Lage ist, eine bestmögliche Auflösung des Konflikts der Zielkriterien Energieeffizienz und Fahrdynamik unter Einhaltung des Fahrkomforts und der Fahrsicherheit zu schaffen. Dazu bezieht er prädiktive Streckendaten ein, die als vollständig bekannt vorausgesetzt wurden und nach Angaben kommerzieller Kartenanbieter in den nächsten Jahren flächendeckend verfügbar sein werden. Der Optimierungsalgorithmus wurde in ein eingebettetes Echtzeitsystem integriert, das in zwei Versuchsfahrzeugen des Typs PORSCHE 911 CARRERA S (TYP 997 II) und PORSCHE PANAMERA S prototypisch zum Einsatz gebracht und als automatisierte Längsführungsassistenz auf einer realen 23 km langen Versuchsstrecke nahe dem PORSCHE Entwicklungszentrum in Weissach erprobt wurde. Das Assistenzsystem wurde in Probandenstudien hinsichtlich seiner subjektiven Fahrerwahrnehmung untersucht und appliziert. Im realen Fahrbetrieb wurde sein Kraftstoffeinsparpotenzial zwischen 10 und 20 % bei gleicher Durchschnittsgeschwindigkeit beziffert, das die simulatorischen Prognosen bestätigt. Abschließend wurde der Zielkonflikt zwischen Energieeffizienz und Fahrdynamik in Abhängigkeit von relevanten Einflussparametern untersucht und Potenziale einer weiterführenden Optimierung des Assistenzsystems aufgezeigt.

Potenziale und Grenzen der praktischen Anwendbarkeit

Der prototypische Einsatz des entwickelten Assistenzsystems dient der Validierung des implementierten Optimierungsalgorithmus und der eingesetzten

Antriebsstrangmodelle im realen Fahrbetrieb. Aufgrund der vielseitigen Charakteristik der ausgewählten Versuchsstrecke und der prototypischen Anwendung in zwei verschiedenen Fahrzeugtypen liegt eine hohe Repräsentativität der exemplarisch durchgeführten Korrelationsmessungen nahe; sie kann jedoch formal nicht nachgewiesen werden. Das identifizierte Einsparpotenzial des entwickelten Fahrerassistenzsystems beschränkt sich folglich auf eine zwar gezielt ausgewählte, aber dennoch eingeschränkte Versuchskonfiguration. So ist der maßgebliche Einfluss ihrer verschiedenen Charakteristika wie etwa die Topografie der Versuchsstrecke oder die Verbrauchscharakteristik der Versuchsfahrzeuge bereits nach einfachen Überlegungen offenkundig. Um das identifizierte Einsparpotenzial des entwickelten Fahrerassistenzsystems statistisch abzusichern, sind weitere umfangreiche Messungen im realen Fahrbetrieb notwendig. Diese sollten diverse Versuchsfahrzeuge, Versuchsstrecken und Umgebungsbedingungen beinhalten, würden aber den Rahmen der vorliegenden Arbeit sprengen. Auch aus subjektiver Sicht sind langfristige Probandenstudien notwendig, um die nachhaltige Kundenbeurteilung hinsichtlich der Attraktivität und Effektivität des Assistenzsystems zu erfassen, die sich meist erst nach vielen Stunden des Systembetriebs als konstant einstellt [89].

Künftige Weiterentwicklungen

Im Juni 2011 wurde das prototypisch implementierte Fahrerassistenzsystem unter dem Namen PORSCHE ACC INNODRIVE ausgewählten Pressevertretern vorgestellt. In Demonstrationsfahrten wurde das mittlere Einsparpotenzial bestätigt und die Funktion als subjektiv komfortabel sowie markentypisch dynamisch beurteilt. Neben den erforderlichen Integrationsarbeiten sind weitere technische Maßnahmen geplant, um einen möglichen Serieneinsatz vorzubereiten.

Im Rahmen der vorliegenden Arbeit kam digitales Kartenmaterial der ausgewählten Versuchsstrecke zum Einsatz, das für die Integration in das entwickelte Fahrerassistenzsystem speziell aufbereitet und durch zusätzliche Attribute ergänzt wurde. Künftig wird kommerziell erhältliches Kartenmaterial eingesetzt werden, dessen Genauigkeit und Abdeckung noch erprobt werden muss. Aktuelle und angekündigte Produkteinführungen deuten jedoch darauf hin, dass bereits in einigen Jahren die gestellten Anforderungen einer energieoptimalen vorausschauenden Längsführung erfüllt sein werden.

Die Fähigkeiten und Anwendungsbereiche des entwickelten Fahrerassistenzsystems basieren maßgeblich auf der Einbindung umfelderfassender Fahrzeugsensorik, die im Fokus aktueller Weiterentwicklungsaktivitäten stehen. So wird der derzeit eingesetzte RADAR-Sensor künftig von einer Frontkamera unterstützt werden, deren Einsatzpotenziale bereits in Kapitel 2 erläutert wurden und die einen weiteren wesentlichen Beitrag zur sicheren und komfortablen Gestaltung der Assistenzfunktion liefern wird.

Im Rahmen der vorliegenden Arbeit wurde die Fahrzeugposition unter Einsatz externer Navigationsmodule sowie eigens implementierter Map-Matching-Algorithmen ermittelt, die künftig durch die serienmäßigen Funktionskomponenten der Zielfahrzeuge ersetzt werden. Selbstverständlich müssen weiterhin die hohen Anforderungen der Assistenzfunktion an die Positionsgenauigkeit eingehalten werden; diese kann jedoch zusätzlich durch ein integriertes Kamerasystem plausibilisiert werden.

Der implementierte Optimierungsalgorithmus wurde auf RCP-Steuergeräten zum Einsatz gebracht, deren Eigenschaften wie Prozessorleistung und Speichergröße heute übliche Seriensteuergeräte deutlich übertreffen. Mithilfe steigender Leistungsmerkmale der von neuartigen Fahrerassistenzsystemen genutzen Steuergeräte und einer Überführung des eingesetzten RCP-Programmcodes in Seriencode erscheint eine Umsetzung in die Praxis jedoch realistisch.

Aufgrund paralleler Forschungsaktivitäten, etwa im Bereich der Fahrzeug-zu-Fahrzeug- und Fahrzeug-zu-Infrastruktur-Kommunikation, ist zukünftig eine Vielzahl funktionaler Erweiterungen zu erwarten, die die Effizienz, den Fahrkomfort und die Fahrsicherheit der entwickelten Fahrstrategie weiter steigern. Ebenso ist ihre Übertragung auf Elektrofahrzeuge denkbar, die einen deutlichen Nutzen für den Fahrer im Hinblick auf die Prädiktion und Optimierung der elektrischen Reichweite verspricht.

Identifizierter Handlungsbedarf in Forschung und Entwicklung

Wissenschaftliche Veröffentlichungen wie auch bekannte Offenlegungs- und Patentschriften deuten darauf hin, dass die Fahrerassistenz der energieoptimalen vorausschauenden Längsführung aktuell eine hohe Attraktivität bei den OEMs und Zulieferern der Automobilindustrie genießt und in den kommenden Jahren eine zunehmende Anzahl von Produktinnovationen hervorbringen wird.

Vorausschauende Energiemanagementfunktionen basieren maßgeblich auf dem Einsatz prädiktiver Kartendaten, deren Erfassung, Aufbereitung, Speicherung und Verteilung bereits in Kapitel 2 thematisiert wurde. Ungeachtet erster in Serie verfügbarer Funktionsausprägungen besteht kein Zweifel daran, dass die flächendeckende Bereitstellung der Kartendaten in den kommenden Jahren noch weiterer Anstrengungen bedarf, um schließlich alle geplanten Ausprägungen innovativer Fahrerassistenzsysteme in Serie darstellen zu können.

Aufgrund der Übernahme von Teilen der Fahraufgabe auf Bahnführungsebene schafft die automatisierte Längsführung des Kraftfahrzeugs erhebliche Potenziale zur Steigerung von Energieeffizienz, Fahrkomfort und Verkehrssicherheit. Um diese Chancen zu nutzen, gleichzeitig aber die genannten Risiken der Prozessautomatisierung zu vermeiden, bedarf es einer ausgewogenen Gestaltung der Interaktion von Fahrer und Fahrzeug. Die Erforschung langfristiger Auswirkungen der automatisierten Fahrzeuglängsführung steht erst am Anfang und wird in den kommenden Jahren zunehmend an Bedeutung gewinnen. Weiterer Forschungsbedarf ergibt sich hinsichtlich der rechtlichen Rahmenbedingungen der Funktionsautomatisierung, die ein hohes Potenzial zur Unterstützung des Fahrers bietet, jedoch eindeutiger Richtlinien bedarf, um Sicherheitsrisiken für den Fahrer sowie Produkthaftungsrisiken für die Fahrzeughersteller zu vermeiden.

Anhang A

Technische Spezifikationen

A.1 Eingesetzte Versuchsfahrzeuge

	PORSCHE 911 CARRERA S (TYP 997 II) [71]	PORSCHE PANAMERA S [72]
Verbrennungsmotor		
Bauform	Boxermotor	V-Motor
Zylinderanzahl	6	8
Hubraum	$3800\,\mathrm{cm}^3$	$4806\,\mathrm{cm}^3$
Max. Leistung	283 kW	294 kW
Max. Moment	420 Nm	500 Nm
Antriebsstrangkonfiguration		
Motorlage	Heckmotor	Frontmotor
Antrieb	Heckantrieb	Heckantrieb
Getriebe	7-Gang PDK	7-Gang PDK
Fahrleistung		
Höchstgeschwindigkeit	300 km/h	283 km/h
Beschleunigung 0-100 km/h	4,5 s	5,4 s
Kraftstoffverbrauch, Emissionen		
Innerorts	15,3 l/100 km	15,3 l/100 km
Außerorts	7,2 l/100 km	7,8 l/100 km
Kombiniert	10,2 l/100 km	10,5 l/100 km
CO_2-Emissionen	240 g/km	247 g/km

A.2 Eingesetzte Versuchssteuergeräte

	DSPACE MICROAUTOBOX I 1401/1501 [74]	DSPACE MICROAUTOBOX II 1401/1505/1507 [75]

Komponenten		
Prozessor	IBM PPC 750FX, 800 MHz	IBM PPC 750GL, 900 MHz
Hauptspeicher	8 MB	16 MB
Flash-Speicher	16 MB	16 MB
Interfaces		
Host	Proprietär PCMCIA/PCI/ISA	10/100 Mbit/s Ethernet
CAN-Kanäle	2	4
RS232-Kanäle	1	2
Analoge und Digitale I/Os		
Analoge Inputs	16 x 12 bit	16 x 12 bit
Analoge Outputs	8 x 12 bit	8 x 12 bit
Digitale bit Inputs	16	16
Digitale bit Outputs	10	10
Digitale bit I/Os wählbar	16	16
Package		
Abmessungen	20 x 22,5 x 5 cm	20 x 22,5 x 9,5 cm

A.3 Eingesetzte Navigationsmodule

	OXFORD TECHN. SOLUTIONS OXTS RT2502 [195]	GARMIN GPS 5 Hz [101]
		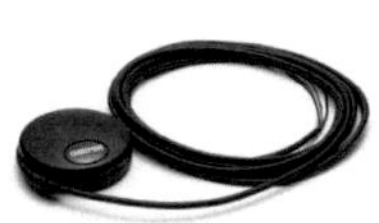
	GPS-gestütztes Inertialmesssystem	OEM GPS-Empfänger
Sensorik		
GPS-Antennen	2	1
Beschleunigungssensoren	1	0
Drehratensensoren	1	0
Positionsgenauigkeit	6,3 m (95 %) SPS	15 m (95 %) SPS
Kommunikation		
Host Interface	CAN/LAN	RS232 NMEA 0183
Abtastrate	100/250 Hz	5 Hz
Package		
Abmessungen	23,4 x 12 x 7,6 cm	6,1 x 6,1 x 1,95 cm
Gewicht	2,3 kg	0,165 kg

B

Anhang B

Abkürzungen, Schreibweisen und Formelzeichen

Abkürzungen

ACC	Adaptive Cruise Control
ADAS	Advanced Driver Assistance Systems
ADASIS	ADAS INTERFACE SPECIFICATION
AHP	ADAS Horizon Provider
AHR	ADAS Horizon Reconstructor
BF	Brute-Force
CAN	CONTROLLER AREA NETWORK
CC	Cruise Control
CVT	Continuously Variable Transmission
DDP	Deterministische Dynamische Programmierung
DGPS	Differential GLOBAL POSITIONING SYSTEM
DME	Digitale Motorelektronik
DoE	Design of Experiments
DP	Dynamische Programmierung
E/E	Elektrik/Elektronik
EMS	Energy Management Strategy
FAS	Fahrerassistenzsystem
FCD	Floating Car Data
FGSV	GESELLSCHAFT FÜR STRASSEN- UND VERKEHRSWESEN
GDF	GEOGRAPHIC DATA FILES
GLONASS	GLOBAL ORBITING NAVIGATION SATELLITE SYSTEM
GNSS	Global Navigation Satellite System
GPS	GLOBAL POSITIONING SYSTEM
GRA	Geschwindigkeitsregelanlage
HMI	Human-Machine-Interface
IMU	Inertial Measurement Unit

INS	Inertialnavigationssystem
I/O	Input/Output
ISA	Industry Standard Architecture
ISO	International Organization for Standardization
KNN	Künstliches Neuronales Netz
LAN	Local Area Network
LIDAR	Light Detecting and Ranging
LRR	Long-Range-RADAR
MDP	Multi-Stage Decision Process
MNEFZ	Modifizierter Neuer Europäischer Fahrzyklus
MOP	Multiobjective Optimization Problem
MPC	Model Predictive Control
MPP	Most Probable Path
NDS	Navigation Data Standard
NEFZ	Neuer Europäischer Fahrzyklus
NLTI	Nonlinear Time-Invariant
NMEA	National Marine Electronics Association
OEM	Original Equipment Manufacturer
OFAT	One-Factor-at-a-Time
OOL	Optimal Operation Line
OSP	Optimalsteuerungsproblem
PCMCIA	PC Memory Card International Association
PCI	Peripheral Component Interconnect
PDK	Porsche Doppelkupplungsgetriebe
PPC	PowerPC
PPS	Precise Positioning Service
RADAR	Radio Detecting and Ranging
RCP	Rapid Control Prototyping
RHC	Receding Horizon Control
RLS	Recursive Least-Squares
SNR	Signal-to-Noise-Ratio
SPS	Standard Positioning Service
TMC	Traffic Message Channel
TO	Target Object
VPD	Vehicle Probe Data
WLTP	World Harmonized Light Duty Test Procedure

Schreibweisen

Notation	Bedeutung
x, X	Skalar
$\mathbf{x}$	Vektor
$\mathbf{X}$	Matrix
$\mathcal{X}$	Menge
$(\cdot)^*$	optimale Ausprägung von $(\cdot)$
$\overline{(\cdot)}$	Durchschnitt von $(\cdot)$
$\dot{(\cdot)}$	zeitliche Änderung von $(\cdot)$
$\lvert(\cdot)\rvert$	Betrag von $(\cdot)$
$(\cdot)_k$	Wert von $(\cdot)$ in Stufe k des Entscheidungsproblems
$(\cdot)^{(p,q)}$	Wert von $(\cdot)$ an Position (p,q) im Zustandsraum
$(\cdot)^{-1}$	Inverse von $(\cdot)$
$(\cdot)^{\mathrm{T}}$	Transponierte von $(\cdot)$
$\operatorname{argmin}\{\cdot\}$	Argument, das $\{\cdot\}$ minimiert
$\dim(\cdot)$	Dimension der Menge $(\cdot)$
$f(\cdot)$	Funktion von $(\cdot)$
$\min\{\cdot\}$	Minimum des Ausdrucks $\{\cdot\}$
$n(\cdot)$	Anzahl der Elemente in Vektor $(\cdot)$
$\operatorname{round}_{(x)}\{\cdot\}$	Rundung von $\{\cdot\}$ auf das ganzzahlige Vielfache von (x)

Indizes

Notation	Bedeutung
$(\cdot)_e$	Abweichung
$(\cdot)_{\mathrm{ges}}$	Gesamtwert
$(\cdot)_{\mathrm{ist}}$	Istwert
$(\cdot)_{\mathrm{max}}$	Maximalwert
$(\cdot)_{\mathrm{mes}}$	gemessener Wert
$(\cdot)_{\mathrm{min}}$	Minimalwert
$(\cdot)_{\mathrm{Pr}}$	prädizierter Wert
$(\cdot)_{\mathrm{r}}$	Folgeregelung
$(\cdot)_{\mathrm{s}}$	Vorsteuerung
$(\cdot)_{\mathrm{soll}}$	Sollwert
$(\cdot)_u$	Stellwert

Formelzeichen und Symbole

Fahrzeugtechnik

Zeichen	Bedeutung	Einheit
a	Fahrzeuglängsbeschleunigung	[m/s^2]
a_y	Fahrzeugquerbeschleunigung	[m/s^2]
A	Stirnfläche des Fahrzeugs	[m^2]
b_e	spezifischer Kraftstoffverbrauch	[g/kWh]
B_s	Kraftstoffstreckenverbrauch	[l/100 km]
c_w	Luftwiderstandsbeiwert bei frontaler Anströmung	[–]
c_x	Luftwiderstandsbeiwert	[–]
$c_{\beta H}$	Schräglaufsteifigkeit Hinterachse (Einspurmodell)	[N/rad]
$c_{\beta V}$	Schräglaufsteifigkeit Vorderachse (Einspurmodell)	[N/rad]
C_v	Modellparameter der Höchstgeschwindigkeit	[km/h]
$C_{\alpha+}$	Modellparameter der Fahrbahnsteigung	[rad]
$C_{\alpha-}$	Modellparameter des Fahrbahngefälles	[rad]
C_κ	Modellparameter der Streckenkurvigkeit	[1/m]
d	Zeitabstand	[s]
f_{dyn}	Dynamikfaktor	[%]
$f_{dyn,ax}$	Niveau der Längsbeschleunigung im Dynamikfaktor	[%]
$f_{dyn,ay}$	Niveau der Querbeschleunigung im Dynamikfaktor	[%]
$f_{dyn,n}$	Niveau der Motordrehzahl im Dynamikfaktor	[%]
$f_{dyn,v}$	Niveau der Fahrgeschwindigkeit im Dynamikfaktor	[%]
f_{RH}	Rollwiderstandsbeiwert der Hinterachse	[–]
f_{RV}	Rollwiderstandsbeiwert der Vorderachse	[–]
F_{Ant}	Antriebskraft	[N]
F_B	Beschleunigungswiderstand	[N]
F_{Br}	Bremskraft	[N]
F_K	Kurvenwiderstand	[N]
F_L	Luftwiderstand	[N]
F_{NH}	Normalanteil der Hinterachsradlast	[N]
F_{NV}	Normalanteil der Vorderachsradlast	[N]
F_R	Rollwiderstand	[N]
$F_{RL,FL}$	Fahrwiderstandspolynom im Freilauf	[N]
$F_{RL,SB}$	Fahrwiderstandspolynom im Schubbetrieb	[N]
F_S	Steigungswiderstand	[N]
F_W	Fahrwiderstand	[N]
F_{yH}	Seitenkraft der Hinterachse (Einspurmodell)	[N]

F_{yV}	Seitenkraft der Vorderachse (Einspurmodell)	[N]
g	Fallbeschleunigung	[m/s^2]
h	Höhe relativ zur Startposition	[m]
H_u	unterer Heizwert	[J/kg]
j	Längsruck	[m/s^3]
l	Radstand	[m]
l_H	Abstand Schwerpunkt-Hinterachse	[m]
l_V	Abstand Schwerpunkt-Vorderachse	[m]
m	Fahrzeugmasse	[kg]
m'	beschleunigungsrelevante Gesamtmasse	[kg]
m_{Kr}	Kraftstoffmasse	[kg]
$\dot{m}_{Kr}$	Kraftstoffmassenstrom	[kg/s]
$m_{Kr,dyn}$	Kraftstoffbedarf des dynamischen Vorgangs	[kg]
$m_{Kr,s}$	streckenbezogener Kraftstoffbedarf	[kg/m]
$\dot{m}_{Kr,LL}$	Kraftstoffbedarf im Motorleerlauf	[kg/s]
$\dot{m}_{Kr,SB}$	Kraftstoffbedarf im Motorschlepp	[kg/s]
m_{rot}	Drehmassenzuschlag	[kg]
M_{Ku}	Kupplungseingangsmoment	[Nm]
$M_{Ku,SB}$	Kupplungseingangsmoment im Schubbetrieb	[Nm]
M_{Mot}	effektives Motormoment	[Nm]
n_{Mot}	Motordrehzahl	[1/min]
$n_{Mot,SA,min}$	Minimaldrehzahl der Schubabschaltung	[1/min]
p	Fahrbahnsteigung	[%]
P_{Agg}	Leistungsaufnahme der Nebenaggregate	[kW]
P_{Ant}	effektive Antriebsleistung	[kW]
P_{Ku}	Kupplungseingangsleistung	[kW]
P_{Mot}	effektive Motorleistung	[kW]
s	Strecke	[m]
s_{dyn}	Fahrtstrecke des dynamischen Vorgangs	[m]
t	Zeit	[s]
t_{dyn}	Zeitdauer des dynamischen Vorgangs	[s]
v	Fahrgeschwindigkeit	[km/h]
v_{lim}	zulässige Höchstgeschwindigkeit	[km/h]
v_{rel}	Anströmgeschwindigkeit	[km/h]
v_{TO}	Fahrgeschwindigkeit des Zielfahrzeugs	[km/h]
α	Steigungswinkel der Fahrbahn	[rad]
β_H	Schräglaufwinkel der Hinterachse (Einspurmodell)	[rad]
β_V	Schräglaufwinkel der Vorderachse (Einspurmodell)	[rad]
η_{Ant}	Antriebs-Wirkungsgrad	[%]

η_{Mot}	effektiver Motor-Wirkungsgrad	[%]
η'_{Mot}	antriebsbezogener Motor-Wirkungsgrad	[%]
η_{Tr}	Übertragungs-Wirkungsgrad des Triebstrangs	[%]
φ_{Br}	Bremspedalwinkel	[%]
φ_{P}	Gaspedalwinkel	[%]
γ	eingelegter Gang	[–]
γ_{s}	Wunschgang	[–]
κ	Kurvenkrümmung	[1/m]
λ_m	Drehmassenzuschlagsfaktor	[–]
ψ	Orientierungswinkel des Fahrzeugs	[rad]
ρ_{Kr}	Kraftstoffdichte	[kg/l]
ρ_{L}	Luftdichte	[kg/m³]

Systemtheorie, Dynamische Programmierung, Optimalregelung

Zeichen	**Bedeutung**
e	Regelabweichung
f	zeitkontinuierliche Systemfunktion
g	Kostenfunktion
G	Übertragungsfunktion
h	zeitkontinuierliche Ausgangsfunktion
i	unbestimmte Zählvariable
j	unbestimmte Zählvariable
J	Gütefunktional
k	Stufenindex des zeitdiskreten Entscheidungsproblems
M	unbestimmte Anzahl von Elementen
N	Maximalindex des endlichen Entscheidungsproblems
$\mathcal{O}$	obere asymptotische Schranke der Komplexität
p	diskreter Index der Geschwindigkeit im Zustandsraum
q	diskreter Index des Gangs im Zustandsraum
T	Zeithorizont des Optimierungsproblems
u	Steuergröße
$\mathcal{U}$	Steuerungsraum
$\tilde{\mathcal{U}}$	zulässiger Steuerungsraum
w	Störgröße
x	Systemzustandsgröße
x_{t}	Endzustand

$\mathcal{X}$	Systemzustandsraum	
$\tilde{\mathcal{X}}$	zulässiger Systemzustandsraum	
y	Ausgangsgröße	
ϕ	zeitdiskrete Systemfunktion	
λ	Gewichtungsfaktor des Kostenterms	
π	Regelgesetz	

Multivariate Datenanalyse

Zeichen	**Bedeutung**	**Einheit**
$\mathcal{C}$	Clustermenge	[–]
d	Distanzmaß	[–]
e	Residuum	[–]
F	empirische Verteilungsfunktion	[%]
i	unbestimmte Zählvariable	[–]
j	unbestimmte Zählvariable	[–]
k	unbestimmte Zählvariable	[–]
l	unbestimmte Zählvariable	[–]
p	p-Wert	[%]
Q_p	Quantil der Ordnung p	[–]
r	linearer Korrelationskoeffizient	[–]
R^2	Bestimmtheitsmaß	[–]
S	Standardabweichung	[–]
V	Varianzkriterium	[–]
x	unabhängige Variable	[–]
x_{C+}	oberes Clusterzentrum	[–]
x_{C-}	unteres Clusterzentrum	[–]
y	abhängige Variable	[–]
z	z-Wert	[–]
α	Irrtumswahrscheinlichkeit	[%]
λ	Regressionskoeffizient	[–]

C

Abbildungsverzeichnis

Anhang D

Tabellenverzeichnis

Anhang E

Literaturverzeichnis

[1] ABEL, D. : Regelungstechnik. In: ABEL, D. (Hrsg.) ; EPPLE, U. (Hrsg.) ; SPOHR, G.-U. (Hrsg.): *Integration von Advanced Control in der Prozessindustrie*. 1. Auflage. Weinheim : Wiley-VCH Verlag, 2008, S. 1–7

[2] ABENDROTH, B. ; LANDAU, K. (Hrsg.): *Gestaltungspotentiale für ein PKW-Abstandsregelsystem unter Berücksichtigung verschiedener Fahrertypen*. Stuttgart : Ergonomia Verlag, 2001 (Schriftenreihe Ergonomie)

[3] ABENDROTH, B. ; BRUDER, R. : Die Leistungsfähigkeit des Menschen für die Fahrzeugführung. In: WINNER, H. (Hrsg.) ; HAKULI, S. (Hrsg.) ; WOLF, G. (Hrsg.): *Handbuch Fahrerassistenzsysteme*. Wiesbaden : Vieweg+Teubner Verlag, 2009 (ATZ/MTZ-Fachbuch), S. 4–14

[4] ALAM, A. A.: *Optimally Fuel Efficient Speed Adaptation*. Stockholm, Royal Institute of Technology, Masterarbeit, 2008

[5] ALBERS, A. ; SCHRÖTER, J. ; HERDEL, S. : Entwicklungsumgebung zur freien Konfiguration und Erstellung von echtzeitfähigen Gesamtfahrzeugverbrauchsmodellen. In: GÜHMANN, C. (Hrsg.) ; WOLTER, T.-M. (Hrsg.): *4. Tagung Simulation und Test für die Automobilelektronik*. Berlin : Expert Verlag, 2010, S. 59–68

[6] ALEKSIC, M. ; BEICHT, A. ; BICKEL, S. ; BRACHT, A. ; GEHRING, O. ; KAUFFMANN, F. ; KOCHENDÖRFER, C. ; PASSEGGER, T. ; SCHLEIF, W. ; SYED, N.-H. : *Verfahren und Vorrichtung zum Betrieb eines Fahrzeuges*. Offenlegungsschrift DE 10 2008 038 078 A1, Mai 2009

[7] AMBÜHL, D. : *Energy Management Strategies for Hybrid Electric Vehicles*. Zürich, Eidgenössische Technische Hochschule Zürich, Dissertation, 2009

[8] APPEL, H. ; DEBUS, T. : Wenigstens lenken? Muss auch nicht sein. In: *Frankfurter Allgemeine Zeitung* (9. August 2011), Nr. 183, S. T1

[9] ATKINSON, A. C. ; DONEV, A. N.: *Optimum Experimental Designs*. Oxford : Oxford University Press, 1992

[10] AUDI AG: *Fahrerinformationssystem mit Effizienzprogramm*. Webseite. http://www.audi.de/de/brand/de/neuwagen/effizienz/effizienz technologien/assistenzsysteme/fahrerinformationssystem.html. – Abruf: 28. Mai 2012

[11] BACK, M. : *Prädiktive Antriebsregelung zum energieoptimalen Betrieb von Hybridfahrzeugen*. Karlsruhe, Universität Karlsruhe (TH), Dissertation, 2006

[12] BACKHAUS, K. ; ERICHSON, B. ; PLINKE, W. ; WEIBER, R. : *Multivariate Analysemethoden*. 13. Auflage. Berlin, Heidelberg : Springer Verlag, 2011

[13] BAINBRIDGE, L. : Ironies of Automation. In: *Automatica* 19 (1983), Nr. 6, S. 775–779

[14] BASSHUYSEN, R. van (Hrsg.) ; SCHÄFER, F. (Hrsg.): *Handbuch Verbrennungsmotor*. 5. Auflage. Wiesbaden : Vieweg+Teubner Verlag, 2010 (ATZ/MTZ-Fachbuch)

[15] BASTIAN, A. : *Verfahren und Vorrichtung zur Kraftstoffeinsparung in Kraftfahrzeugen*. Offenlegungsschrift DE 197 49 582 A1, Mai 1999

[16] BASTIAN, K. ; MEGYESI, P. ; RADKE, T. ; ROTH, M. ; WAHL, H.-G. ; ZIEGLER, A. : *Verfahren zur Prognose des Fahrverhaltens eines vorausfahrenden Fahrzeugs*. Offenlegungsschrift DE 10 2011 002 275 A1, Oktober 2012

[17] BAUER, A. ; GAIL, J. ; LORIG, M. ; HOEDEMAEKER, M. ; BROUWER, R. F. T. ; MALONE, K. ; KLUNDER, G. ; HORBERRY, T. ; THOMPSON, S. ; ROGERS, A. ; STEVENS, A. ; HJÄLMDAHL, M. ; THORSLUND, B. ; MACHARIS, C. ; PEKIN, E. : Impact of cruise control on traffic safety, energy consumption and environmental pollution (IMPROVER). Subproject 3. Final Report / Bundesanstalt für Straßenwesen (BASt). Transport Research Laboratory (TRL). National Road and Transport Research Institute (VTI). The Netherlands Organisation for Applied Scientific Research (TNO). University of Brussels. 2006. – Forschungsbericht

[18] BAUER, W.-D. ; MAYER, C. M. ; SCHWARZHAUPT, A. ; SPIEGELBERG, G. : *Electronically Actuated Drive Train in a Motor Vehicle and an Associated Operating Method*. United States Patent US 6,895,320 B2, Mai 2005

[19] BAUMANN, G. ; RUMBOLZ, P. ; PIEGSA, A. ; GRIMM, M. ; REUSS, H.-C. : Analyse des Fahrereinflusses auf den Energieverbrauch von konventionellen und Hybridfahrzeugen mittels Fahrversuch und interaktiver Simulation. In: *SIMVEC Berechnung und Simulation im Fahrzeugbau 2010*. Düsseldorf : VDI Verlag, 2010 (VDI-Berichte 2107)

[20] BECHTOLSHEIM, S. ; DUNN, L. ; HECHT, A. ; SCHMITT, M. ; FEIGEN, J. ; ROSER, M. : *Method and System for Providing an Electronic Horizon in an Advanced Driver Assistance System Architecture*. United States Patent US 6,735,515 B2, Mai 2004

[21] BECK, R. : *Prädiktives Energiemanagement von Hybridfahrzeugen*. Aachen, RWTH Aachen University, Dissertation, 2011

[22] BECKER, U. K. ; DOSCH, B. : Umhegt oder überwacht? So sehen es die Autofahrer. In: *Fahrer im 21. Jahrhundert. Human Machine Interface*. Düsseldorf : VDI Verlag, 2007 (VDI-Berichte 2015)

[23] BELLMAN, R. E.: *Dynamic Programming*. Princeton : Princeton University Press, 1957

[24] BELLMAN, R. E. ; ZADEH, L. A.: Decision-Making in a Fuzzy Environment. In: *Management Science* 17 (1970), Nr. 4, S. B141–B164

[25] BENKER, H. : *Mathematische Optimierung mit Computeralgebrasystemen*. Berlin, Heidelberg, New York : Springer Verlag, 2003

[26] BERKEL, K. van: Optimal Control of a Mechanical Hybrid Powertrain. In: *IEEE Transactions on Vehicular Technology* 61 (2012), Nr. 2, S. 485–497

[27] BERNOTAT, R. : Operation Functions in Vehicle Control. Anthropotechnik in der Fahrzeugführung. In: *Ergonomics* 13 (1970), Nr. 3, S. 353–377

[28] BERTSEKAS, D. P.: *Dynamic Programming and Optimal Control*. Bd. 1. 3. Auflage. Nashua, NH : Athena Scientific, 2005

[29] BERTSEKAS, D. P.: *Dynamic Programming and Optimal Control*. Bd. 2. 3. Auflage. Nashua, NH : Athena Scientific, 2005

[30] BMW AG: *Effizienz auf neuem Level*. Webseite. http://www.bmw.de/de/de/newvehicles/5series/sedan_active_hybrid/2011/showroom/efficiency/index.html. – Abruf: 28. Mai 2012

[31] BONSEN, B. ; STEINBUCH, M. ; VEENHUIZEN, P. A.: CVT ratio control strategy optimization. In: *Proceedings of the 1st Vehicle Power and Propulsion Conference*. Chicago, IL : IEEE, 2005, S. 227–231

[32] BORTZ, J. : *Statistik für Human- und Sozialwissenschaftler*. 6. Auflage. Heidelberg : Springer Medizin Verlag, 2005

[33] BORTZ, J. ; DÖRING, N. : *Forschungsmethoden und Evaluation für Human- und Sozialwissenschaftler*. 4. Auflage. Heidelberg : Springer Medizin Verlag, 2006

[34] BOSSDORF-ZIMMER, J. ; KOLLMER, H. ; HENZE, R. ; KÜCÜKAY, F. : Fingerprint des Fahrers zur Adaption von Fahrerassistenzsystemen. In: *ATZ Automobiltechnische Zeitschrift* 113 (2011), Nr. 03, S. 226–231

[35] BRASSEUR, G. : Sehnsucht nach Sicherheit: Welche Antwort hat die Technik für den Menschen. In: *Herbsttagung des Forums Technik und Gesellschaft*. Graz, 2005

[36] BRAUN, M. ; LINDE, M. ; EDER, A. ; KOZLOV, E. : Looking Forward: Das vorausschauende Wärmemanagement zur Optimierung von Effizienz und Dynamik. In: *dSPACE Magazin* (2010), Nr. 2, S. 14–19

[37] BROGGI, A. ; ZELINSKY, A. ; PARENT, M. ; THORPE, C. E.: Intelligent Vehicles. In: SICILIANO, B. (Hrsg.) ; KHATIB, O. (Hrsg.): *Springer Handbook of Robotics*. Springer Verlag, 2008, S. 1175–1198

[38] BRYSON, A. E. ; HO, Y.-C. : *Applied Optimal Control*. Washington, D.C. : Hemisphere Publishing, 1975

[39] BUBB, H. : Umsetzung psychologischer Forschungsergebnisse in die ergonomische Gestaltung von Fahrerassistenzsystemen. In: *Zeitschrift für Verkehrssicherheit* 48 (2002), Nr. 1, S. 8–15

[40] BUHLMANN, M. : The MEMS-Enabled Automobile – An Inside Look at Audi's Vorsprung durch Technik. In: *MEMS Executive Congress*. Zürich, 2012

[41] BUNDESMINISTERIUM FÜR UMWELT, NATURSCHUTZ UND REAKTORSICHERHEIT (BMU): *Internationale Klimapolitik*. Webseite. http://www.bmu.de/klimaschutz/internationale_klimapolitik/doc/37650.php. – Abruf: 25. Mai 2012

[42] CARLSSON, A. : *A System for the Provision and Management of Route Characteristic Information to Facilitate Predictive Driving Strategies.* Stuttgart, Universität Stuttgart, Dissertation, 2008

[43] CARSTEN, O. M. J. ; TATE, F. N.: Intelligent speed adaptation: accident savings and cost-benefit analysis. In: *Accident Analysis & Prevention 37* (2005), Nr. 3, S. 407–416

[44] CASAVOLA, A. ; PRODI, G. ; ROCCA, G. : Efficient Gear Shifting Strategies for Green Driving Policies. In: *Proceedings of the American Control Conference.* Baltimore, MD, 2010, S. 4331–4336

[45] CASSEBAUM, O. ; SCHURICHT, P. ; KUTTER, S. ; BÄKER, B. : Herausforderungen hybrider Fahrzeugkonzepte mit vorausschauenden Fahrerassistenzsystemen. In: BÄKER, B. (Hrsg.): *Moderne Elektronik im Kraftfahrzeug II.* Renningen : Expert Verlag, 2007, S. 146–158

[46] COHEN, A. S.: *Visuelle Orientierung im Straßenverkehr.* Report der Schweizerischen Beratungsstelle für Unfallforschung, 1998

[47] CONOLLY, T. ; NEISS, K. ; TERWEN, S. : *Voraussagende Geschwindigkeitssteuerung für ein Kraftfahrzeug.* Offenlegungsschrift DE 103 45 319 A1, Juni 2004

[48] CORMEN, T. H. ; LEISERSON, C. E. ; RIVEST, R. L. ; STEIN, C. : *Introduction to Algorithms.* 3. Auflage. Cambridge : MIT Press, 2009

[49] CRASH AVOIDANCE METRICS PARTNERSHIP (CAMP): Proposed Driver Workload Metrics and Methods Project. Farmington Hills, MI, 2000. – Forschungsbericht

[50] CRASH AVOIDANCE METRICS PARTNERSHIP (CAMP): Enhanced Digital Mapping Project. Farmington Hills, MI, 2004. – Forschungsbericht

[51] CZOMMER, R. : *Leistungsfähigkeit fahrzeugautonomer Ortungsverfahren auf der Basis von Map-Matching-Techniken.* Stuttgart, Universität Stuttgart, Dissertation, 2000

[52] DAIMLER TRUCKS NORTH AMERICA: *Freightliner Trucks Launches RunSmart Predictive Cruise for Cascadia.* Pressemitteilung. 19. März 2009. http://www. freightlinertrucks.com/

[53] DANG, T. ; HOFFMANN, C. ; STILLER, C. : Visuelle mobile Wahrnehmung durch Fusion von Disparität und Verschiebung. In: MAUERER, M. (Hrsg.) ; STILLER, C. (Hrsg.): *Fahrerassistenzsysteme mit maschineller Wahrnehmung.* Berlin, Heidelberg, New York : Springer Verlag, 2005, S. 21–42

[54] DANNER, B. : Kollisionsvermeidende Assistenzsysteme bei Mercedes-Benz. In: *15. Esslinger Forum für Kfz-Mechatronik.* Esslingen, 2009

[55] DARMS, M. : Fusion umfelderfassender Sensoren. In: WINNER, H. (Hrsg.) ; HAKULI, S. (Hrsg.) ; WOLF, G. (Hrsg.): *Handbuch Fahrerassistenzsysteme.* Wiesbaden : Vieweg+Teubner Verlag, 2009 (ATZ/MTZ-Fachbuch), S. 237–248

[56] DAUENSTEINER, A. : *Der Weg zum Ein-Liter-Auto.* Berlin, Heidelberg, New York : Springer Verlag, 2002

[57] DELTA COMPONENTS GMBH: *DeltaTablet-PC2000-E-Rugged.* Technische Produktspezifikation, 2011

[58] DEML, B. ; FREYER, J. ; FÄRBER, B. : Ein Beitrag zur Prädiktion des Fahrstils. In: *Fahrer im 21. Jahrhundert. Human Machine Interface.* Düsseldorf : VDI Verlag, 2007 (VDI-Berichte 2015), S. 47–59

[59] DEUTSCHE AUTOMOBIL TREUHAND GMBH (DAT): *Leitfaden über den Kraftstoffverbrauch, die CO2-Emissionen und den Stromverbrauch.* Ostfildern : Broschüre, 2012

[60] DEUTSCHER VERKEHRSSICHERHEITSRAT E.V.: *Was leisten Fahrerassistenzsysteme?* Bonn : Broschüre, 2010

[61] DIETZE, M. ; LIPPOLD, C. ; MAYSER, C. ; EBERSBACH, D. : The Safety Potential of the New Driver Assistance System (CSA). In: DORN, L. (Hrsg.): *1st International Conference on Driver Behaviour and Training.* Stratford-upon-Avon, UK, 2003, 223-232

[62] DILBA, D. : Märchenhafter Verbrauch. In: *Technology Review Special* (2012), Nr. 1, S. 48–51

[63] DINIZ, P. S. R.: *Adaptive Filtering.* 3. Auflage. New York : Springer Verlag, 2008

[64] DITTMAR, R. ; PFEIFFER, B.-M. : Modellbasierte prädiktive Regelung in der industriellen Praxis. In: *at – Automatisierungstechnik* 54 (2006), Nr. 12, S. 590–601

[65] DONGES, E. : Ein regelungstechnisches Zwei-Ebenen-Modell des menschlichen Lenkverhaltens im Kraftfahrzeug. In: *Zeitschrift für Verkehrssicherheit* 24 (1978), S. 98–112

[66] DONGES, E. : Aspekte der Aktiven Sicherheit bei der Führung von Personenkraftwagen. In: *Automobil-Industrie* 2 (1982), S. 183–190

[67] DONGES, E. : Fahrerverhaltensmodelle. In: WINNER, H. (Hrsg.) ; HAKULI, S. (Hrsg.) ; WOLF, G. (Hrsg.): *Handbuch Fahrerassistenzsysteme*. Wiesbaden : Vieweg+Teubner, 2009 (ATZ/MTZ-Fachbuch), S. 15–23

[68] DORNIEDEN, B. ; JUNGE, L. ; PASCHEKA, P. : Vorausschauende energieeffiziente Fahrzeuglängsregelung. In: *ATZ Automobiltechnische Zeitschrift* 114 (2012), Nr. 3, S. 230–235

[69] DORRER, C. : *Effizienzbestimmung von Fahrweisen und Fahrerassistenz zur Reduzierung des Kraftstoffverbrauchs unter Nutzung telematischer Informationen*. München, Universität Stuttgart, Dissertation, 2004

[70] DORUM, O. H. ; GNEDIN, M. : *Bezier Curves for Advanced Driver Assistance System Applications*. Patent Application Publication US 2010/0082307 A1, April 2010

[71] DR. ING. H.C. F. PORSCHE AG: *Der neue 911*. Produktkatalog, 2008

[72] DR. ING. H.C. F. PORSCHE AG: *Die Panamera Modelle*. Produktkatalog, 2011

[73] DRAGON, L. : Fahrzeugdynamik: Wohin fahren wir? In: SCHINDLER, V. (Hrsg.) ; SIEVERS, I. (Hrsg.): *Forschung für das Auto von morgen*. Berlin, Heidelberg : Springer Verlag, 2008, S. 239–260

[74] DSPACE GMBH: *Catalog 2008*. Produktkatalog, 2008

[75] DSPACE GMBH: *Catalog 2011*. Produktkatalog, 2011

[76] DUREKOVIC, S. : Entwicklungen unter dem elektronischen Horizont: Eine durchgängige Entwicklungsumgebung für kartenbasierte Fahrerassistenzsysteme. In: *dSPACE Magazin* (2010), Nr. 2, S. 50–57

[77] EBERSBACH, D. : *Entwurfstechnische Grundlagen für ein Fahrerassistenzsystem zur Unterstützung des Fahrers bei der Wahl seiner Geschwindigkeit*. Dresden, Technische Universität Dresden, Dissertation, 2006

[78] EHRGOTT, M. : *Multicriteria Optimization*. 2. Auflage. Berlin, Heidelberg, New York : Springer Verlag, 2005

[79] EIGEL, T. : *Integrierte Längs- und Querführung von Personenkraftwagen mittels Sliding-Mode-Regelung*. Berlin, Technischen Universität Carolo-Wilhelmina zu Braunschweig, Dissertation, 2010

[80] ENDSLEY, M. R. ; KABER, D. B.: Level of automation effects on performance, situation awareness and workload in a dynamic control task. In: *Ergonomics* 42 (1999), Nr. 3, S. 462–492

[81] ENDSLEY, M. R. ; KIRIS, E. O.: The Out-of-the-Loop Performance Problem and Level of Control in Automation. In: *Human Factors: The Journal of the Human Factors and Ergonomics Society* 37 (1995), Nr. 2, S. 381–394

[82] ERTICO – ITS EUROPE: *Intelligent Transportation Systems and Services for Europe*. Webseite. http://www.ertico.com. – Abruf: 9. Mai 2012

[83] ETZOLD, S. : Mensch denkt, Auto lenkt. In: *Die Zeit* (25. April 2002), Nr. 18

[84] EUROPÄISCHE UNION: *Verordnung (EG) Nr. 443/2009 des Europäischen Parlaments und des Rates vom 23. April 2009 zur Festsetzung von Emissionsnormen für neue Personenkraftwagen im Rahmen des Gesamtkonzepts der Gemeinschaft zur Verringerung der CO2-Emissionen von Personenkraftwagen und leichten Nutzfahrzeugen*. Brüssel : Amtsblatt der Europäischen Union, 2009

[85] FAHRMEIR, L. ; KÜNSTLER, R. ; PIGEOT, I. ; TUTZ, G. : *Statistik*. 6. Auflage. Berlin, Heidelberg : Springer Verlag, 2007

[86] FAKLER, W. ; VOSS, T. ; DEISS, H. ; GIERLING, A. : *Vorausschauende Bestimmung einer Übersetzungsänderung*. Offenlegungsschrift DE 10 2006 030 528 A1, Januar 2008

[87] FASTENMEIER, W. : Situationsspezifisches Fahrverhalten und Informationsbedarf unterschiedlicher Fahrergruppen. In: FASTENMEIER, W. (Hrsg.): *Autofahrer und Verkehrssituation*. Köln : Verlag TÜV Rheinland, 1995, S. 141–179

[88] FATHY, H. K. ; KANG, D. ; STEIN, J. L.: Online Vehicle Mass Estimation Using Recursive Least Squares and Supervisory Data Extraction. In: *Proceedings of the American Control Conference*. Seattle, WA, 2008, S. 1842–1848

[89] FENN, J. ; RASKINO, M. : *Mastering the Hype Cycle: How to Choose the Right Innovation at the Right Time*. New York, NY : Mcgraw-Hill Professional, 2008

[90] FLIERL, R. ; LAUER, F. ; SCHMITT, S. ; SPICHER, U. : Grenzpotentiale der CO2-Emissionen von Ottomotoren, Teil 1: Mechanische Verfahren. In: *MTZ Motortechnische Zeitschrift* 73 (2012), Nr. 4, S. 292–298

[91] FLIERL, R. ; LAUER, F. ; SCHMITT, S. ; SPICHER, U. : Grenzpotentiale der CO2-Emissionen von Ottomotoren, Teil 2: Entwicklung der Brennverfahren. In: *MTZ Motortechnische Zeitschrift* 73 (2012), Nr. 5, S. 404–411

[92] FÖLLINGER, O. ; FÖLLINGER, O. (Hrsg.) ; SARTORIUS, H. (Hrsg.) ; KREBS, V. (Hrsg.): *Optimale Regelung und Steuerung*. 3. Auflage. München, Wien : Oldenbourg Verlag, 1994

[93] FORSA. GESELLSCHAFT FÜR SOZIALFORSCHUNG UND STATISTISCHE ANALYSEN: *Umfrage zum Thema Autokauf*. Repräsentativbefragung, 2009

[94] FORSCHUNGSGESELLSCHAFT FÜR STRASSEN- UND VERKEHRSWESEN (FGSV): *Richtlinie für die Anlage von Straßen, Teil: Linienführung (RAS-L)*. 1995

[95] FÄRBER, B. ; FÄRBER, B. : *Auswirkungen neuer Informationstechnologien auf das Fahrverhalten*. Bericht der Bundesanstalt für Straßenwesen (BASt), 2003

[96] FREI, R. ; FRANK, A. ; PÄULGEN, M. ; POLJANSEK, M. : *System zur Getriebesteuerung*. Europäische Patentschrift EP 1 348 086 B1, März 2006

[97] FREYER, J. : *Vernetzung von Fahrerassistenzsystemen zur Verbesserung des Spurwechselverhaltens von ACC*. Göttingen, Universität der Bundeswehr München, Dissertation, 2008

[98] FREYER, J. ; WINKLER, L. ; HELD, R. ; SCHUBERTH, S. ; KHLIFI, R. ; POPKEN, M. : Assistenzsysteme für die Längs- und Querführung. In: *ATZextra* (2011), S. 181–187

[99] FU, J. ; BORTOLIN, G. : Gear Shift Optimization for Off-road Construction Vehicles. In: *Procedia – Social and Behavioral Sciences* 54 (2012), S. 989–998

[100] FUCHS, J. : *Beitrag zum Verhalten von Fahrer und Fahrzeug bei Kurvenfahrt*. Düsseldorf : VDI Verlag, 1993 (Fortschritt-Berichte VDI 184)

[101] GARMIN INTERNATIONAL, INC.: *GPS 18x Technical Specifications*. Technische Produktspezifikation, 2008

[102] GEHRING, O. ; HOLZMANN, F. ; SCHWARZHAUPT, A. ; SPIEGELBERG, G. ; SULZMANN, A. : *Verfahren und Vorrichtung zur Längssteuerung eines Fahrzeugs*. Offenlegungsschrift DE 10 2006 006 365 A1, August 2007

[103] GEIGER, T. : Der Computer ist der bessere Fahrer. In: *Berliner Morgenpost* (25. Juni 2011), S. A3

[104] GEIGER, T. ; ANKER, S. : Der endgültige Sieg der Technik. In: *Welt am Sonntag* (19. Juni 2011), S. 97

[105] GEISER, G. : Mensch-Maschine-Kommunikation im Kraftfahrzeug. In: *ATZ Automobiltechnische Zeitschrift* 87 (1985), S. 77–84

[106] GNATZIG, S. ; KOCK, P. : *Verfahren zum Ermitteln eines Fahrprofils für Straßenkraftfahrzeuge*. Offenlegungsschrift DE 10 2008 039 950 A1, März 2010

[107] GOPAL, M. : *Modern Control System Theory*. 2. Auflage. New Delhi : New Age International Publishers, 1993

[108] GÖPFERT, A. ; NEHSE, R. : *Vektoroptimierung*. Leipzig : Teubner Verlagsgesellschaft, 1990

[109] GREIN, F. G. ; WIEDEMANN, J. : Vorausschauende Fahrstrategien für verbrauchssenkende Fahrerassistenzsysteme. In: *Innovative Fahrzeugantriebe*. Düsseldorf : VDI Verlag, 2000 (VDI-Berichte 1565), S. 739–756

[110] GREWAL, M. S. ; WEILL, L. R. ; ANDREWS, A. P.: *Global Positioning Systems, Intertial Navigation, and Integration*. 2. Auflage. Hoboken, NJ : John Wiley & Sons, 2007

[111] GRIMM, H. G.: *Wahrnehmungsbedingungen und sicheres Verhalten im Straßenverkehr: Situationsübergreifende Aspekte*. Bericht zum Forschungsprojekt 8306 der Bundesanstalt für Straßenwesen Bereich Unfallforschung, 1988

[112] GUSTAFSSON, N. : *The Use of Positioning Systems for Look-Ahead Control in Vehicles*. Linköping, Linköping University, Masterarbeit, 2006

[113] GUZZELLA, L. : Modelbased Optimization of Hybrid Powertrains. In: *Proceedings of the 4th Stuttgart International Symposium on Automotive and Engine Technology*. Stuttgart : Expert Verlag, 2001, S. 566–580

[114] GUZZELLA, L. ; ONDER, C. H.: *Introduction to Modeling and Control of Internal Combustion Engine Systems*. Berlin, Heidelberg, New York : Springer Verlag, 2004

[115] GUZZELLA, L. ; SCIARRETTA, A. : *Vehicle Propulsion Systems: Introduction to Modeling and Optimization*. 2. Auflage. Berlin, Heidelberg : Springer Verlag, 2007

[116] HABU, N. : *Mathod and Apparatus for Optimized Gear Shift Indication*. United States Patent 4,539,868, September 1985

[117] HACKENBERG, U. ; HEISSING, B. : Die fahrdynamischen Leistungen des Fahrer-Fahrzeug-Systems im Straßenverkehr. In: *ATZ Automobiltechnische Zeitschrift* 84 (1982), Nr. 7/8, S. 341–345

[118] HAKEN, K.-L. ; HAKEN, K.-L. (Hrsg.) ; KLEMENT, W. (Hrsg.): *Grundlagen der Kraftfahrzeugtechnik*. München : Carl Hanser Verlag, 2008

[119] HALFMANN, C. ; HOLZMANN, H. : *Adaptive Modelle für die Kraftfahrzeugdynamik*. Berlin, Heidelberg, New York : Springer Verlag, 2003

[120] HAMBERGER, W. : *Verfahren zur Ermittlung und Anwendung von prädiktiven Streckendaten für Assistenzsysteme in der Fahrzeugführung*. Berlin, Technische Universität Berlin, Dissertation, 1999

[121] HARTWICH, E. : *Längsdynamik und Folgebewegung des Straßenfahrzeugs und ihr Einfluß auf das Verhalten der Fahrzeugschlange*. Darmstadt, Technische Hochschule Darmstadt, Dissertation, 1971

[122] HELLSTRÖM, E. : *Look-ahead Control of Heavy Vehicles*. Linköping, Linköping University, Dissertation, 2010

[123] HENN, M. ; HORST, T. L. ; SCHULZE, F. ; BARTSCH, P. ; GADANECZ, A. ; DORNIEDEN, B. ; JUNGE, L. : Energy efficient vehicle operation by intelligent longitudinal control and route planning. In: *Proceedings of the 12th Stuttgart International Symposium on Automotive and Engine Technology*. Stuttgart : Springer Fachmedien Wiesbaden, 2012, S. 225–240

[124] HENTSCH, N. ; VOSS, U. ; ZIEGLER, M. : *Verfahren zur Regelung des Abstands eines Fahrzeugs zu einem vorausfahrenden Führungsfahrzeug*. Offenlegungsschrift DE 10 2006 003 625 A1, August 2007

[125] HOEDEMAEKER, M. : Driving behaviour with ACC and the acceptance by individual drivers. In: *Proceedings of the 3rd International IEEE Conference on Intelligent Transportation Systems*. Dearborn, MI : IEEE, 2000, S. 506–509

[126] HOEDEMAEKER, M. ; BROOKHUIS, K. A.: Behavioural adaptation to driving with an adaptive cruise control (ACC). In: *Transportation Research: Part F: Traffic Psychology and Behaviour* 1 (1998), Nr. 2, S. 95–106

[127] HOFMANN-WELLENHOF, B. ; LEGAT, K. ; WIESNER, M. : *Navigation: Principles of Positioning and Guidance*. Wien : Springer Verlag, 2003

[128] HOOKER, J. N. ; ROSE, A. B. ; ROBERTS, G. F.: Optimal Control of Automobiles for Fuel Economy. In: *Transportation Science* 17 (1983), Nr. 2, S. 146–167

[129] HUANG, W. ; BEVLY, D. M. ; SCHNICK, S. ; LI, X. : Using 3D road geometry to optimize heavy truck fuel efficiency. In: *Proceedings of the 11th International IEEE Conference on Intelligent Transportation Systems*. Peking, 2008, S. 334–339

[130] INTERNATIONAL ORGANIZATION FOR STANDARDIZATION (ISO): *Intelligent transport systems – Full speed range adaptive cruise control (FSRA) systems – Performance requirements and test procedures*. Genf, 2009

[131] INTERNATIONAL ORGANIZATION FOR STANDARDIZATION (ISO): *Intelligente Transportsysteme – Geographische Dateien (GDF) – GDF5.0 (ISO 14825:2011)*. Genf, 2011

[132] IPPEN, H. : Schalten und Walten. In: *Auto Zeitung* (2010), Nr. 2, S. 74

[133] ISERMANN, R. : *Identifikation dynamischer Systeme*. Bd. 1. 2. Auflage. Berlin, Heidelberg, New York : Springer Verlag, 1992

[134] ISERMANN, R. : *Mechatronische Systeme*. 2. Auflage. Berlin, Heidelberg, New York : Springer Verlag, 2008

[135] JANSSEN, W. H. ; WIERDA, M. ; HORST, R. van d.: Automation and the future of driver behavior. In: *Safety Science* 19 (1995), S. 237–244

[136] KALMBACH, R. ; BERNHART, W. ; KLEIMANN, P. G. ; HOFFMANN, M. : *Automotive landscape 2025*. Studie, 2011

[137] KESSELS, J. T. B. A.: *Energy Management for Automotive Power Nets*. Eindhoven, Technische Universität Eindhoven, Dissertation, 2007

[138] KEULEN, T. A. C. ; JAGER, B. de ; KESSELS, J. ; STEINBUCH, M. : Energy Management in Hybrid Electric Vehicles: Benefit of Prediction. In: *Proceedings of the 6th IFAC Symposium Advances in Automotive Control*. München, 2010

[139] KIENCKE, U. : *Ereignisdiskrete Systeme*. 2. Auflage. München, Wien : Oldenbourg Verlag, 2006

[140] KIENCKE, U. ; JÄKEL, H. : *Signale und Systeme*. 4. Auflage. München : Oldenbourg Verlag, 2008

[141] KIENLE, M. ; DAMBÖCK, D. ; KELSCH, J. ; FLEMISCH, F. ; BENGLER, K. : Towards an H-Mode for highly automated vehicles: Driving with side sticks. In: *Proceedings of the 1st International Conference on Automotive User Interfaces and Interactive Vehicular Applications*. Essen, 2009, S. 19–23

[142] KIRK, D. E.: *Optimal Control Theory: An Introduction*. Englewood Cliffs : Prentice-Hall, 1970

[143] KLEPPMANN, W. : *Taschenbuch Versuchsplanung*. 6. Auflage. München, Wien : Carl Hanser Verlag, 2009

[144] KNOWLES, J. ; NAKAYAMA, H. : Meta-Modeling in Multiobjective Optimization. In: BRANKE, J. (Hrsg.) ; DEB, K. (Hrsg.) ; MIETTINEN, K. (Hrsg.) ; SLOWINSKI, R. (Hrsg.): *Multiobjective Optimization: Interactive and Evolutionary Approaches*. Berlin, Heidelberg, New York : Springer Verlag, 2008, S. 245–284

[145] KOCK, P. ; ORDYS, A. W.: Switched Model Predictive Controller for Cruise Control of Heavy Trucks with Heuristic Trajectory Planning. In: *Proceedings of the 6th IFAC Symposium Advances in Automotive Control*. München, 2010

[146] KOFFLER, C. ; ROHDE-BRANDENBURGER, K. : On the calculation of fuel savings through lightweight design in automotive life cycle assessments. In: *International Journal of Life Cycle Assessment* 15 (2010), Nr. 1, S. 128–135

[147] KOPETZ, H. : *Real-Time Systems*. 2. Auflage. New York : Springer Verlag, 2011

[148] KORTÜM, W. ; LUGNER, P. : *Systemdynamik und Regelung von Fahrzeugen*. Berlin, Heidelberg, New York : Springer Verlag, 1994

[149] KRAMER, U. : *Kraftfahrzeugführung*. München : Carl Hanser Verlag, 2008

[150] KRUG, W. ; SCHÖNFELD, S. : *Rechnergestützte Optimierung für Ingenieure.* Berlin : VEB Verlag Technik, 1981

[151] KRUSKA, S. : *Rahmenbedingungen für die Entwicklung eines Fahrerassistenzsystems.* Karlsruhe, Karlsruher Institut für Technologie, Diplomarbeit, 2009

[152] KUM, D. ; PENG, H. ; BUCKNOR, N. K.: Optimal Control of Plug-in HEVs for Fuel Economy Under Various Travel Distances. In: *Proceedings of the 6th IFAC Symposium Advances in Automotive Control.* München, 2010

[153] LAMM, R. : *Ein Beitrag zum Entwurf von Straßen unter besonderer Berücksichtigung der Geschwindigkeit.* Karlsruhe, Universität Karlsruhe (TH), Habilitationsschrift, 1973

[154] LANGE, S. ; SCHIMANSKI, M. : *Energiemanagement in Fahrzeugen mit alternativen Antrieben.* Braunschweig, Technische Universität Braunschweig, Dissertation, 2007

[155] LATTEMANN, F. ; KAUFFMANN, F. ; RECKELS, D. : *Predictive Control Method and Apparatus for Vehicle Automatic Transmission.* Patent Application Publication US 2006/0293822 A1, Dezember 2006

[156] LEWANDOWITZ, L. : *Markenspezifische Auswahl, Parametrierung und Gestaltung der Produktgruppe Fahrerassistenzsysteme.* Karlsruhe, Karlsruher Institut für Technologie, Dissertation, 2011

[157] LIN, C.-C. ; PENG, H. ; GRIZZLE, J. W. ; KANG, J.-M. : Power Management Strategy for a Parallel Hybrid Electric Truck. In: *IEEE Transactions on Control Systems Technology* 11 (2003), Nr. 6, S. 839–849

[158] LINKE, M. ; SIEGERT, R. : Methodik zur Beschreibbarkeit von Kundenfahrverhalten im Fahrzeugentwicklungsprozess. In: *Tagungsband 18. Aachener Kolloquium Fahrzeug und Motorentechnik.* Aachen, 2009, S. 809–826

[159] LIPINSKI, D. : Tempolimitanzeige. In: *ATZextra* (2011), S. 188–190

[160] LITZ, L. : *Grundlagen der Automatisierungstechnik.* München, Wien : Oldenbourg Verlag, 2005

[161] LIU, F. : *Objektverfolgung durch Fusion von Radar- und Monokameradaten auf Merkmalsebene für zukünftige Fahrerassistenzsysteme.* Kornwestheim, Karlsruher Institut für Technologie, Dissertation, 2010

[162] LJUNG, L. : *System Identification*. 2. Auflage. Upper Saddle River, NJ : Prentice-Hall, 1999

[163] LOCATELLI, A. : *Optimal Control*. Basel, Boston, Berlin : Birkhäuser Verlag, 2001

[164] LORKOWSKI, S. ; BROCKFELD, E. ; MIETH, P. ; PASSFELD, B. ; THIESSEN-HUSEN, K.-U. ; SCHÄFER, R.-P. : Erste Mobilitätsdienste auf Basis von "Floating Car Data". In: *Tagungsband 4. Aachener Kollouium Mobilität und Stadt*. Aachen, 2003, S. 93–100

[165] LUNZE, J. : *Ereignisdiskrete Systeme*. München, Wien : Oldenbourg Verlag, 2006

[166] LUNZE, J. : *Regelungstechnik*. Bd. 1. 8. Auflage. Berlin, Heidelberg : Springer Verlag, 2010

[167] LUU, H. T. ; NOUVELIÈRE, L. ; MAMMAR, S. : Dynamic Programming for fuel consumption optimization on light vehicle. In: *Proceedings of the 6th IFAC Symposium Advances in Automotive Control*. München, 2010

[168] LUUS, R. : *Iterative Dynamic Programming*. Boca Raton, London, New York, Washington, D.C. : Chapman & Hall/CRC, 2000

[169] MALORNY, C. ; LINDER, M. : Electric mobility – transformation of the powertrain value chain and implications for OEMs and suppliers. In: *Proceedings of the 12th Stuttgart International Symposium on Automotive and Engine Technology*. Stuttgart : Springer Fachmedien Wiesbaden, 2012, S. 31–50

[170] MARSTALLER, R. ; MAYSER, C. ; KOHLHOF, S. ; BUBB, H. : Akzeptanzuntersuchungen zu einer automatischen Geschwindigkeitsregelung im Automobil. In: MARZI, R. (Hrsg.) ; KARAVEZYRIS, V. (Hrsg.) ; ERBE, H.-H. (Hrsg.) ; TIMPE, K.-P. (Hrsg.): *Bedienen und Verstehen: 4. Berliner Werkstatt Mensch-Maschine-Systeme* Bd. 22. Düsseldorf : VDI Verlag, 2002 (Fortschritt-Berichte VDI 8), S. 147–161

[171] MASON, R. L. ; GUNST, R. F. ; HESS, J. L.: *Statistical Design and Analysis of Experiments*. 2. Auflage. Hoboken, NJ : John Wiley & Sons, 2003

[172] MAYSER, C. ; EBERSBACH, D. ; DIETZE, M. : *Fahrgeschwindigkeitsregelvorrichtung für ein Kraftfahrzeug, die mit einem Navigationssystem verbunden ist*. Offenlegungsschrift DE 103 58 968 A1, Juli 2005

[173] MAYSER, C. ; EBERSBACH, D. ; DIETZE, M. ; LIPPOLD, C. : Fahrerassistenz-systeme zur Unterstützung der Längsregelung im ungebundenen Verkehr. In: *Tagungsband Verkehrswissenschaftliche Tage der Technischen Universität Dresden*. Dresden, 2003

[174] MCKINSEY & COMPANY, INC.: *Elektroautos sparen Milliardeninvestitionen in herkömmliche Verbrennungsmotoren*. Pressemitteilung, 1. September 2009

[175] MCKINSEY & COMPANY, INC.: *Roads toward a low-carbon future: Reducing CO2 emissions from passenger vehicles in the global road transportation system*. Studie, 2009

[176] MCKINSEY & COMPANY, INC.: *CO2-Regulierung sorgt bis 2030 für dreistelliges Milliardenwachstum im Leichtbau*. Pressemitteilung, 5. Januar 2012

[177] MCLAUGHLIN, S. ; HANKEY, J. ; DINGUS, T. : Driver Measurement: Methods and Applications. In: HARRIS, D. (Hrsg.): *Proceedings of the 8th International Conference on Engineering Psychology and Cognitive Ergonomics* Bd. 5639. Berlin, Heidelberg : Springer Verlag, 2009 (Lecture Notes in Computer Science), S. 404–413

[178] MEGYESI, P. : *Untersuchungen zu den Elementen einer vorausschauenden Fahrstrategie zur Senkung des Kraftstoffverbrauchs*. Karlsruhe, Karlsruher Institut für Technologie, Diplomarbeit, 2008

[179] MERKER, G. P.: Der Hubkolbenmotor. In: MERKER, G. P. (Hrsg.) ; SCHWARZ, C. (Hrsg.): *Grundlagen Verbrennungsmotoren: Simulation der Gemischbildung, Verbrennung, Schadstoffbildung und Aufladung*. 4. Auflage. Wiesbaden : Vieweg+Teubner Verlag, 2009, S. 9–38

[180] MIETTINEN, K. : Introduction to Multiobjective Optimization: Noninteractive Approaches. In: BRANKE, J. (Hrsg.) ; DEB, K. (Hrsg.) ; MIETTINEN, K. (Hrsg.) ; SLOWINSKI, R. (Hrsg.): *Multiobjective Optimization: Interactive and Evolutionary Approaches*. Berlin, Heidelberg, New York : Springer Verlag, 2008, S. 1–26

[181] MITSCHKE, M. ; WALLENTOWITZ, H. : *Dynamik der Kraftfahrzeuge*. Berlin, Heidelberg, New York : Springer Verlag, 2004

[182] MÜLLER, M. : *Ein Beitrag zur Entwicklung von Assistenzsystemen für eine vorausschauende Fahrzeugführung im Straßenverkehr*. Aachen, Technische Universität Kaiserslautern, Dissertation, 2005

[183] MÜLLER, T. M.: Navigation Data Standard (NDS): Bald Industriestandard? In: *Automobil-Eletronik* 8 (2010), Nr. 6, S. 30–31

[184] MOSCHYTZ, G. S. ; HOFBAUER, M. : *Adaptive Filter*. Berlin, Heidelberg, New York : Springer Verlag, 2000

[185] MULLEM, D. J. ; KEULEN, T. A. C. ; KESSELS, J. T. B. A. ; JAGER, B. de ; STEINBUCH, M. : Implementation of an Optimal Control Energy Management Strategy in a Hybrid Truck. In: *Proceedings of the 6th IFAC Symposium Advances in Automotive Control*. Müchen, 2010

[186] MURGOVSKI, N. ; SJÖBERG, J. ; FREDRIKSSON, J. : A Tool for Generating Optimal Control Laws for Hybrid Electric Powertrains. In: *Proceedings of the 6th IFAC Symposium Advances in Automotive Control*. München, 2010

[187] MUSARDO, C. ; RIZZONI, G. ; STACCIA, B. : A-ECMS: An Adaptive Algorithm for Hybrid Electric Vehicle Energy Management. In: *Proceedings of the 44th IEEE Conference on Decision and Control and the European Control Conference*. Sevilla, 2005, S. 1816 – 1823

[188] NAUNHEIMER, H. ; BERTSCHE, B. ; LECHNER, G. : *Fahrzeuggetriebe: Grundlagen, Auswahl, Auslegung und Konstruktion*. 2. Berlin, Heidelberg : Springer Verlag, 2007

[189] NEISS, K. ; TERWEN, S. ; CONOLLY, T. : *Predictive Speed Control for a Motor Vehicle*. United States Patent US 6,990,401 B2, Januar 2006

[190] NEUKE, M. : *Navigationseinrichtung für Fahrzeuge zur Unterstützung einer energieoptimierten Fahrweisen*. Offenlegungsschrift DE 10 2005 045 049 A1, März 2007

[191] NEUKIRCHNER, E.-P. : *System und Verfahren zur Bereitstellung ortsabhängiger Daten für prädiktive Informations- und Assistenzsysteme in einem Fahrzeug*. Europäische Patentanmeldung EP 1 443 306 A2, August 2004

[192] NEUNZIG, D. ; BENMIMOUN, A. : Potentiale der vorausschauenden Fahrerassistenz zur Reduktion des Kraftstoffverbrauchs. In: *Tagungsband 11. Aachener Kolloquium Fahrzeug- und Motorentechnik*. Aachen, 2002

[193] NIELSEN, L. : Look-Ahead Fuel-optimal Control of Heavy Trucks. In: *2nd IFAC Workshop on Engine and Powertrain Control, Simulation and Modeling*. Rueil-Malmaison, 2009

[194] NORDSTRÖM, P.-E. : *Scania Active Prediction – new cruise control saves fuel using GPS data*. Pressemitteilung. 2. Dezember 2011,

[195] OXFORD TECHNICAL SOLUTIONS LTD.: *RT2000: Inertial und GPS Messplattform*. Technische Produktspezifikation, 2010

[196] PAPAGEORGIOU, M. : *Optimierung*. 2. Auflage. München, Wien : Oldenbourg Verlag, 1996

[197] PAULUS, T. : Flachheitsbasierte Regelung und Steuerung. In: ABEL, D. (Hrsg.) ; EPPLE, U. (Hrsg.) ; SPOHR, G.-U. (Hrsg.): *Integration von Advanced Control in der Prozessindustrie*. 1. Auflage. Weinheim : Wiley-VCH Verlag, 2008, S. 78–109

[198] PFEIFFER, B.-M. : Model Predictive Control (MPC). In: ABEL, D. (Hrsg.) ; EPPLE, U. (Hrsg.) ; SPOHR, G.-U. (Hrsg.): *Integration von Advanced Control in der Prozessindustrie*. 1. Auflage. Weinheim : Wiley-VCH Verlag, 2008, S. 56–78

[199] PFISTER, F. ; SCHICK, B. : Die Zukunft hat einen Sensor: Location Awareness meets Powertrain Controls. In: *4. Internationales Symposium für Entwicklungsmethodik*. Wiesbaden, 2011, S. 255–262

[200] PONTRJAGIN, L. S. ; BOLTYANSKII, V. G. ; GAMKRELIDZE, R. V. ; MISHCHENKO, E. F.: *The Mathematical Theory of Optimal Processes*. New York, London : John Wiley & Sons, 1962

[201] POPP, C. ; WIEBKING, N. ; WIGERMO, H. ; PFEIFFER, A. : *Fahrerassistenzsystem zur Unterstützung des Fahrers zum verbrauchskontrollierten Fahren*. Offenlegungsschrift DE 10 2010 041 539 A1, März 2012

[202] PRAT, A. C.: *Sensordatenfusion und Bildverarbeitung zur Objekt- und Gefahrenerkennung*. Braunschweig, Technische Universität Braunschweig, Dissertation, 2011

[203] PÉREZ, L. V. ; BOSSIO, G. R. ; MOITRE, D. ; GARCÍA, G. O.: Optimization of power management in an hybrid electric vehicle using dynamic programming. In: *Mathematics and Computers in Simulation* 73 (2006), Nr. 1-4, S. 244–254

[204] QUDDUS, M. A. ; OCHIENG, W. Y. ; NOLAND, R. B.: Current map-matching algorithms for transport applications: State-of-the art and future research directions. In: *Transportation Research Part C: Emerging Technologies* 15 (2007), Nr. 5, S. 312–328

[205] RADKE, T. : *Simulationsgestützte Entwicklung alternativer Fahrstrategien zur Senkung des Kraftstoffverbrauchs von Kraftfahrzeugen.* Graz, Technische Universität Graz, Masterarbeit, 2008

[206] RADKE, T. ; LEWANDOWITZ, L. ; GAUTERIN, F. ; KACZMAREK, T. : Operationalisation of human drivers' subjective dynamics perception in automated longitudinally controlled passenger vehicles. In: *International Journal of Vehicle Autonomous Systems* 11 (2013), Nr. 1, S. 86–109

[207] RADKE, T. ; MEGYESI, P. ; ROTH, M. ; GAUTERIN, F. ; STEINBRECHER, C. ; SCHMITT, M. ; SCHRÖTER, J. : *Antriebssystem für ein Kraftfahrzeug.* Offenlegungsschrift DE 10 2011 052 272 A1, Januar 2013

[208] RADKE, T. ; ROTH, M. : *Verfahren zum Generieren einer Fahrstrategie.* Offenlegungsschrift DE 10 2009 021 019 A1, November 2010

[209] RADKE, T. ; ROTH, M. ; GAUTERIN, F. ; SCHMALL, T. C. ; SCHRÖTER, J. ; ALBERS, A. ; WEYAND, T. : Energetische Modellierung von Schaltvorgängen mit Hilfe statistischer Versuchsplanung als Voraussetzung optimaler Betriebsstrategien. In: *4. Internationales Symposium für Entwicklungsmethodik.* Wiesbaden, 2011, S. 143–151

[210] RADKE, T. ; ROTH, M. ; LEDERER, M. ; GAUTERIN, F. ; FREY, M. ; STEINBRECHER, C. ; SCHRÖTER, J. ; GOSLAR, M. : Porsche InnoDrive – An Innovative Approach for the Future of Driving. In: *Proceedings of the 1st Aachen Colloquium China.* Peking, 2011, S. 19–33

[211] RADKE, T. ; ROTH, M. ; LEWANDOWITZ, L. ; GAUTERIN, F. : *Verfahren zum Bewerten der fahrdynamischen Ausprägung eines mit einem Kraftfahrzeug realisierten Fahrprofils.* Offenlegungsschrift DE 10 2011 000 409 A1, August 2012

[212] RADKE, T. ; ROTH, M. ; MEGYESI, P. : *Verfahren zum Einstellen von Betriebsparametern einer Antriebseinheit eines Kraftfahrzeugs.* Offenlegungsschrift DE 10 2010 005 913 A1, Juli 2011

[213] RAO, S. S.: *Engineering Optimization.* 4. Auflage. Hoboken, NJ : John Wiley & Sons, 2009

[214] RASCH, B. ; FRIESE, M. ; ; HOFMANN, W. ; NAUMANN, E. : *Quantitative Methoden 1.* 3. Auflage. Berlin, Heidelberg : Springer Verlag, 2010

[215] RASMUSSEN, J. : Skills, Rules, and Knowledge; Signals, Signs, and Symbols, and Other Distinctions in Human Performance Models. In: *IEEE Transactions on Systems, Man, and Cybernetics* Bd. 13. IEEE Systems, Man, and Cybernetics Society, 1983, S. 257–266

[216] REICHART, G. ; HALLER, R. : Mehr aktive Sicherheit durch neue Systeme für Fahrzeug und Straßenverkehr. In: FASTENMEIER, W. (Hrsg.): *Autofahrer und Verkehrssituation*. Köln : Verlag TÜV Rheinland, 1995, S. 199–215

[217] REIF, K. ; DIETSCHE, K.-H. ; ROBERT BOSCH GMBH (Hrsg.): *Kraftfahrtechnisches Taschenbuch*. 27. Auflage. Vieweg+Teubner Verlag, 2011

[218] REINL, C. : *Trajektorien- und Aufgabenplanung kooperierender Fahrzeuge: Diskret-kontinuierliche Modellierung und Optimierung*. Darmstadt, Technische Universität Darmstadt, Dissertation, 2010

[219] REITER, M. ; ABEL, D. ; GULYAS, D. ; SCHMIDT, C. : Konzept, Implementierung und Test eines echtzeitfähigen Map-Matching-Algorithmus für Anwendungen in GNSS-basierten Fahrerassistenzsystemen. In: *Steuerung und Regelung von Fahrzeugen und Motoren – AUTOREG*. Düsseldorf : VDI Verlag, 2011 (VDI-Berichte 2135), S. 389–400

[220] RESS, C. ; BALZER, D. ; BRACHT, A. ; DUREKOVIC, S. ; LÖWENAU, J. : ADASIS Protocol for Advanced In-Vehicle Applications / ADASIS Forum. Brüssel, 2008. – Forschungsbericht

[221] REUTER, M. ; ZACHER, S. : *Regelungstechnik für Ingenieure*. 12. Auflage. Wiesbaden : Vieweg+Teubner Verlag, 2008

[222] RICHALET, J. ; O'DONOVAN, D. : *Predictive Functional Control*. Springer Verlag, 2009

[223] RIEKERT, P. ; SCHUNCK, T.-E. : Zur Fahrmechanik des gummibereiften Kraftfahrzeugs. In: *Ingenieur-Archiv* 11 (1940), S. 210–224

[224] RIEMER, T. ; MAUK, T. ; REUSS, H.-C. : Determination of Saving Potential for a Parallel Hybrid Power Train (using Forward-looking Information). In: *Proceedings of the 8th Stuttgart International Symposium on Automotive and Engine Technology*. Stuttgart : Vieweg Verlag, 2008, S. 343–358

[225] RISSE, H.-J. : *Das Fahrverhalten bei normaler Fahrzeugführung*. Köln, Technische Universität Braunschweig, Dissertation, 1991

[226] ROBERT, G. ; HOCKEY, J. : Compensatory control in the regulation of human performance under stress and high workload: A cognitive-energetical framework. In: *Biological Psychology* 45 (1997), Nr. 1-3, S. 73–93

[227] ROCKWELL, T. H.: Eye movement analysis of visual information acquisition in driving: an overview. In: *Proceedings of the 6th Conference of the Australian Road Research Board*, 1972, S. 316–331

[228] ROHDE-BRANDENBURGER, K. : Verfahren zur einfachen und sicheren Abschätzung von Kraftstoffverbrauchspotentialen. In: *Tagung Einfluss von Gesamtfahrzeug-Parametern auf Fahrverhalten/Fahrleistung und Kraftstoffverbrauch*. Essen : Haus der Technik e.V., 1996

[229] ROHDE-BRANDENBURGER, K. : Typprüfverbrauch vs. Verbrauch vor Kunde – Spannungsfeld zwischen Theorie und Praxis. In: *Tagungsband CO2 – Die Herausforderung für unsere Zukunft*. München : Springer Fachmedien Wiesbaden, 2010 (ATZ/MTZ-Konferenz)

[230] ROTH, M. : *Ein Beitrag zur Lösung des Zielkonflikts zwischen Performance und Kraftstoffverbrauch bei modernen Sportwagen*. Ilmenau, Technische Universität Ilmenau, Dissertation, 2010

[231] ROTH, M. ; BASTIAN, K. ; RADKE, T. ; MEGYESI, P. : *Method for Identifying a Driving Resistance of a Motor Vehicle*. United States Patent Application US2011/0251763A1, Oktober 2011

[232] ROTH, M. ; BRANDLHUBER, B. : *Verfahren zur Festlegung der Fahrstrategie eines Fahrzeuges*. Stuttgart : Offenlegungsschrift DE 10 2007 036 794 A1, Februar 2009

[233] RUDIN-BROWN, C. M. ; PARKER, H. A.: Behavioural adaptation to adaptive cruise control (ACC): implications for preventive strategies. In: *Transportation Research: Part F: Traffic Psychology and Behaviour* 7 (2004), Nr. 2, S. 59–76

[234] SAERENS, B. ; DIEHL, M. ; BULCK, E. van d.: Optimal Control Using Pontryagin's Maximum Principle and Dynamic Programming. In: RE, L. del (Hrsg.) ; ALLGÖWER, F. (Hrsg.) ; GLIELMO, L. (Hrsg.) ; GUARDIOLA, C. (Hrsg.) ; KOLMANOVSKY, I. (Hrsg.): *Automotive Model Predictive Control* Bd. 402. Berlin, Heidelberg : Springer Verlag, 2010, S. 119–138

[235] SALMASI, F. R.: Control Strategies for Hybrid Electric Vehicles: Evolution, Classification, Comparison, and Future Trends. In: *IEEE Transactions on Vehicular Technology* 56 (2007), Nr. 5, S. 2393–2404

[236] SAWARAGI, Y. ; NAKAYAMA, H. ; TANINO, T. ; BELLMAN, R. E. (Hrsg.): *Theory of Multiobjective Optimization*. Orlando, FL : Academic Press, 1985

[237] SCHÄFER, R.-P. ; THIESSENHUSEN, K.-U. ; BROCKFELD, E. ; WAGNER, P. : A traffic information system by means of real-time floating-car data. In: *9th World Congress on Intelligent Transport Systems*. Chicago, IL, 2002, S. 1–8

[238] SCHICK, B. ; LANGE, S. ; THIELE, I. : Vorausschauende Energiemanagementstrategien im virtuellen Fahrversuch - frühe Bewertung von vernetzten Reglerfunktionen in realistischen Use Cases. In: *Steuerung und Regelung von Fahrzeugen und Motoren – AUTOREG*. Düsseldorf : VDI Verlag, 2011 (VDI-Berichte 2135), S. 483–498

[239] SCHINDLER, E. : *Fahrdynamik: Grundlagen des Lenkverhaltens und ihre Anwendung für Fahrzeugregelsysteme*. Renningen : Expert Verlag, 2007

[240] SCHLAG, B. ; PETERMANN, I. ; WELLER, G. ; SCHULZE, C. : *Mehr Licht – mehr Sicht – mehr Sicherheit?* Wiesbaden : VS Verlag für Sozialwissenschaften, 2009

[241] SCHLICK, C. ; BRUDER, R. ; LUCZAK, H. : *Arbeitswissenschaft*. 3. Auflage. Berlin, Heidelberg : Springer Verlag, 2010

[242] SCHMALL, T. C.: *Bewertung einer neuartigen Fahrstrategie im Zielkonflikt zwischen Kraftstoffverbrauch und Fahrdynamik*. Karlsruhe, Karlsruher Institut für Technologie, Diplomarbeit, 2011

[243] SCHNEIDER, G. ; SEEWALD, A. ; HEINRICHS-BARTSCHER, S. : "All-In-One" – Kamerabasierte Fahrerassistenzsysteme. In: *ATZ Automobiltechnische Zeitschrift* 113 (2011), Nr. 03, S. 204–208

[244] SCHOLZ, P. : *Softwareentwicklung eingebetteter Systeme*. Berlin, Heidelberg, New York : Springer Verlag, 2005

[245] SCHRAUT, M. ; NAAB, K. ; BACHMANN, T. : BMW's Driver Assistance Concept for Integrated Longitudinal Support. In: *Proceedings of the 7th World Congress on Intelligent Systems*. Turin, 2000

[246] SCHULER, R. : *Situationsadaptive Gangwahl in Nutzfahrzeugen mit automatisiertem Schaltgetriebe*. Stuttgart, Universität Stuttgart, Dissertation, 2007

[247] SCHULER, R. ; BARGENDE, M. ; KRIEGER, K.-L. : Stand und Perspektiven der Masse- und Steigungsbestimmung in schweren Nutzfahrzeugen mit automatisierten Schaltgetrieben. In: *VDI Schwingungstagung: Dynamik und Regelung automatischer Getriebe*. Düsseldorf : VDI Verlag, 2005 (VDI-Berichte 1917), S. 43–65

[248] SCHWARZHAUPT, A. ; SULZMANN, A. ; WIESEL, U. : *Verfahren zum Betrieben eines Abstandsregelsystems für Fahrzeuge und Fahrzeug mit einem Abstandsregelsystem zur Durchführung des Verfahrens*. Offenlegungsschrift DE 10 2007 038 059 A1, Februar 2009

[249] SCHWARZKOPF, A. B. ; LEIPNIK, R. B.: Control of highway vehicles for minimum fuel consumption over varying terrain. In: *Transportation Research* 11 (1977), Nr. 4, S. 279–286

[250] SCIARRETTA, A. ; GUZZELLA, L. : Control of Hybrid Electic Vehicles: Optimal Energy-Management Strategies. In: *IEEE Control Systems Magazine* 27 (2007), Nr. 2, S. 60–70

[251] SIEBERTZ, K. ; BEBBER, D. van ; HOCHKIRCHEN, T. : *Statistische Versuchsplanung: Design of Experiments (DoE)*. Berlin, Heidelberg : Springer Verlag, 2010

[252] SMOKERS, R. ; FRAGA, F. ; VERBEEK, M. ; BLEUANUS, S. ; SHARPE, R. ; DEKKER, H. ; VERBEEK, R. ; WILLEMS, F. ; FOSTER, D. ; HILL, N. ; NORRIS, J. ; BRANNIGAN, C. ; ESSEN, H. van ; KAMPMAN, B. ; BOER, E. den ; SCHILLING, S. ; GRUHLKE, A. ; BREEMERSCH, T. ; CEUSTER, G. D. ; VANHERLE, K. ; WRIGLEY, S. ; OWEN, N. ; JOHNSON, A. ; VLEESSCHAUWER, T. D. ; VALLA, V. ; ANAND, G. : *Support for the revision of Regulation (EC) No 443/2009 on CO2 emissions from cars*. Studie, 2011

[253] SOLOMON, S. (Hrsg.) ; QIN, D. (Hrsg.) ; MANNING, M. (Hrsg.) ; CHEN, Z. (Hrsg.) ; MARQUIS, M. (Hrsg.) ; AVERYT, K. B. (Hrsg.) ; TIGNOR, M. (Hrsg.) ; MILLER, H. L. (Hrsg.): *Climate Change 2007: The Physical Science Basis*. 4. Auflage. Cambridge, UK : Cambridge University Press, 2007 (Assessment Report of the Intergovernmental Panel on Climate Change (IPCC))

[254] SPICHER, U. : Analysis of the Efficiency of Future Powertrains for Individual Mobility. In: *ATZ autotechnology* 12 (2012), Nr. 1, S. 46–51

[255] STERN: Frust an der Zapfsäule. In: *Stern* (2012), Nr. 15, S. 26

[256] STÄHLIN, U. ; BAUER, R. : *Verfahren und Vorrichtung zur prädiktiven Steuerung und/oder Regelung eines Hybridantriebs in einem Kraftfahrzeug sowie Hybridfahrzeug.* Offenlegungsschrift DE 10 2008 015 046 A1, September 2008

[257] STIEGELER, M. : *Entwurf einer vorausschauenden Betriebsstrategie für parallele hybride Antriebsstränge.* Ulm, Universität Ulm, Dissertation, 2008

[258] STILLER, C. : Fahrerassistenzsysteme – Von realisierten Funktionen zum vernetzt wahrnehmenden, selbstoganisierenden Verkehr. In: MAUERER, M. (Hrsg.) ; STILLER, C. (Hrsg.): *Fahrerassistenzsysteme mit maschineller Wahrnehmung.* Berlin, Heidelberg, New York : Springer Verlag, 2005, S. 1–20

[259] STILLER, C. ; BACHMANN, A. ; DUCHOW, C. : Maschinelles Sehen. In: WINNER, H. (Hrsg.) ; HAKULI, S. (Hrsg.) ; WOLF, G. (Hrsg.): *Handbuch Fahrerassistenzsysteme.* Wiesbaden : Vieweg+Teubner Verlag, 2009 (ATZ/MTZ-Fachbuch), S. 198–222

[260] TERWEN, S. : *Vorausschauende Längsregelung schwerer Lastkraftwagen.* Karlsruhe, Karlsruher Institut für Technologie, Dissertation, 2010

[261] THORDSEN, F. ; BÜCKLE, C. : *Emissionen und Kraftstoffe.* Flensburg : Fachartikel des Kraftfahrt-Bundesamtes, 6. April 2011

[262] TRAUTMANN, T. : *Grundlagen der Fahrzeugmechatronik.* Wiesbaden : Vieweg+Teubner Verlag, 2009

[263] TRICOT, N. ; RAJAONAH, B. ; PACAUX, M.-P. ; POPIEUL, J.-C. : Driver's behaviors and Human-Machine interactions characterization for the design of an Advanced Driving Assistance System. In: *Proceedings of the IEEE International Conference on Systems, Man and Cybernetics* Bd. 4. Den Haag : IEEE, 2004, S. 3976–3981

[264] UNBEHAUEN, H. : *Regelungstechnik I.* 15. Auflage. Wiesbaden : Vieweg+Teubner Verlag, 2008

[265] VAILLANT, M. : *Entwicklung einer Längsdynamikregelung zur Validierung der Verbrauchssimulation einer innovativen Fahrstrategie.* Karlsruhe, Karlsruher Institut für Technologie, Diplomarbeit, 2009

[266] VERBAND DER AUTOMOBILINDUSTRIE (VDA): *Jahresbericht 2011.* Berlin : Broschüre, 2011

[267] VERKEHRSCLUB DEUTSCHLAND (VCD), LANDESVERBAND BAYERN E.V.:
11 Spritspartipps. Nürnberg : Broschüre, 2009

[268] VOLKSWAGEN AG: *Effizient unterwegs. Hintergrundwissen für Spritsparprofis.*
Wolfsburg : Broschüre, 2009

[269] VOLLRATH, M. ; BRIEST, S. ; OELZE, K. : *Auswirkungen des Fahrens mit
Tempomat und ACC auf das Fahrverhalten.* Bericht der Bundesanstalt für
Straßenwesen (BASt), 2010

[270] VUKOTICH, A. ; DUBA, G. P. ; GOLLEWSKI, T. : Fahrerassistenzsysteme:
Vernetzung und Sensordatenfusion. In: *ATZextra* (2011), S. 178–190

[271] VUKOTICH, A. ; SALVADOR, R. G. ; MARTÍNEZ, A. M. ; TÖPPER, H. : Fahrerassistenzsysteme. In: *ATZextra* (2011), S. 86–95

[272] WAHL, H.-G. : *Implementierung einer Methode zur Fahrertypklassifikation zur
Vorhersage des Fahrverhaltens vorausfahrender Verkehrsteilnehmer.* Karlsruhe,
Karlsruher Institut für Technologie, Diplomarbeit, 2011

[273] WATERSCHOOT, B. van ; VOORT, M. C. d.: Implementing Human Factors
within the Design Process of Advanced Driver Assistance Systems (ADAS).
In: HARRIS, D. (Hrsg.): *Proceedings of the 8th International Conference on Engineering Psychology and Cognitive Ergonomics* Bd. 5639. Berlin, Heidelberg :
Springer Verlag, 2009 (Lecture Notes in Computer Science), S. 461–470

[274] WEGSCHEIDER, M. ; PROKOP, G. : Modellbasierte Komfortbewertung
von Fahrerassistenzsystemen. In: *Erprobung und Simulation in der Fahr-
zeugentwicklung: Mess- und Versuchstechnik.* Düsseldorf : VDI Verlag, 2005
(VDI-Berichte 1900), S. 17–36

[275] WEISS, E. : *Untersuchung und Rekonstruktion von Ausweich- und Fahrspurwech-
selvorgängen.* Düsseldorf : VDI Verlag, 1988 (Fortschritt-Berichte VDI 96)

[276] WENDEL, J. : *Integrierte Navigationssysteme.* Müchen, Wien : Oldenbourg
Verlag, 2007

[277] WENZEL, E. : Entwicklung einer Methode zur energetischen Analyse
und Bewertung von Lenksystemen in Kundenhand. In: *Tagungsband 17.
Aachener Kolloquium Fahrzeug- und Motorentechnik.* Aachen, 2008, S. 1439–
1454

[278] WERLING, M. : *Ein neues Konzept für die Trajektoriengenerierung und -stabilisierung in zeitkritischen Verkehrsszenarien*. Karlsruhe, Karlsruher Institut für Technologie, Dissertation, 2011

[279] WEYAND, T. : *Entwicklung einer Methode zur Analyse dynamischer Vorgänge mittels Design of Experiments*. Karlsruhe, Karlsruher Institut für Technologie, Diplomarbeit, 2009

[280] WINNER, H. : Radarsensorik. In: WINNER, H. (Hrsg.) ; HAKULI, S. (Hrsg.) ; WOLF, G. (Hrsg.): *Handbuch Fahrerassistenzsysteme*. Wiesbaden : Vieweg+Teubner Verlag, 2009 (ATZ/MTZ-Fachbuch), S. 123–171

[281] WINNER, H. ; HAKULI, S. ; BRUDER, R. ; KONIGORSKI, U. ; SCHIELE, B. : Conduct-by-Wire – ein neues Paradigma für die Weiterentwicklung der Fahrerassistenz. In: *4. Workshop Fahrerassistenzsysteme*. Löwenstein/Hößlinsülz, 2006

[282] WINNER, H. (Hrsg.) ; HAKULI, S. (Hrsg.) ; WOLF, G. (Hrsg.): *Handbuch Fahrerassistenzsysteme*. Wiesbaden : Vieweg+Teubner Verlag, 2009 (ATZ/MTZ-Fachbuch)

[283] WINNER, H. ; WINTER, K. ; LUCAS, B. ; MAYER, H. ; IRION, A. ; SCHNEIDER, H.-P. ; LÜDER, J. ; ZABLER, E. ; DENNER, V. ; WALTHER, M. : *Adaptive Fahrgeschwindigkeitsregelung ACC*. Stuttgart : Robert Bosch GmbH, 2002

[284] WÖRN, H. ; BRINKSCHULTE, U. : *Echtzeitsysteme*. Berlin, Heidelberg : Springer Verlag, 2005

[285] ZANTEN, A. van ; KOST, F. : Bremsenbasierte Assistenzfunktionen. In: WINNER, H. (Hrsg.) ; HAKULI, S. (Hrsg.) ; WOLF, G. (Hrsg.): *Handbuch Fahrerassistenzsysteme*. Wiesbaden : Vieweg+Teubner Verlag, 2009 (ATZ/MTZ-Fachbuch), S. 356–394

[286] ZIEGLER, A. : *Integration umfelderfassender Sensordaten in ein zukünftiges Fahrerassistenzsystem zur Umsetzung einer vorausschauenden verbrauchsoptimalen Fahrstrategie*. Karlsruhe, Karlsruher Institut für Technologie, Diplomarbeit, 2010

[287] ZLOCKI, A. D.: *Fahrzeuglängsregelung mit kartenbasierter Vorausschau*. Aachen, RWTH Aachen University, Dissertation, 2010

F

Anhang F

Index

Karlsruher Schriftenreihe Fahrzeugsystemtechnik
(ISSN 1869-6058)

Herausgeber: FAST Institut für Fahrzeugsystemtechnik

Band 8   Vladimir Iliev
Systemansatz zur anregungsunabhängigen Charakterisierung des Schwingungskomforts eines Fahrzeugs. 2011
ISBN 978-3-86644-681-6

Band 9   Lars Lewandowitz
Markenspezifische Auswahl, Parametrierung und Gestaltung der Produktgruppe Fahrerassistenzsysteme. Ein methodisches Rahmenwerk. 2011
ISBN 978-3-86644-701-1

Band 10   Phillip Thiebes
Hybridantriebe für mobile Arbeitsmaschinen. Grundlegende Erkenntnisse und Zusammenhänge, Vorstellung einer Methodik zur Unterstützung des Entwicklungsprozesses und deren Validierung am Beispiel einer Forstmaschine. 2012
ISBN 978-3-86644-808-7

Band 11   Martin Gießler
Mechanismen der Kraftübertragung des Reifens auf Schnee und Eis. 2012
ISBN 978-3-86644-806-3

Band 12   Daniel Pies
Reifenungleichförmigkeitserregter Schwingungskomfort – Quantifizierung und Bewertung komfortrelevanter Fahrzeugschwingungen. 2012
ISBN 978-3-86644-825-4

Band 13   Daniel Weber
Untersuchung des Potenzials einer Brems-Ausweich-Assistenz. 2012
ISBN 978-3-86644-864-3

Band 14   **7. Kolloquium Mobilhydraulik.
27./28. September 2012 in Karlsruhe.** 2012
ISBN 978-3-86644-881-0

Band 15   4. Fachtagung
**Hybridantriebe für mobile Arbeitsmaschinen
20. Februar 2013, Karlsruhe.** 2013
ISBN 978-3-86644-970-1

Karlsruher Schriftenreihe Fahrzeugsystemtechnik
(ISSN 1869-6058)

Herausgeber: FAST Institut für Fahrzeugsystemtechnik

Band 16   Hans-Joachim Unrau
**Der Einfluss der Fahrbahnoberflächenkrümmung auf den
Rollwiderstand, die Cornering Stiffness und die Aligning
Stiffness von Pkw-Reifen.** 2013
ISBN 978-3-86644-983-1

Band 17   Xi Zhang
**Untersuchung und Entwicklung verschiedener
Spurführungsansätze für Offroad-Fahrzeuge
mit Deichselverbindung.** 2013
ISBN 978-3-7315-0005-6

Band 18   Stefanie Grollius
**Analyse des gekoppelten Systems Reifen-Hohlraum-Rad-
Radführung im Rollzustand und Entwicklung eines
Rollgeräuschmodells.** 2013
ISBN 978-3-7315-0029-2

Band 19   Tobias Radke
**Energieoptimale Längsführung von Kraftfahrzeugen
durch Einsatz vorausschauender Fahrstrategien.** 2013
ISBN 978-3-7315-0069-8